# Procreate™

## 入門完全指南：大師級的角色繪製經典

Beginner's guide to digital painting in Procreate：Characters

# 目錄

Artwork © Antonio Stappaerts

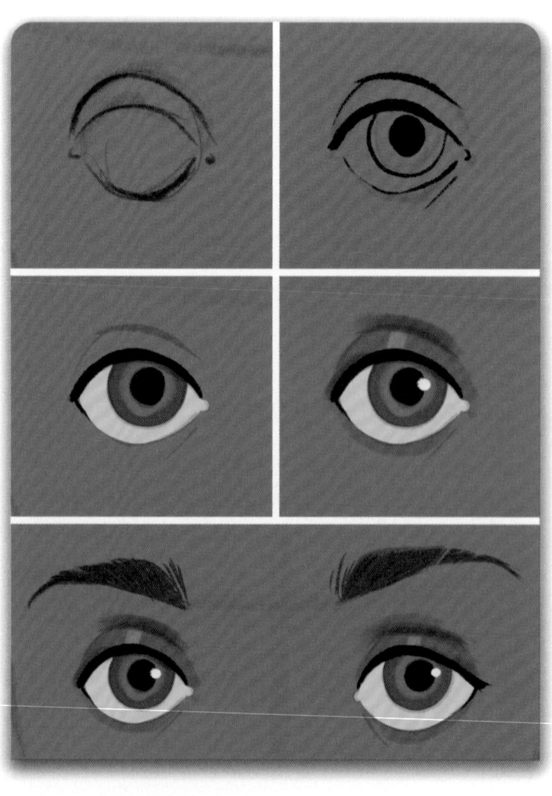

Artwork by Patrycja Wójcik

Artwork © Kory Lynn Hubbell

Artwork © Lisanne Koeteeuw

# 簡介

所有的角色畫作 © ANTONIO STAPPAERTS

## 歡迎來到PROCREATE

Procreate 是一款專為創意人士設計的 iOS App，它成功地縮短了螢幕上繪圖和紙上繪圖之間的差距。大多數藝術家都喜歡用雙手創作；雙手對我們來說感覺最自然，並且有一種掌控創作的真實感。Procreate 透過簡潔且直覺的使用者介面滿足了這個願望。這款 App 可讓你使用巧妙的手勢、點觸控制，且易於理解甚至可以自訂選單進行繪圖、上色、動畫和設計。

除了易於使用之外，Procreate 可以與 iPad（或 iPhone）的硬體無縫協作，創造流暢、輕鬆的繪圖體驗。你不再需要每兩分鐘備份一次檔案，因為 Procreate 會自動為你執行此操作，直到最後一筆畫，同時也會記錄你的繪畫過程，讓你能輕鬆地將縮時影片分享給朋友和社群。

iPad 上的 Procreate

## 為什麼選擇數位繪畫？

為什麼要在螢幕上工作？效率是第一個原因。無論是專業藝術家還是初學者，提升工作流程都是非常重要的事。數位繪畫可以幫助你做到這一點！除了提高創作速度之外，數位媒材還允許使用者以非破壞性的方式創作藝術；這種工作流程可以刪除、還原步驟或效果，但不會刪去你先前完成的部分。

Procreate 圖層面板等工具提供了廣泛的用途。你可以在個別的圖層中處理圖稿的各個部分，提高你對圖稿的控制以及快速改變作品風格、設計或顏色的能力。另一個很好的例子是「液化」工具，這是一個很強大的功能，可讓你更動設計的某些區域，同時保持其他部分不變。（本書稍後將深入探討這些工具。）我們強烈建議你嘗試數位繪畫，運用 Procreate 讓這趟創作之旅更加愉快！

Procreate 的「圖層」面板

使用 Procreate 數位方式製作的角色圖稿

## 如何使用 PROCREATE 進行角色圖稿？

設計角色有許多不同的方法，各有其優點。Procreate 的優點在於它不會強迫你使用任何特定的工作或創作方式。你是掌控者；你想採取什麼創作方式，Procreate 都可以協助你。如果你想從線稿開始設計角色，Procreate 筆刷庫中有多種預設的素描筆刷可供嘗試。如果你偏好透過形狀來創造角色，眾多預設筆刷以及 Procreate 的各種實用工具都能幫助你。如果你在創造角色或人像時需要查看參考圖片，便利的「參考」工具可以讓你在創作時查看參考圖。

Procreate 很棒的一點是它被優化來與 iPad 和 Apple Pencil 合併使用。我們建議使用 Apple Pencil 而非第三方觸控筆，因為 Apple Pencil 是針對 iPad 性能和手勢而設計的。它可讓你細微地改變線條粗細、筆刷不透明度和筆刷大小，就像使用傳統媒材一樣。這將大幅提升你的角色設計體驗！不過一開始時你可能會想先使用第三方觸控筆，或者等準備就緒了才購入 Apple Pencil。

從形狀創造角色

使用線稿創造角色

Procreate 的參考工具

# 如何使用本書

無論你是經驗豐富的數位畫家還是全新的初學者，我們都建議你從「**入門**」章節開始讀起。這些章節將涵蓋使用和瀏覽 Procreate 的基礎知識，以及此程式提供的許多工具和功能，包括：「**使用者介面**」、「**設定**」、「**手勢**」、「**筆刷**」、「**顏色**」、「**圖層**」、「**選取**」、「**變形**」、「**調整**」和「**操作**」。花點時間閱讀每一章，依序嘗試不同的工具和功能。在進到教學範例之前先打好基礎是至關重要的。有需要時，請隨時回頭複習這些章節。

閱讀完所有的「入門」章節並獲得了基礎知識後，請接續前往「**角色設計專題**」章節，它將介紹使用 Procreate 創造角色的秘訣。從開始到結束，在 Procreate 創造角色過程的**工作流程**將分解成不同步驟。「**嘴唇**」、「**耳朵**」、「**鼻子**」、「**眼睛**」、「**頭髮**」和「**材質**」單元將探索如何使用預設筆刷在 Procreate 中繪製這些個別的五官特徵。「**液化**」單元將開箱各種工具來提升角色設計的方式。同樣的，花一些時間閱讀這些內容並且一邊進行嘗試，學習如何在發展成完整角色之前畫好每項特徵和材質。

當你準備好時，請進階到六個角色的**範例教學**。這些教學涵蓋了各種不同的風格、主題和技法，將逐步指導你在 Procreate 以數位方式繪製角色。與其他章節一樣，每個教學單元都以「**學習目標**」清單開始，詳細介紹每個步驟將學習到的創意技巧。

請留意書中的「**藝術家秘訣**」方框，它們分享了藝術家的專家建議和創造性的見解。在需要的時候，請務必參考書末的「**詞彙表**」和「**工具目錄**」。

## 可下載資源

本書中的藝術家們提供了一系列**可下載的資源**來幫助你學習，包括角色教學的縮時影片、線稿和自訂筆刷。請留意這個圖案 —— 它代表有章節資源可下載。關於可下載資源的完整清單及下載方式，請參見第 208 頁。在開始學習之前，請先將它們全部下載下來。

## 藝術家秘訣：左撇子 v .右撇子

如果你是左撇子，並且偏好將筆刷大小和不透明度滑桿放在螢幕右側，
只需點按「操作 > 偏好設定」然後啟用「右側介面」滑桿即可。

# 觸控螢幕手勢

手勢可用來瀏覽 Procreate 介面並執行不同的操作。在「手勢」一章中會有更詳細的介紹。書中會使用下列圖示來代表不同的手勢：

用一根手指觸摸
並按住螢幕

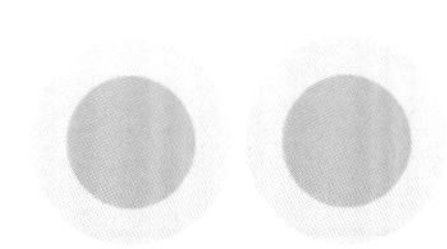

用兩根手指觸摸
並按住螢幕

滑動

用手指按住
並滑動

# 入門

所有的角色畫作 © ANTONIO STAPPAERTS

## 使用者介面

### 學習目標

**了解如何：**

- 瀏覽主螢幕使用者介面。
- 瀏覽畫布使用者介面。

### 作品集主螢幕

Procreate 使用者介面（UI）很容易瀏覽，也很容易在上面繪圖。主螢幕上的使用者介面主要元素包括了作品集（用於展示你的作品）和右上角的選單。作品集是整理圖稿的地方，右上角的選單欄則可以選擇圖稿、從你的設備或受到支援的雲端匯入新檔案、匯入照片，以及製作自訂大小的新畫布。

Procreate 的主螢幕將你的所有作品顯示在作品集中

## 畫布畫面

點按作品集中的一件畫作，或使用右上角的選單匯入或製作新畫布，都會帶你進入畫布使用者介面。你可以在這裡開始素描和繪製角色。

Procreate 畫布螢幕包含了創作角色所需的所有工具

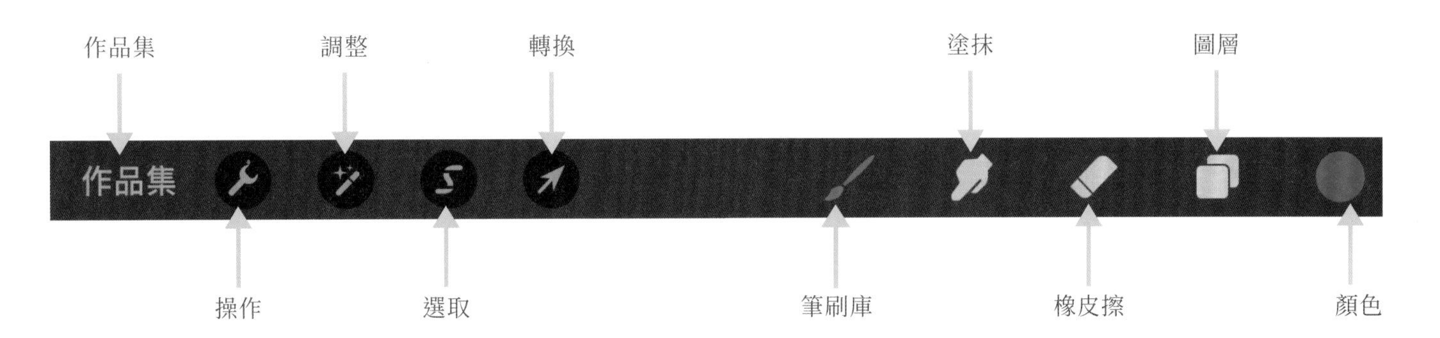

## 側邊欄（左側）

側邊欄包含筆刷不透明度和筆刷大小滑桿，在預設情況下位於螢幕左側，但如果你用左手繪畫，則可以將它切換到右側。筆刷不透明度滑桿可改變筆刷顏料的不透明或半透明程度，筆刷大小滑桿可改變筆刷大小。還有一個修改按鈕，它會啟動「取色滴管」工具（請見第 25 頁）。在這些滑桿下方會你看到「撤銷」和「重做」按鈕，可讓你在繪畫步驟中前後切換，不過你可能會更常用手指輕敲的手勢來執行這些功能（請參見第 16 頁）。

## 上方工具欄

上方工具欄的左側包含一系列實用的工具。從左到右依序是：「作品集」圖示會帶你回到作品集，接著是「操作」的扳手圖示、「調整」的魔杖圖示、「選取」的 S 圖示，以及「轉換」的箭頭圖示。本書稍後會進一步解釋這些工具。

頂端工具欄的右側從左到右包含了「筆刷庫」、「塗抹」工具、「橡皮擦」工具、「圖層」面板和「顏色」選單的圖示。

# 設　定

所有的角色畫作© AntonioStappaerts

## 學習目標

**了解如何：**

- 製作一張新畫布。
- 整理你的作品集。
- 選擇並旋轉你的作品。

## 製作一張新畫布

作品集主螢幕右上角的 + 圖示是新畫布的選單。你可以選擇預設的畫布尺寸，或製作自己的自訂畫布尺寸，並將它儲存為預設值。

### 自訂大小

如果你經常使用某些特定的畫布尺寸，可以將它儲存起來，日後只要點按一下即可。要製作你自己的自訂預設，請點按螢幕右上角的＋圖示。接下來，點按「新畫布」旁的矩形 + 號，選擇你想要的畫布寬度和高度，常用的 dpi，並記得將「無標題畫布」重新命名。將畫布預設值命名好，日後到選單中選擇喜歡的畫布尺寸時，就能省下一些時間。點按「建立」，新的自訂畫布就會開啟；下次你前往「新畫布」功能時，你的自訂畫布就會出現在預設集清單中。

如果你想要進一步的控制，你也可以調整新預設畫布的顏色配置，以及縮時影片的匯出功能。

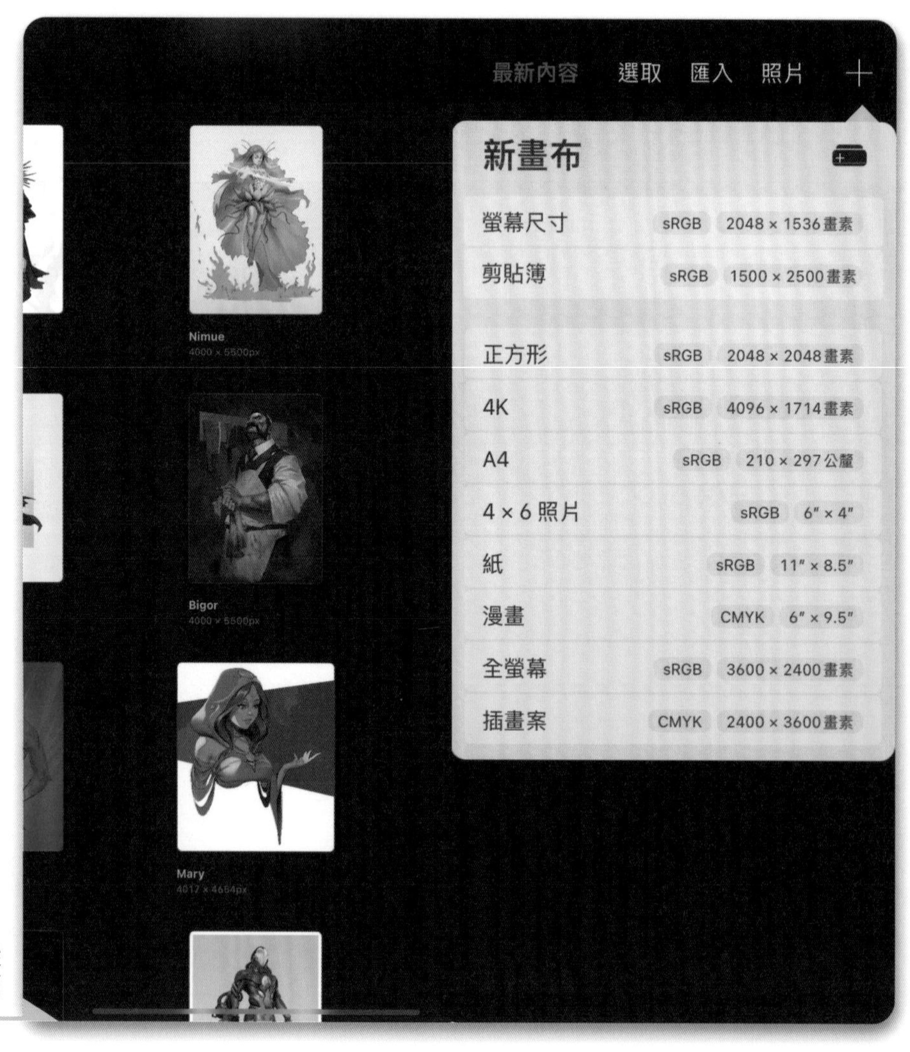


新畫布選單提供了製作新畫布，或從預設畫布尺寸清單中進行選擇的選項

## 藝術家秘訣：自訂畫布

將你最常用的畫布尺寸和解析度儲存為自訂畫布預設值，這樣每次開始繪製新作品時，都可以節省時間。還有不要忘記為它們重新命名！

### 匯入檔案

你也可以匯入檔案直接開始工作。只要點按右上角選單中的「匯入」或「照片」選單，然後選擇你要匯入的檔案或照片即可。支援的檔案包括 PSD、TIFF、JPEG、PNG、PDF 和 Procreate。

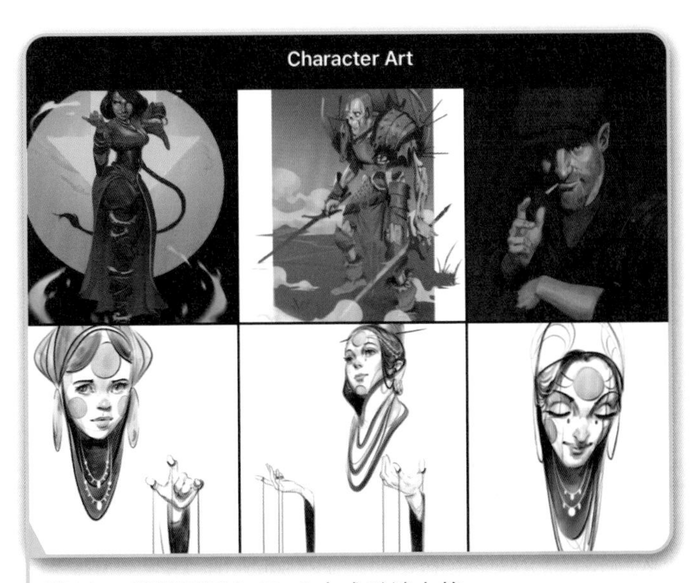


「匯入」選單可匯入 iPad 中或雲端上的 Procreate 檔案

「照片」選單可匯入 iPad 中的照片或螢幕截圖

## 刪除、複製和分享

刪除、複製和分享檔案很容易。在作品集中的任何畫作上，向左滑動，就會出現以下三個選項。

### 刪除

「刪除」會刪掉你的檔案。請確實做好檔案備份，以避免完全遺失你的作品，因為已刪除的檔案是無法恢復的。

### 複製

「複製」會製作檔案的副本。如果你想對作品進行一些大幅的更動，或者想要保留一個不同版本，這會是一個實用的選項。

### 分享

「分享」可讓你以多種格式匯出你的作品，包括 Procreate、PSD、PDF、JPEG、PNG、TIFF、動畫 GIF、動畫 PNG、動畫 MP4 和動畫 HEVC。

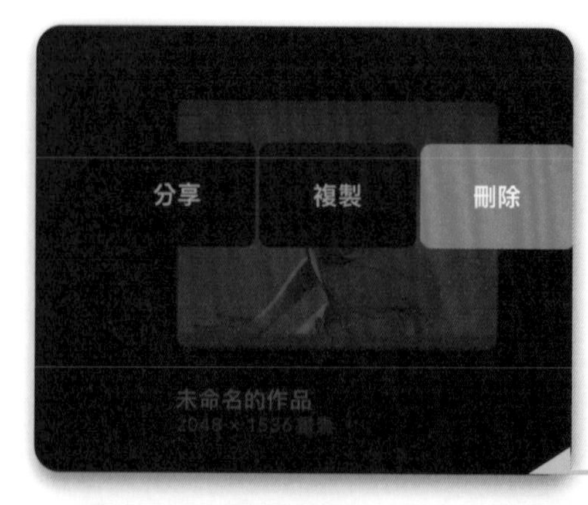

在畫作上向左滑動，叫出「刪除」、「複製」、「分享」選單

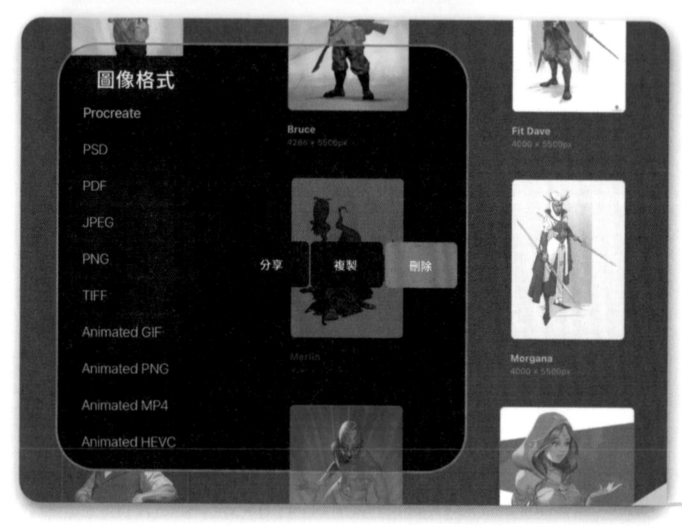

分享檔案時，從選單中選擇可用的影像格式

## 整理你的作品集

在創作了一些畫作之後，你的作品集可能會開始有些凌亂。Procreate 可讓你製作「堆疊」來整理畫作，例如依照風格、客戶、類型或你喜歡的任何方式。

### 創造和重新命名堆疊

要製作堆疊，只需按住一張畫作將它選取起來，然後將它拖曳到另一幅畫作上。當你放開時，Procreate 會製作一個包含這兩張畫作的新堆疊。請注意，你只能在主作品集畫面中製作堆疊，但不能在個別堆疊內進行。點按堆疊下方的名稱並編輯文字來重新命名。

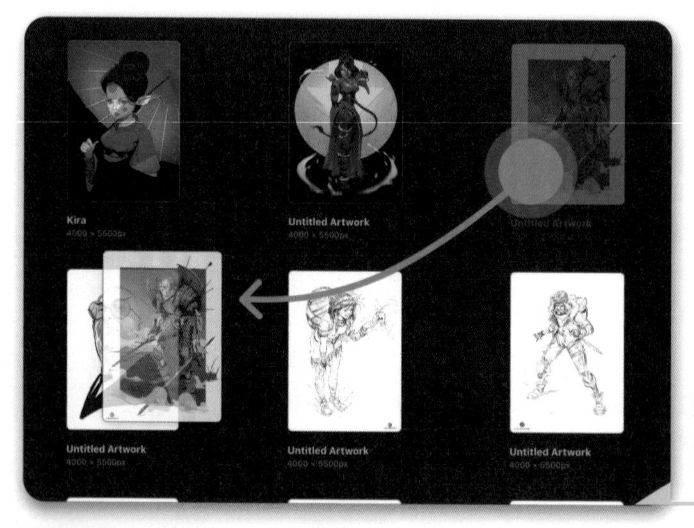

將一件畫作拖曳到另一件畫作上，就可以製作堆疊

重新命名堆疊來幫助自己回想起裡面包含哪些畫作。例如，包含了角色的堆疊可以命名為「角色設計」

## 藝術家秘訣：畫布方向

你可以使用旋轉手勢來更改畫布的方向。在作品集的螢幕上，用兩根手指按住作品的縮圖，然後將它旋轉到所需的方向。此檔案將自動調整長寬比例。

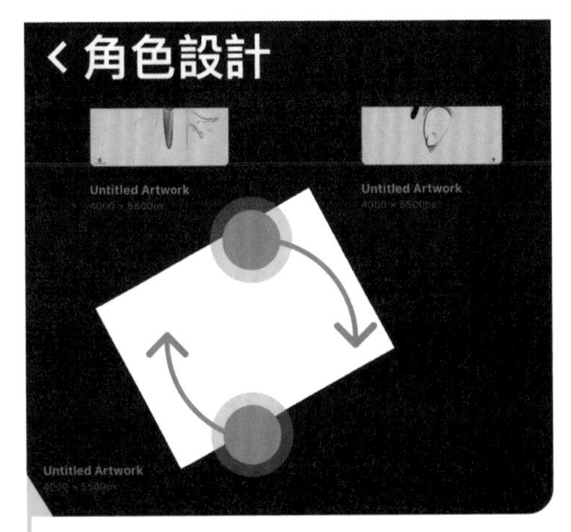


用兩根手指按住並旋轉作品
來更改其方向

## 預覽

預覽模式可讓你以全螢幕查看作品，而無需實際開啟檔案。它還可以像瀏覽作品集一樣滑動檢視作品。若要進入預覽模式，請使用兩根手指放大你選擇的圖稿。你可以向左或向右滑動，查看作品集中所有檔案的幻燈片播放。當你想要展示作品集時，這是一個很棒的功能。只要將你想展示的畫作放在一個堆疊中，然後到此堆疊裡進入預覽模式，就能輕鬆瀏覽畫作。要關閉預覽模式，只需在圖稿上捏合手指即可縮小。

放大作品集中的畫作，進入預覽模式

## 選取

選取工具位於作品集螢幕右上角的選單欄上，可以對數個檔案執行相同的操作。點按此工具後，你可以選取多個檔案並執行大量操作，包括：

- 堆疊
- 預覽
- 分享
- 複製
- 刪除

「選取」工具可以讓你快速製作堆疊，或完成整個作品集的備份。但是你會發現，當你進入堆疊裡，「選取」選單裡的「堆疊」選項就會消失。

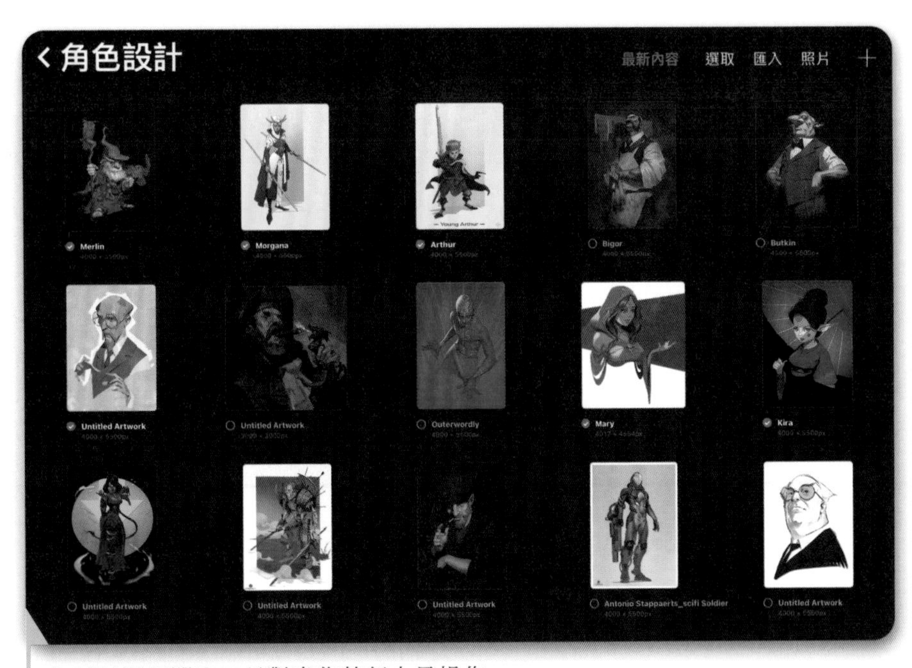


你可以運用選取工具對畫作執行大量操作

# 手　勢

所有的角色畫作© AntonioStappaerts

## 學習目標

**了解如何：**

- 使用手勢瀏覽來加快工作流程。
- 撤銷和重做。
- 使用「拷貝 & 貼上」選單來進行剪下、拷貝、貼上和複製。
- 使用手勢來清除圖層。
- 使用手勢來修改畫布。

## 手勢和瀏覽

Adobe Photoshop 是以滑鼠游標操作，Procreate 則是靠手勢。正因如此，它使用起來非常直覺、高效率，且方便好用。這也是它的使用者介面可以如此簡約和乾淨的原因之一。幾乎一切都可以透過手勢來進行，包括最常用的操作。瀏覽畫布是創作畫作的重要部分。Procreate 設計了下列的手勢來加快你的工作流程。

### 放大和縮小

要放大畫作，請將兩根手指放在螢幕上並將它們分開。要縮小畫作，請將兩根手指放在螢幕上並向內捏合。

將兩根手指放在螢幕上，然後將它們分開以放大畫面

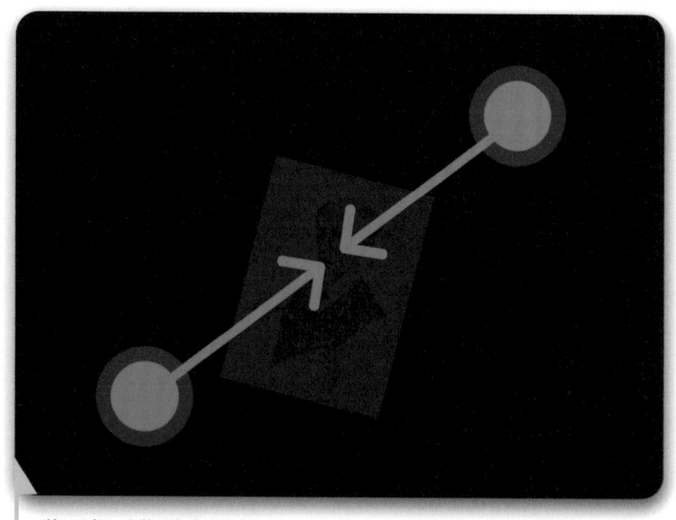

將兩根手指放在螢幕上，然後向內捏合以縮小畫面

### 旋轉畫布

和縮放手勢類似，用兩根手指按住螢幕，同時順時針或逆時針旋轉。畫布會跟隨你的操作。你也可以在旋轉時，同時放大或縮小。

透過在畫布上按住兩個手指並旋轉來旋轉畫布

### 移動畫布

要在螢幕上移動畫布，只需在畫布上按住兩根手指，然後將它拖曳到你想要的位置。

### 全螢幕檢視

快速捏合手勢會將畫布進入全螢幕檢視。如果你在進行角色設計時不斷放大和旋轉畫布，但想要將畫布恢復為預設畫面來查看整個設計時，這非常實用。方法是將兩根手指放在螢幕上，然後像縮小一樣快速向內捏合後，將手指從螢幕上移開。

兩指輕點，撤銷最後一步

三指輕點，重做最後一步

## 撤銷和重做

使用 Procreate，撤銷和重做手勢會是你最好的朋友。撤銷可讓你在繪畫中回到上一步，非常適合取消錯誤。重做則會反轉撤消，讓你往前進一步。

### 撤銷

若要撤銷，請在畫布上用兩指輕點。

### 重做

若要重做，請在畫布上用三指輕點。

**藝術家秘訣：撤銷或重做多個步驟**

如果你用兩指按住螢幕不動，就會加快所有的撤銷步驟，直到達到最大值。重做選項也是一樣：三指按住螢幕不動，便會加快所有重做步驟。

## 拷貝 & 貼上選單

用三指在螢幕上快速向下滑動，就可以叫出「拷貝 & 貼上」選單。這個實用的選單可讓你剪下、拷貝、拷貝全部、複製、剪下和貼上，以及貼上部分或整張圖稿。到「操作 > 手勢控制 > 拷貝 & 貼上」，然後將「三指滑動」開啟或關閉，就可啟用或關閉這個手勢。我建議開啟「三指滑動」功能，除此之外還有許多其他選項可用，例如「四指滑動」或使用 Apple Pencil 點按兩下。

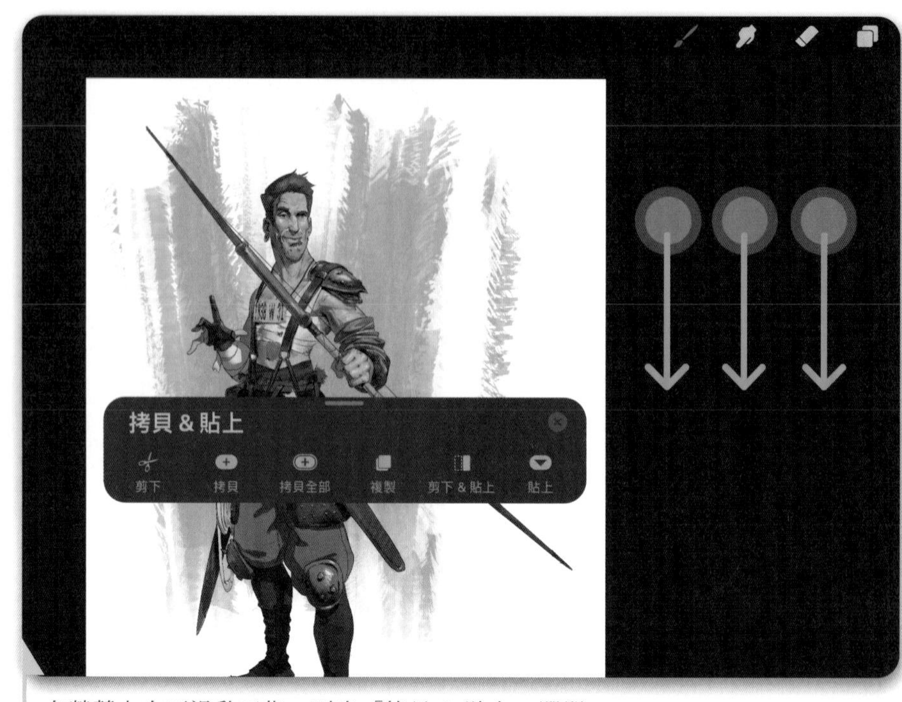

在螢幕上向下滑動三指，叫出「拷貝 & 貼上」選單

### 剪下

剪下操作將刪除你在圖層上選取的內容。如果未選取任何內容，則整個圖層就會被視作選取範圍，因此該圖層中的所有內容都會被剪下。不過別擔心 —— 這不會刪除任何東西。你仍然可以將剪下的選取範圍貼到你想要的任何位置，例如在畫布的另一部分，或新圖層上。

### 拷貝

拷貝的作用與剪下功能相同，差別是它不會刪除任何內容，而是製作選取範圍的副本，以供你貼上到其他地方。請注意，此功能僅複製你選取的內容（請參閱第 38 頁「選取」工具）。

### 拷貝全部

要從檔案中的多個圖層中複製圖稿，請選擇「拷貝全部」功能。它可以讓你拷貝已選取的任何內容，如果未選擇任何內容，則會拷貝整張畫布。如果你想拷貝設計圖稿的某些部分但不想一一檢視所有圖層，則「拷貝全部」是一項非常實用的功能。

### 複製

新增加的「複製」功能是很實用的捷徑，可以將活躍圖層中的選取範圍立即複製並貼到一個新圖層上。

輕鬆拷貝角色圖稿中的元素

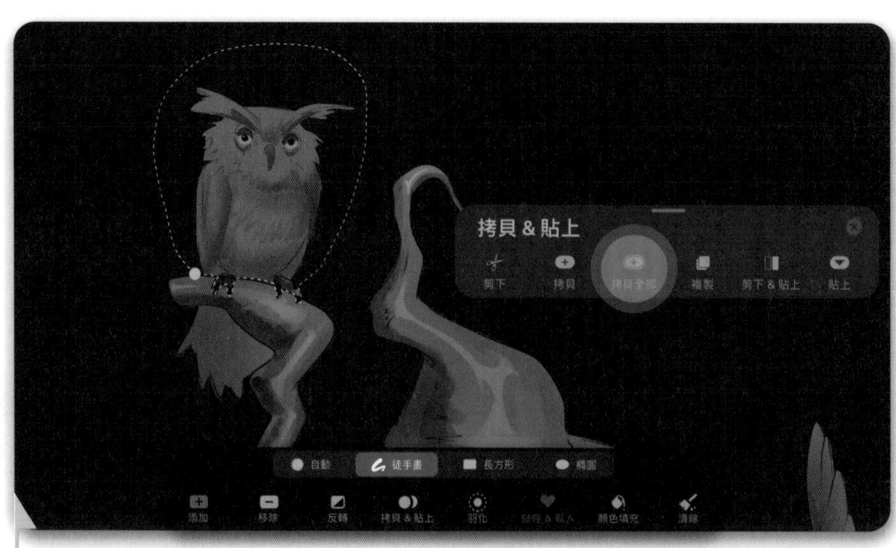

使用「拷貝全部」來複製選取範圍中的所有內容

### 剪下 & 貼上

雖然類似於複製，但「剪下 & 貼上」會從目前圖層中刪除選取區域，並將它貼到新圖層上。

### 貼上

這會將你複製或剪下的選取範圍貼上目前的活躍圖層上。

選擇「貼上」，將你的選取範圍貼上到活躍圖層上

## 其他實用的手勢

### 清除圖層

如果你想在不透過「圖層」選單的情況下快速清除圖層，只需用三根手指在畫布上來回擦拭即可。

在螢幕上向下滑動三指，叫出「拷貝 & 貼上」選單

### 隱藏介面

你可以透過用四根手指點按螢幕來隱藏畫布周圍的使用者介面。當你希望單獨查看畫作、錄製螢幕或直播到社群媒體時，此功能非常實用。只需重複此手勢即可恢復使用者介面。

### 取色滴管

要在畫布上選擇一種顏色，請用一根手指觸摸並按住畫布，直到出現「取色滴管」工具。然後在畫布周圍拖曳手指，就可從任何位置選擇顏色。與所有其他手勢控制一樣，你可以到「操作 > 手勢控制」來嘗試其他「取色滴管」捷徑，或調整按住手勢的「延遲時間」。

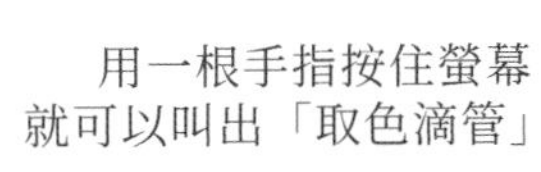

用一根手指按住螢幕
就可以叫出「取色滴管」

# 筆　刷

所有的角色畫作© AntonioStappaerts

## 學習目標

**了解如何：**

- 製作、使用和調整筆刷。
- 製作和整理筆刷集。
- 分享、匯入和移動筆刷。
- 更改筆刷大小和不透明度。

**Procreate 內建了易於理解和使用的預設筆刷，同時還提供豐富的功能來協助你自訂最愛的筆刷，或製作自己的全新筆刷。這款 App 使用三種主要類型的筆刷進行操作，位在「畫布」螢幕的右上角。**

- 「筆刷」會是你最常用的功能，可讓你在畫布上進行素描和繪畫，製作線條和筆觸。
- 「塗抹」工具可混合筆觸。
- 橡皮擦」可讓你去掉任何不需要的筆劃，也可以用來在角色圖稿的某些區域添加高光，就像用橡皮擦在紙上擦掉炭粉的效果。

## 筆刷庫

Procreate 筆刷庫中提供了許多預設筆刷，可以透過點按「筆刷」、「塗抹」或「橡皮擦」圖示來存取這些筆刷。所有筆刷都存放在同一個筆刷庫中，因此同一支筆刷可以用來繪圖，也可以用來擦除或塗抹。開啟筆刷庫時，你會在左側看到筆刷集的清單，然後在右側看到每一組所包含的筆刷。每個筆刷下方都會有一個範例筆觸，讓你輕鬆找到需要的筆刷類型。

## 適合用於角色設計的筆刷

在繪製和繪製角色圖稿時，以下筆刷集很實用：

### 素描筆刷集

「素描」筆刷集包含各種不同的鉛筆和蠟筆類的筆刷，就像使用傳統媒材進行素描。當你要為角色勾勒出最初的想法時，這些筆刷非常好用。

### 繪圖筆刷集

「繪圖」筆刷集提供了多種筆刷，可模擬各種顏料筆刷，從油畫和壓克力顏料，到膠彩和水彩。當你希望角色圖稿中呈現繪畫效果時，這些筆刷是很理想的選擇。

### 著墨筆刷集

「著墨」筆刷集非常適合對粗略的繪圖進行微調，或製作帶有交叉影線的陰影。在這裡，你會找到大量的鋼筆、墨水筆和細線筆刷，可以提供流暢、乾淨的線條質感。如果線條質感對你很重要，那麼「書法」筆刷集也很值得探索。

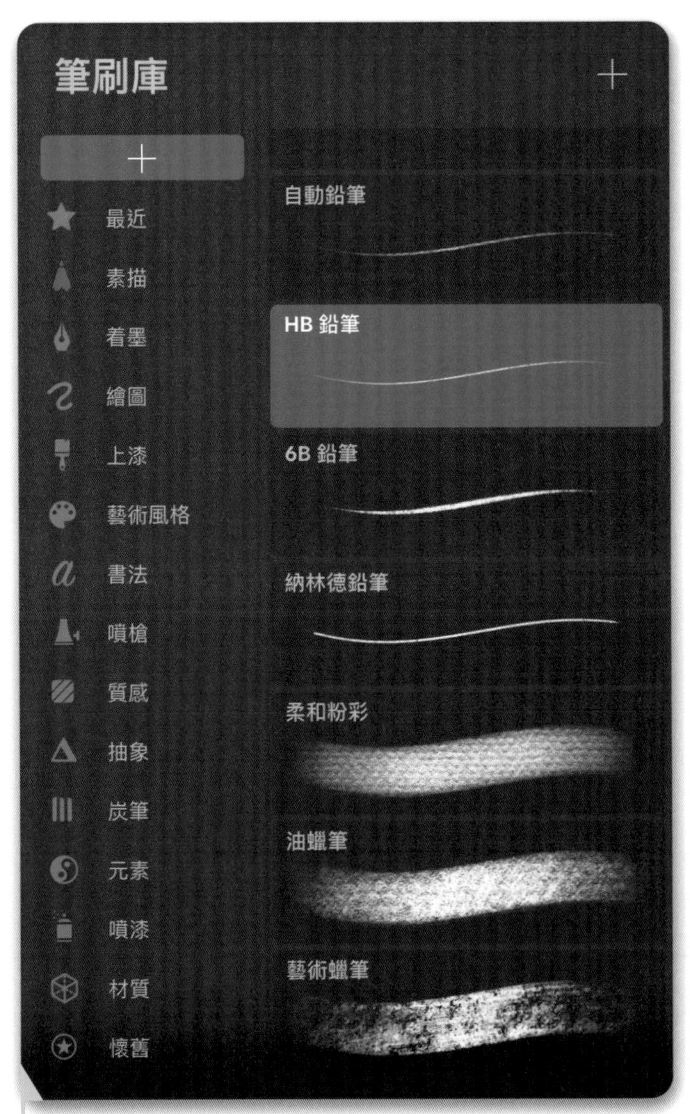


素描筆刷集中的筆刷模仿傳統的素描媒材，呈現粗糙、概略的外觀

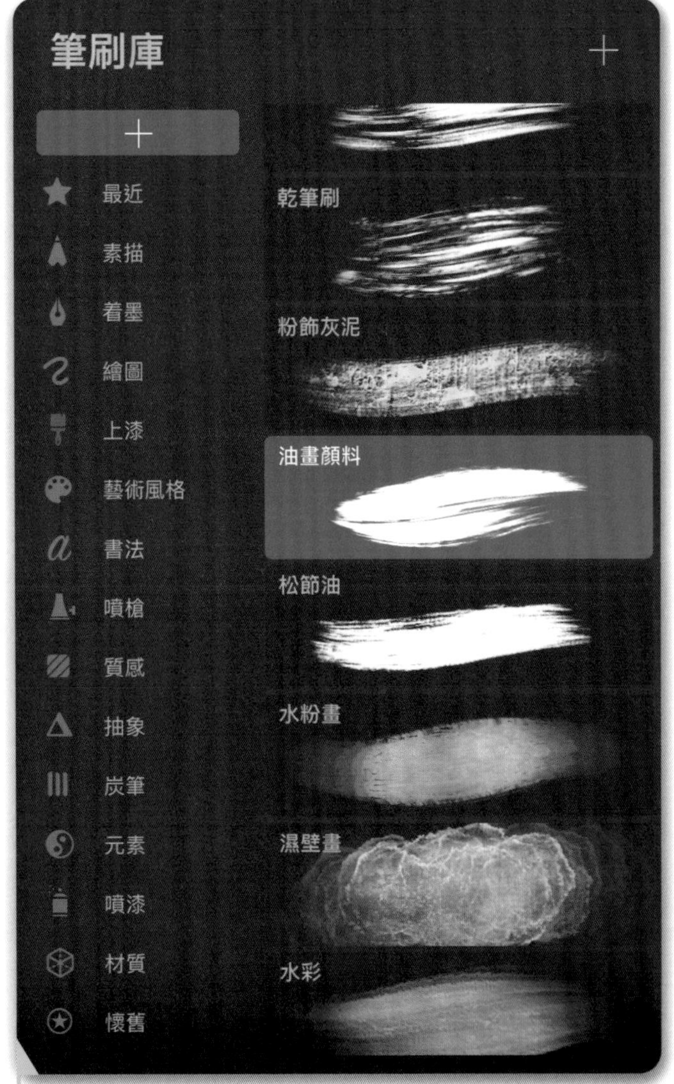


探索繪圖筆刷集中的各種筆刷，讓畫作呈現繪畫般效果

# 整理你的筆刷庫

## 製作一個新的筆刷集

將相似的筆刷集合在一起，可以提高你在繪製角色時的效率。要製作新的筆刷集，請向下拖曳筆刷集側欄，直到頂端出現 + 圖示。點按 + 圖示，將它重新命名，描述它將包含的筆刷，例如「我的最愛」。再次點按該集合，便可以重新命名、刪除、分享或複製它。

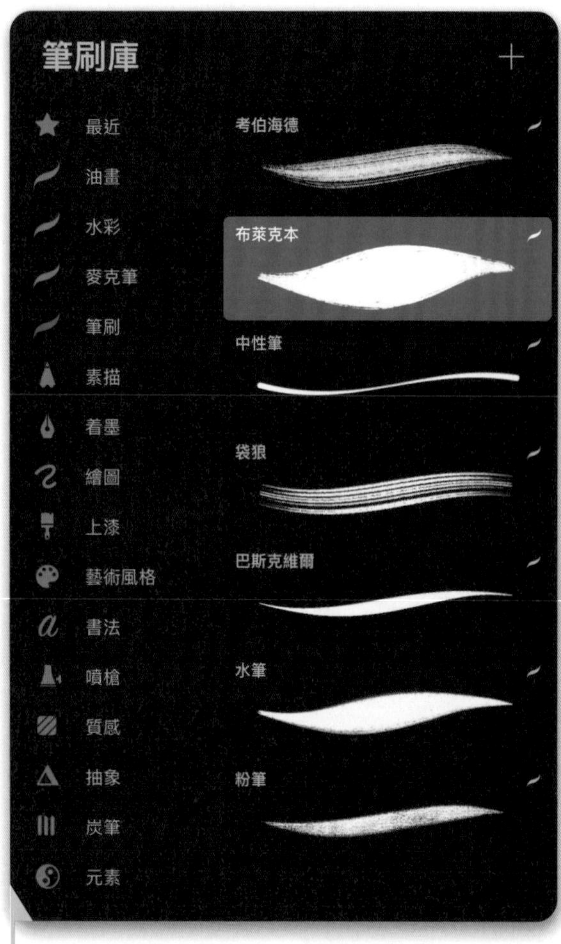


製作你最喜歡的筆刷的自訂筆刷集以加快你的工作流程

## 將筆刷添加到筆刷集

找到你想移動的筆刷，然後選取、按住並將它拖曳到你新製作的筆刷集中，等到筆刷集閃爍並開啟之後，放開筆刷即可將它加到其中。

## 移動和複製筆刷

如果你移動任何預設筆刷到新筆刷集中，它會自動複製，原始筆刷仍會保留在預設的筆刷集中。不過，如果你移動自訂筆刷，則會直接移動到另一支筆刷集中。如果你希望自訂筆刷在多個筆刷集中都能使用，記得在拖曳到新筆刷集前要先行複製。

## 重新排列筆刷

如果你想重新排列筆刷集中的筆刷順序，只需選擇其中一支筆刷，將手指按住螢幕直到它離開筆刷集，然後將它拖曳到筆刷集內的任意位置並放開。

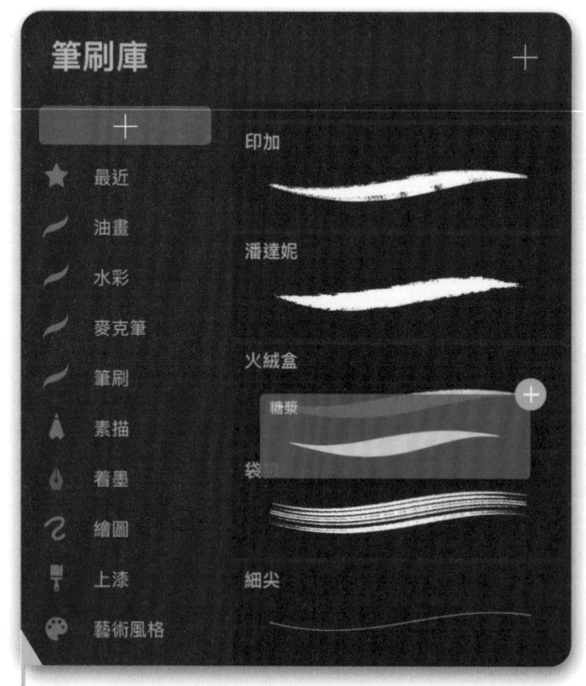


按住並拖曳筆刷即可在筆刷集中重新排列順序

## 尺寸和不透明度

數位繪畫主要的好處之一，是能夠快速更改筆刷大小和不透明度。無論你是繪畫、塗抹還是擦除，側邊欄的滑桿都可以讓你更改目前使用中之筆刷的大小和不透明度。

### 尺寸

上方滑桿可以控制筆刷的大小。向下移動滑桿會變小，向上移動滑桿會變大。

### 不透明度

下方滑桿可控制使用中之筆刷的不透明度。向下移動滑桿可以提高透明度，向上移動滑桿會增加不透明度。

### 自訂

兩個滑桿之間有一個方形圖示。點按它時，在預設情況下會啟動「取色滴管」工具，讓你從畫布中選擇任何顏色。如果這對你來說實用性不高，你可以到「偏好設定」選單下的「手勢控制」中，從一系列指令當中選擇自訂圖示。只需啟用你希望指派給方形圖示的任何指令，它就會替換掉之前的指令。

此外，如果你是左撇子，將側邊欄移動到畫布螢幕的右側可能會更方便（請參見第 9 頁）。

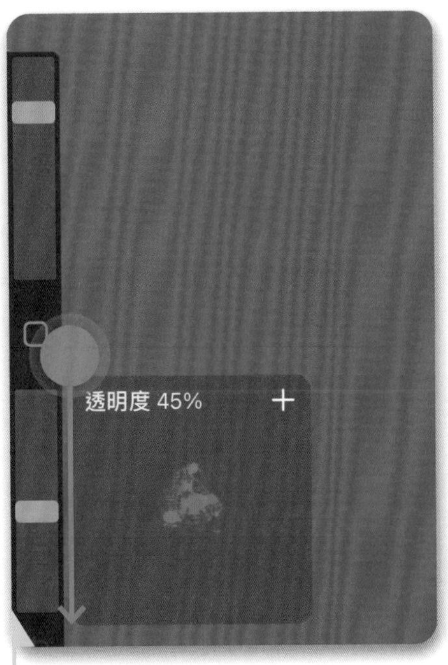

調整下方滑桿來更改筆刷的不透明度

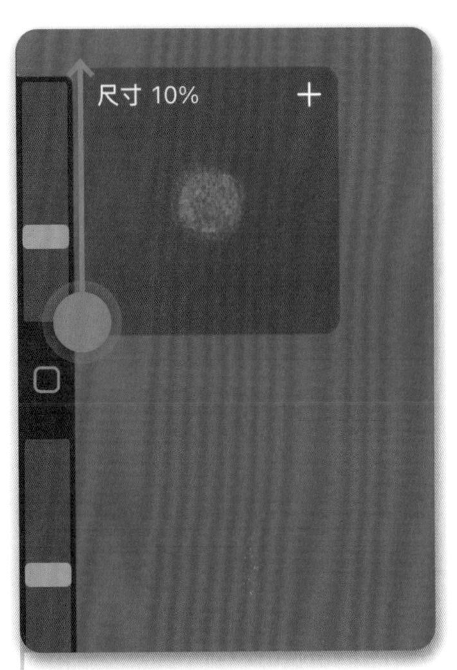

調整上方滑桿來改變筆刷大小

自訂圖示和手勢來配合你的工作方式

# 顏　色

所有的角色畫作© AntonioStappaerts

## 學習目標

**了解如何：**

- 使用不同的顏色模式來選擇顏色，包括色圈、經典、色相、調色板以及調和。
- 從頭開始製作調色板。
- 從照片或檔案製作調色板。

Procreate 內建了五種不同的顏色模式，讓你選擇最適合自己工作流程的模式。這五種是：

- 色圈
- 經典
- 參數
- 調色板
- 調和

點按畫布螢幕介面右上角的圓形色票圖示來開啟「顏色」選單。選單底部列出了五種顏色模式。拖曳「顏色」選單頂端的灰線會使它與頂端欄分離，讓你移到其他位置。點按角落中的 X 會將這個浮動選單最小化，回到原本的角落。

本章將開箱每種顏色模式的主要功能，你可從中探索偏好的模式，或者在繪畫時切換顏色模式。多多嘗試來找到你最喜歡的模式。

## 色圈

「色圈」是以清晰的色環方式呈現，是最直覺的模式，讓你可以同時控制色相、明度和飽和度。從圓圈的外部選擇一種色相，例如黃色。要讓你剛剛選擇的色相更亮或更暗，請使用內圈更改飽和度和明度。如果需要更高的精準度，你也可以放大內圈。捏合以縮小畫面並恢復正常檢視。

Procreate 提供了一種聰明的解決方案來選擇純色，例如黑色、白色或全飽和度的顏色。內圈周圍有九個點，在它們附近點兩下就可以鎖定到這些點上。

「色圈」模式還包括了圓圈下方的色票調色板，也許你會喜歡以這種方式選擇顏色。每一種顏色模式都有調色板可使用，讓你儲存最喜歡的顏色以便快速存取。（請到第 26 頁閱讀更多關於調色板的資訊。）

在色圈模式下，從外圈中選擇一種色調，然後使用內圈調整明暗和飽和度

## 經典

對於有經驗的數位畫家來說，應該很熟悉經典模式。它有三個滑桿，可細微控制顏色的屬性。色相是透過頂端滑桿控制的，雖然飽和度和明暗可以從上方的方形區域中選擇，但 Procreate 也讓你選擇使用兩個下方滑桿來分別進行調整。方形的邊角包括了黑色、白色和純色，所以不像色圈模式，不需要鎖定。

如果你偏好使用滑桿提供的精細控制，同時希望看到所選顏色的視覺呈現，那麼這個模式是最理想的選擇。

## 參數

「參數」模式提供了六個滑桿，可讓你在選擇顏色時進行更精確的控制。對設計師而言、或者在必須使用特定色碼的情況下，這個模式都很實用。

上面的三個滑桿與經典模式相同：色相、飽和度和明度。下方的三個滑桿可讓你調整所選顏色中的紅、綠和藍色的量。你可以使用此功能來選擇和混合顏色。如果你需要使用特定的顏色代碼，可以在滑桿下方的框中輸入十六進制代碼。

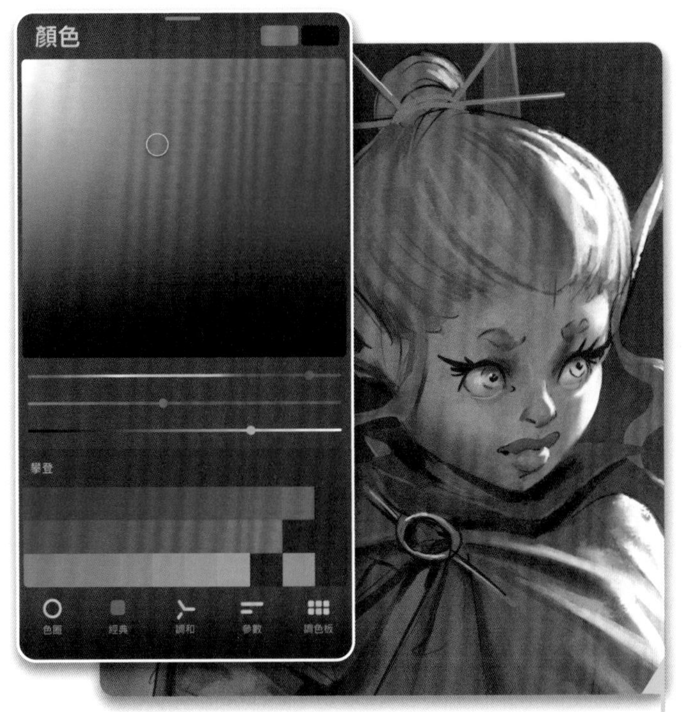


經典模式提供三個滑桿用於調整色相、明度和飽和度

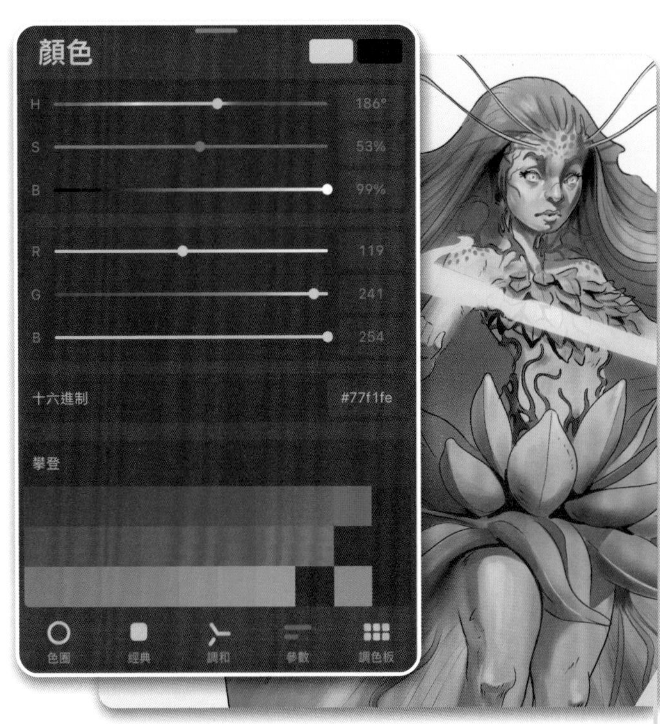


參數模式有六個滑桿，可以在選擇顏色時進行最精確的控制，另外還可以輸入十六進制代碼

### 藝術家秘訣：取色滴管

「取色滴管」是數位角色設計師的必備工具，是一個從畫布上揀選任何顏色的快捷方式。用一根手指點按畫布，或點按側欄中的方形修改按鈕來叫出「取色滴管」。接著，在畫布周圍拖曳取色滴管環來找到你想要選的顏色。環的下半部顯示了目前使用中的顏色，而上半部則顯示出中心十字線吸取的新顏色。

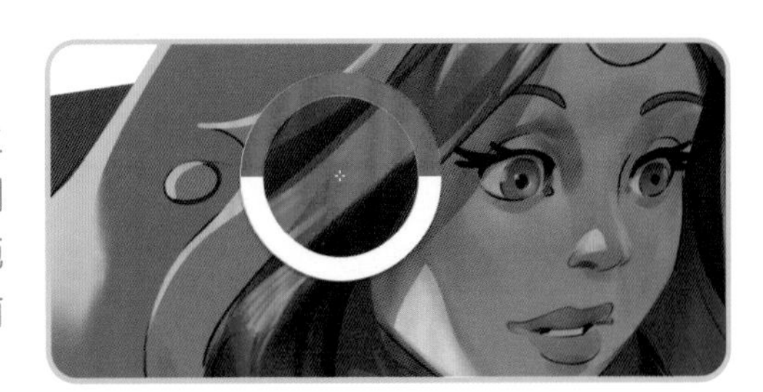

## 調色板

調色板模式讓你可以總覽預設色票和自訂色票，很適合儲存你最喜歡或常用的配色方案。因為在其他所有的模式中也都可以存取預設調色板，因此它可以當作其他模式的擴充。

### 製作一個新的調色板

要製作新的調色板時，請點按「調色板」選單右上角的 + 號圖示，再點按一個空的方塊來放置你選好的顏色色票。要刪除色票時，按住色票再放開，就會出現「刪除」選項。你只能在「調色板」模式下製作全新的調色板，但是一旦製作好了，它便會出現在所有其他顏色模式中。接著你就可以在新的調色板（或任何現有的預設調色板）中加入新的顏色。

要在另一種顏色模式中編輯或新增顏色到調色板，請點按調色板最後的一個空方塊。它就會以目前選擇的顏色新增一個新方塊。你可以按住色票直到彈出「設定 / 刪除」選項，然後選擇「設定」來替換現有色票。

### 匯入調色板

「來自…的新的」選項可讓你從現有檔案和照片，或從相機拍攝的新照片製作自訂調色板。當你想從這些能激發靈感的風景或物體來為角色製作原始調色板時，這個功能非常好用。

### 儲存和重新命名調色板

製作調色板後，點按「預設」按鈕，會將它設定為其他顏色模式下的預設調色板。在調色板上向左滑動，可以叫出分享或刪除調色板的選項，也有重新命名調色板的選項，以做到最佳的分類整理。

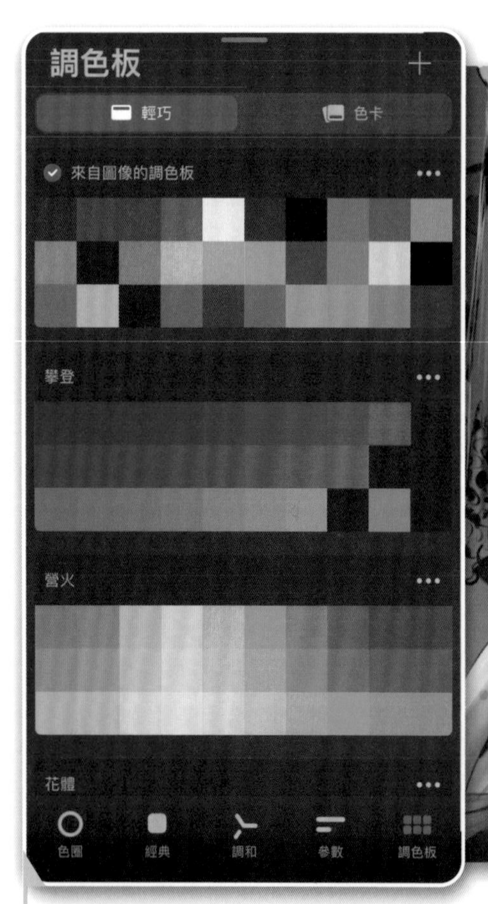


調色板模式提供了一整組色票——
使用預設調色板或製作自己的調色板

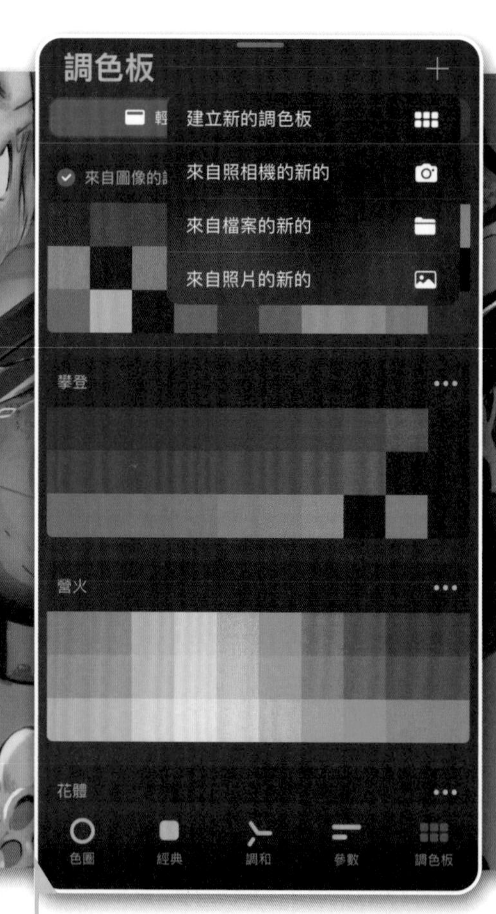


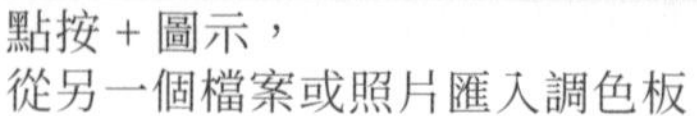

點按 + 圖示，
從另一個檔案或照片匯入調色板

## 調和

「調和」模式是 Procreate 色模式選單中的新增功能。對於那些有顏色選擇障礙，但是仍想在數位繪畫中創造出調和的使用者來說，這個功能非常實用。

從中心的灰色和飽和度較低的顏色，到邊緣最飽和的色調，此圓圈中包含了所有可用的顏色。根據自己的喜好調整來圓圈下方的滑桿，可以控制每個色調的明暗。

這種模式很棒的地方在於它提供了一組和諧的色彩，可以改善你的色彩配置。點按「顏色」下方的「互補」會彈出一個選單，提供五種受歡迎的調和以供使用：「互補」、「分割互補色」、「類比」、「三等分」或「矩形」。如果你沿著圓圈周圍拖曳一個點，其他的點將會自動移動，以維持正確的調和。

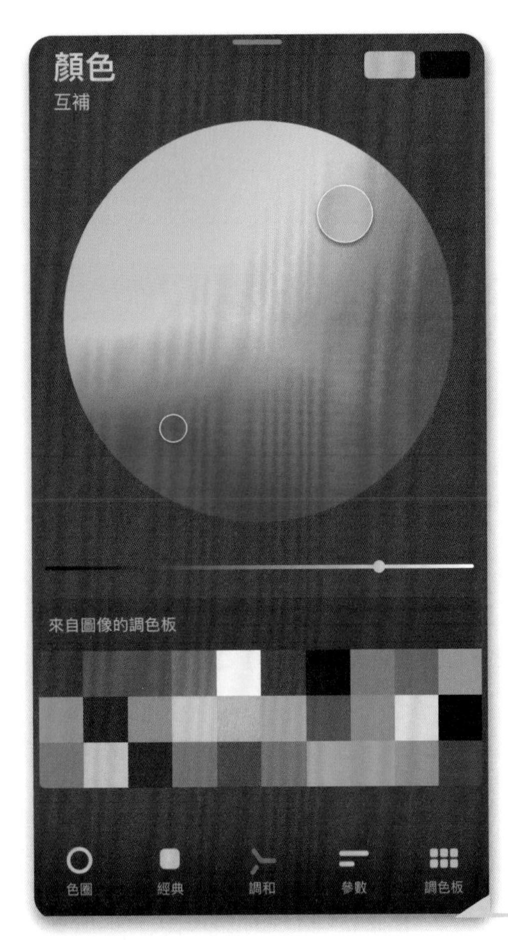


「調和」模式提供了五種受歡迎的配色選擇，非常適合想在角色圖稿中創造出和諧顏色搭配的初學者

### 藝術家秘訣：色彩快填

「色彩快填」是使用單一顏色填滿畫布或選取範圍的簡易方法。只需將色票從右上角拖曳到畫布上，它就會使用此顏色填滿你的畫布。使用在有閉合形狀的圖層上時，它只會填滿形狀的內部或外部。

假如你已經將角色的每個區域正確分層，「色彩快填」是為角色圖稿快速填上不同顏色的實用工具（更多關於圖層的資訊，請閱讀第 28 頁）。將新顏色拖曳到已上色或陰影區域，將會改變其色調。你可以將各種顏色用「色彩快填」方式拉到角色的每個區域上，快速產生顏色組合。

# 圖　　層

所有的角色畫作© AntonioStappaerts

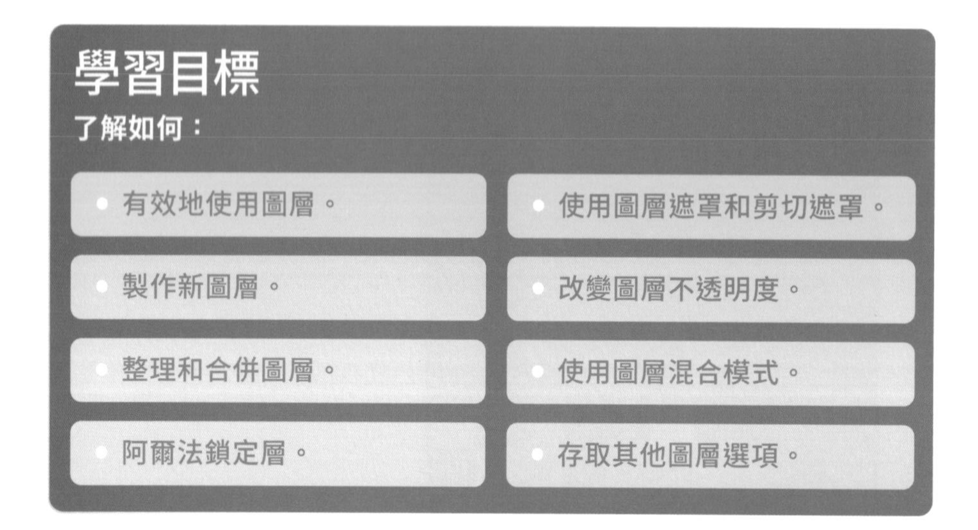

## 學習目標

**了解如何：**

- 有效地使用圖層。
- 使用圖層遮罩和剪切遮罩。
- 製作新圖層。
- 改變圖層不透明度。
- 整理和合併圖層。
- 使用圖層混合模式。
- 阿爾法鎖定層。
- 存取其他圖層選項。

圖層是數位繪畫的眾多優勢之一，可以將它理解為「位在畫布上的分層透明片」。繪畫時，你的筆觸會繪製在你選擇的圖層上，因此你可以在不更動某一圖層內容的情況下，在另一個圖層上進行繪製，這是一種更靈活且非破壞性的創造角色的方法。

圖層在安排角色構成元素時很實用。例如你可以為線稿、顏色、陰影、高光、特殊效果和背景等等，設定個別的圖層。每個圖層都會依照畫布右側的圖層視窗中所顯示的順序排列。

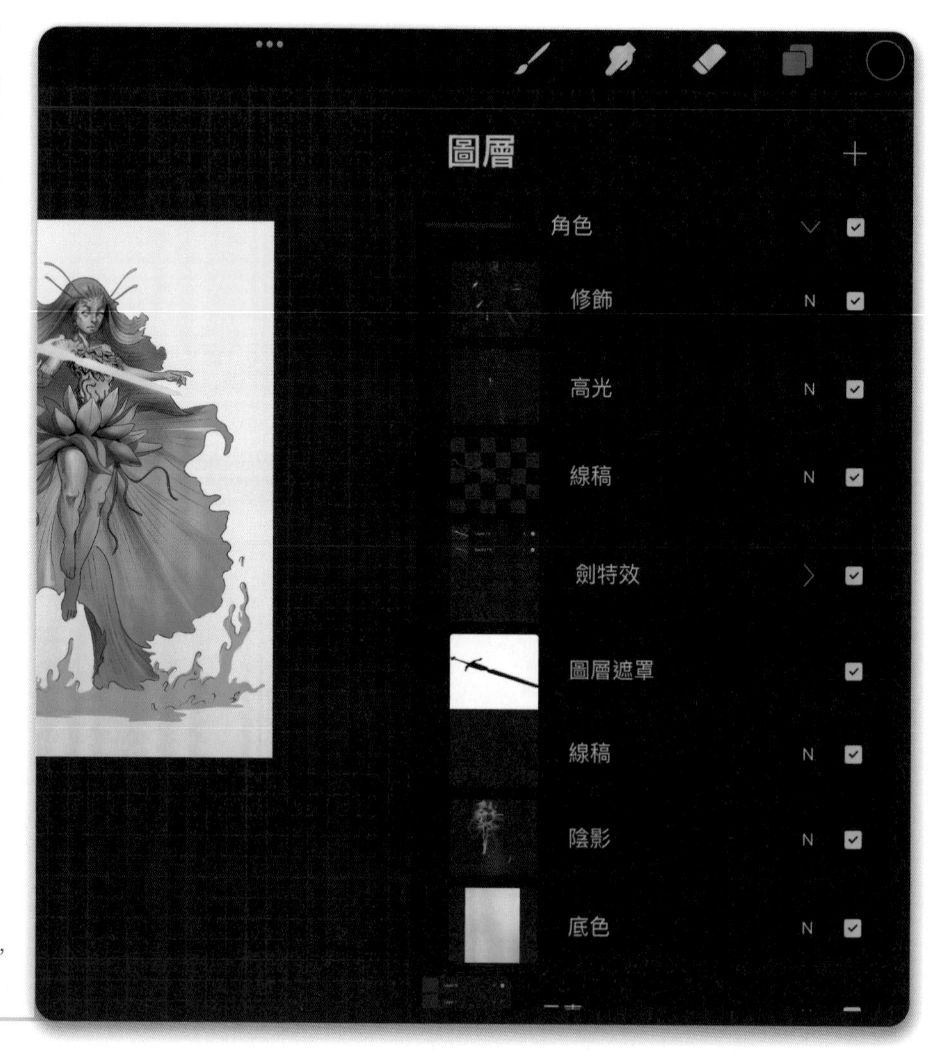


「圖層」面板會出現在右側，列出構成作品的不同圖層

## 圖層基本介紹

### 圖層面板

點按位在畫布介面右上角的右側第二個圖層圖示來開啟圖層面板。

### 製作新圖層

要製作新圖層，請點按「圖層」面板右上角的 + 圖示。依據工作流程的不同，創造角色所需的圖層數量也會不同。在這個方面，每位藝術家都是不同的。有些人會為每個細節製作一個圖層，以避免產生破壞；而有些人則只需要很少的圖層。實驗看看製作圖層來建構圖像，直到找到適合自己風格的工作流程。如果你不熟悉圖層，請注意不要在開始時製作太多圖層，以免超出處理能力。

### 預設圖層

製作新畫布時會看到兩個預設圖層：背景顏色圖層，以及「圖層 1」的空白圖層。背景顏色圖層預設為白色，但你可以在「圖層」面板中點按它，開啟顏色選單來改變背景色。圖層 1 是可以在上面繪圖的第一層。你在圖層上繪製或繪製的任何內容都會在「圖層」面板中以縮圖形式呈現。

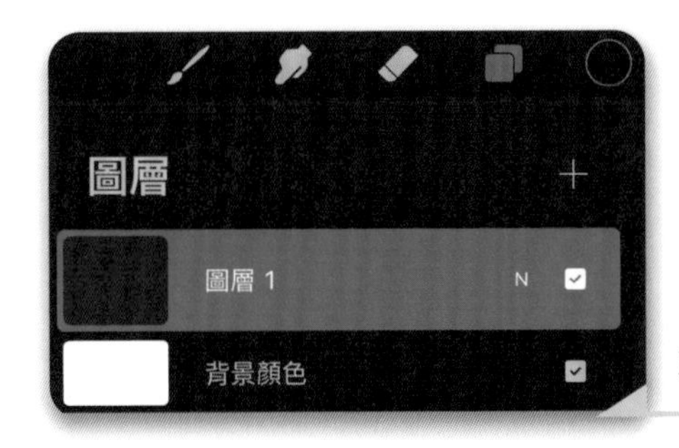

取消背景顏色圖層，讓背景透明

### 層數限制

Procreate 對於可製作的圖層數量有限制。這取決於畫布的大小，或者更具體地說是解析度。你想要的尺寸和解析度（以 dpi「每英寸點數」為單位）越高，你能夠製作的層數就越少。Procreate 這樣做是為了確保不管檔案多大，軟體都能保持一定的效能。你能夠製作的層數也取決於你使用的 iPad 型號。例如，以相同的畫布解析度來說，第一代 iPad Pro 的可用層數將低於最新一代的 iPad Pro。

## 鎖定、複製、刪除

如果你在任何圖層上用手指向左滑動，會出現以下三個選項。

### 刪除

「刪除」將刪除選定的圖層。只有立即點按撤銷才能復原此操作，之後圖層就會被永久刪除。

### 複製

「複製」會製作選定圖層及其所有內容的副本。複製的圖層會以完全相同的名稱出現在選定圖層的下方，讓你確認此圖層已被複製。請記得立刻將複製圖層重新命名，以維持圖層的組織條理。

### 鎖定

鎖定圖層可防止任何的操作。如果不先解鎖，你便無法繪製、調整甚至刪除圖層（不過你仍可以在「圖層」面板中移動它）。如果你不想意外畫到某些圖層，這個功能可以為你省去很多麻煩。要解鎖圖層的話，只需將圖層向左滑動，即可叫出「解鎖」選項。

在圖層面板中向左滑動圖層，叫出鎖定、複製、刪除選單

# 整理圖層

在創造角色時，歸類整理和重新命名圖層有許多好處，可以提高工作流程的效率。

## 移動單一圖層

你在上層繪製的任何內容，都會顯示在下層所繪製的內容之上。這代表你有可能會希望重新排列圖層，讓其他圖層位於上方。要重新排列的話，請按住你想移動的圖層，然後將它拖曳到「圖層」面板中的新位置並放開。

## 移動多個圖層

要移動多個圖層，首先選擇你要移動的全部圖層。方法是按住第一個圖層將它選取起來，然後用手指在其他圖層上向右滑動。要移動這些圖層，請按住已選取的其中一個圖層，然後將它們拖曳到想要的位置。

## 將多個圖層進行群組

要將圖層群組在一起，首先選擇要組合的圖層。點按並向右滑動來選擇第一個圖層，然後在第二個圖層上向右滑動手指，讓兩個圖層都變成藍色。在你想選取的所有圖層執行此操作。接下來，點按圖層面板右上角的「群組」選項。它會為已選取的圖層製作一個群組，然後你可以點按群組名稱來重新命名，協助保持組織條理。

在圖層面板中拖曳圖層來重新排列圖層

向右滑動可同時選擇多個圖層

選擇多個圖層並將它分組，保持你的圖層面板井然有序

## 合併圖層

在工作的過程中，無論是為了節省空間還是出於組織整理的目的，你可能會希望將某些圖層合併在一起。當你想同時對多個圖層進行某些調整時，這個功能也很實用。合併圖層也被稱為「扁平化」，它會將已選取的獨立圖層變成單一平面圖層。這個操作在執行之後可以立即撤銷，若沒有立即進行，之後就無法再撤銷了。因此，只有在你百分之百確定不再需要個別圖層時，再合併圖層。

要合併兩個或更多圖層，請按住你想合併的圖層順序之最頂層和最底層，然後將它們捏合。這個操作會讓中間的所有圖層合併在一起。

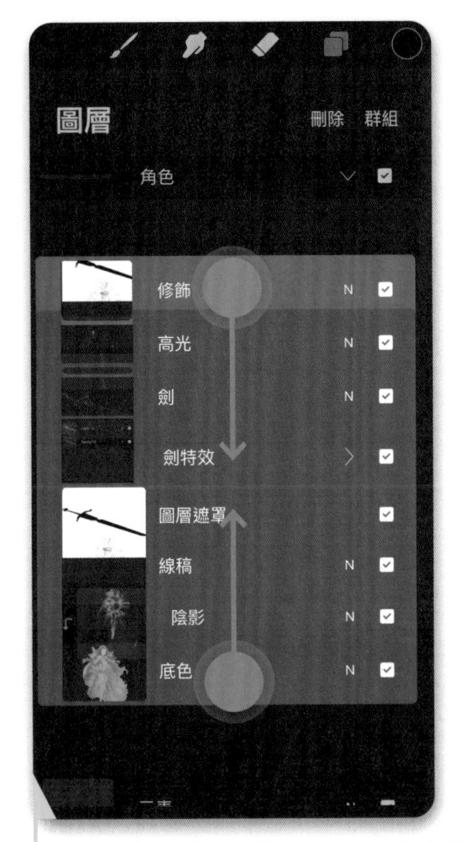


選擇多個圖層然後捏合在一起進行合併

## 將圖層移動到另一個畫布

你也可以將單一圖層或圖層群組，從一個畫布移動到另一個畫布。做法是：按住你要移動的圖層或圖層群組，然後將它拖曳到「圖層」面板之外。你應該會在右上角看到一個綠色 + 圖示，表示你正在複製此圖層或圖層群組。

接下來，用另一隻手指開啟你的作品集，並選擇你希望將圖層或圖層群組匯入的目標畫布。將圖層或圖層群組釋放到該畫布中，即可將它複製過來。

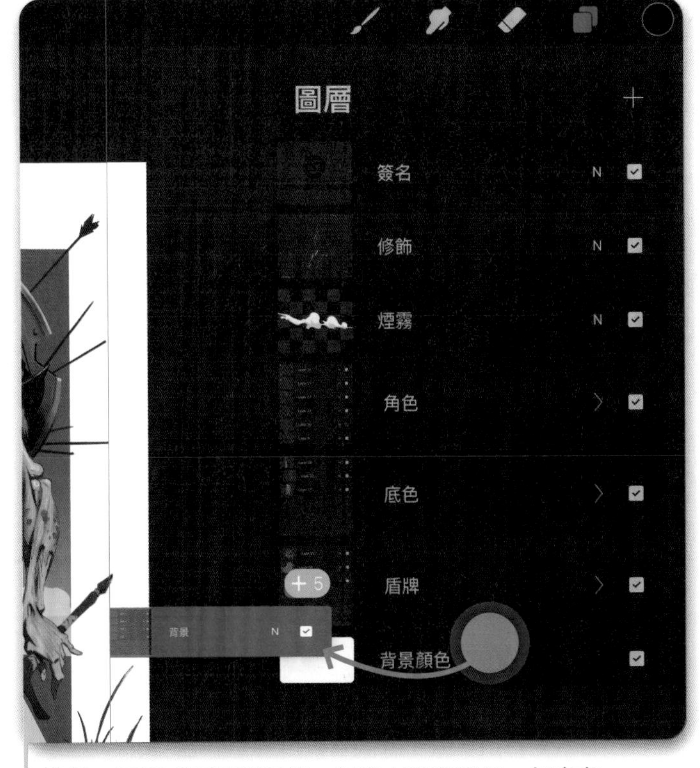


將單一圖層或圖層群組從一個畫布移動到另一個畫布

# 圖層不透明度和阿爾法鎖定

## 圖層不透明度

圖層不透明度可讓你降低或提高圖層的不透明度。當你繪製了一張概略的角色草圖，準備要進到完整的線稿繪製，或想要為角色製作奇幻的效果，抑或想要控制角色的光線強度時，這個功能都會很實用。

有兩種方法可以調整圖層的不透明度。第一種是用兩根手指點按圖層，然後在螢幕上向左滑動來降低不透明度，或向右滑動以提高不透明度。

第二種方法是在圖層面板中點按圖層核取框旁邊的字母N。這會叫出所有混合模式的下拉選單（更多關於混合模式的資訊，請參閱第 34 頁）。選單頂端有一個不透明度滑桿。和剛剛一樣，用手指或觸控筆向左滑動會降低不透明度，向右滑動會提高不透明度。

透過向左或向右滑動來提高或降低圖層的不透明度

點按字母 N 以開啟圖層混合模式選單，
其中會有不透明度滑桿

## 阿爾法鎖定

阿爾法鎖定可讓你鎖定圖層上的所有透明區域。啟用之後，你只能在現有像素的範圍內作畫或上色。要對圖層進行阿爾法鎖定，只需在圖層上向右滑動兩根手指，或點按圖層的縮圖，並從出現的選單中選擇「阿爾法鎖定」。該圖層的縮圖現在將顯示棋盤格圖案，代表此圖層目前已經阿爾法鎖定。重複相同的步驟就可以關閉阿爾法鎖定。

這是一個非常實用的功能。舉例來說，如果你的角色有封閉的底色形狀，你可以對該圖層進行阿爾法鎖定，然後只在該底色的範圍內進行繪畫。這樣你就可以快速更改角色、服裝或其他配飾和道具的顏色。嘗試使用此功能來探索它的運作原理，並了解如何將它整合到你的工作流程中。

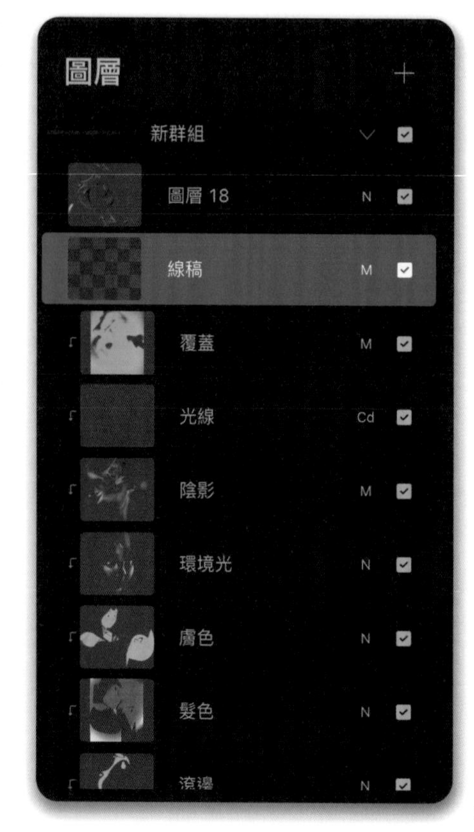

在圖層上滑動兩根手指，
進行阿爾法鎖定

### 藝術家秘訣：
### 阿爾法鎖定你的線稿

阿爾法鎖定是一項很棒的功能，可以為你的角色製作清晰的輪廓，讓你輕鬆改變現有線稿的顏色。只需用阿爾法鎖定你的線稿圖層，並將它畫上與角色相似的顏色，便無需擔心在上色時模糊了角色的輪廓。線稿將會融入設計當中，為角色提供繪畫感，而不會失去線稿的清晰度。

### 剪切遮罩

「剪切遮罩」是另一個很實用的功能，可以在進行數位繪畫時提高效率。它們可以將一個圖層或一組圖層「剪切」到一個定義了整組邊界的基礎圖層上。剪切遮罩的作用方式與阿爾法鎖定相似，可讓你僅在基礎圖層的選取範圍內進行繪畫。不同的是，阿爾法鎖定可讓你在同一圖層上已繪製的像素上繪畫，剪切遮罩則讓你依照其下方父圖層之活躍像素的形狀，在不同的圖層上繪畫。

要製作剪切遮罩，請點按你希望剪切到另一個圖層的圖層，然後從出現的選單中選擇「剪切遮罩」。此圖層現在會被剪切，在圖層面板中，圖層左側會出現小箭頭，向下指向目標父圖層，為清晰起見，剪切圖層會略微縮進。

在右側的圖像中，「底色」圖層是父圖層，而「裁邊」、「髮色」、「膚色」、「環境光」、「陰影」、「光線」和「覆蓋」圖層則是剪切遮罩群組。所有這些圖層都維持在「底色」圖層的邊界內，這代表你不需擔心畫到輪廓外，而且可以保持輪廓整潔。

小箭頭顯示剪切到父圖層的圖層

## 遮罩

「遮罩」是一項好用的工具，可以無破壞性地擦除圖層的某些部分以容納其他圖層。遮罩不會從你的圖層中刪除圖稿，而是將它隱藏，這代表如果你改變主意或稍後再次需要這些部分，它們仍然會存在。

### 製作遮罩

在「圖層」面板中點按你的圖層，然後從選單中選擇「遮罩」。這將製作一個遮罩，顯示為活躍圖層頂端的白色圖層。你可以依照明暗的漸層，遮掉圖層上的任何東西。如果你在遮罩上塗上黑色，就會隱藏圖層上的內容，白色則會顯示內容。繪製灰色則只會部分隱藏圖層上的內容。

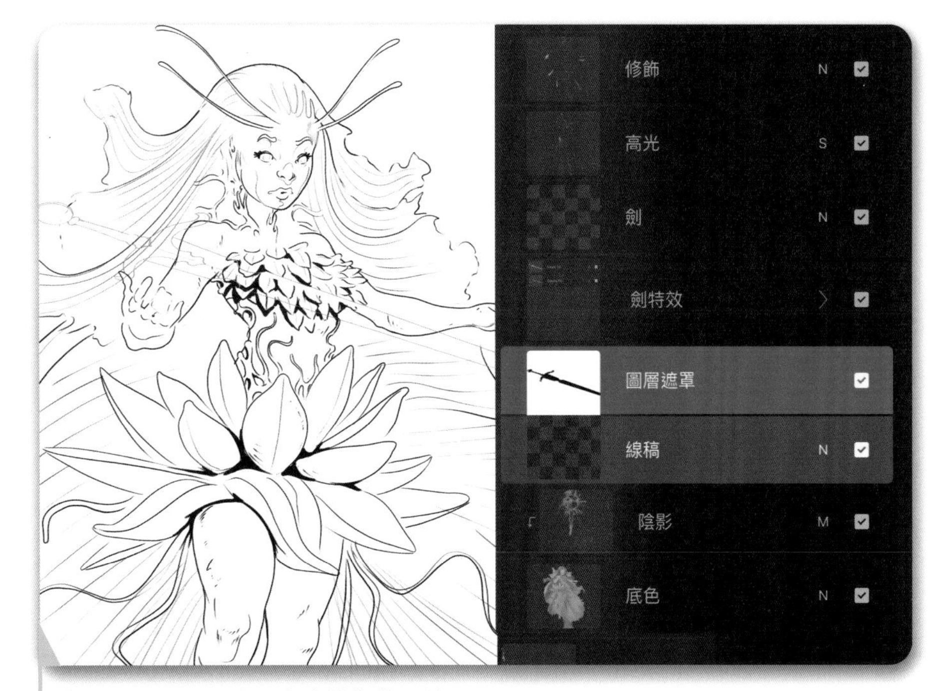


這裡使用了圖層遮罩來遮蔽劍的周邊——
如果你關閉遮罩，下面的完整線稿仍然完好無缺

## 混合模式

混合模式會與其下方的圖層進行不同的互動，從而創造出各種有趣的效果。有些藝術家認為混合模式是他們在創作角色畫作時必不可少的功能，而有些人則很少使用。嘗試不同的混合模式，找到最適合你的模式。點按圖層面板中圖層上的小小字母 N 來開啟「混合模式」選單。這個 N 指的是正常（Normal），是尚未套用混合模式時的圖層預設狀態。如果你改變了圖層的混合模式，N 就會變成新混合模式的縮寫。例如，M 代表「色彩增值」(Multiply)。開啟混合模式選單將顯示混合模式清單，分為幾個類別。以下將探討一些最受角色設計歡迎的混合模式，不過還有更多模式值得你探索。試試看捲動瀏覽所有不同的模式，以了解它們的作用。

### 色彩增值

色彩增值是常用的混合模式。會將你的顏色明度與下面圖層的顏色相乘，基本上會使它們變暗，因此它是在原本顏色基礎（底色、光線之前和陰影的基礎）上製作陰影的絕佳混合模式。這也意味著純白色不會與下面的圖層相互作用，並且會消失，如果你的線稿位在白色圖層上而且你想在下方圖層上色，很適合用混合模式。

使用色彩增值在原本顏色基礎上製作陰影

## 濾色

濾色很適合為你的角色製造高光。它的作用幾乎與色彩增值相反；你的顏色明度與下面圖層的明度成反比。這代表全黑不會影響圖層，但任何比黑色更亮的東西都會照亮下面的圖層。它可以控制添加到角色的高光強度。濾色與圖層不透明度結合使用也很棒，你可以在圖層上繪製高光，然後使用圖層不透明度滑桿來降低強度，直到你對結果滿意為止。

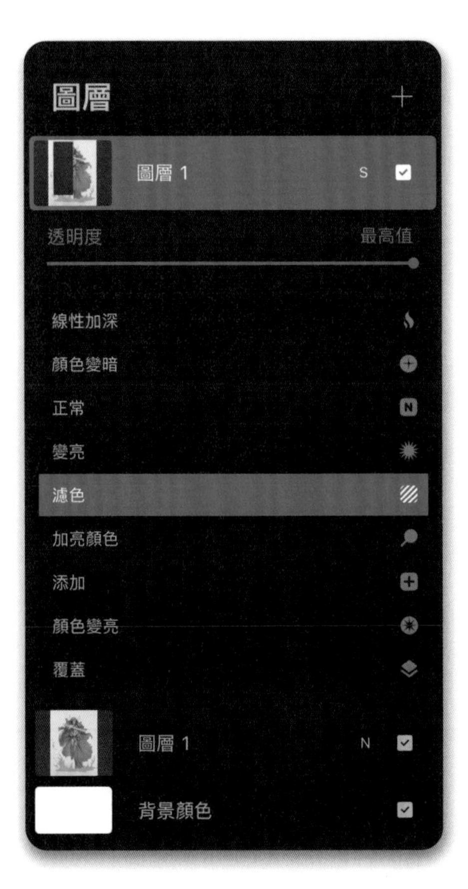

使用濾色為你的角色圖稿添加亮點

## 加亮顏色

乍看之下，加亮顏色行為似乎與濾色相似，但它處理下面圖層的明度和顏色的方式不同。加亮顏色傾向於比濾色更極端地提高這些圖層的飽和度和亮度。無論你想呈現光源還是神奇的氛圍，這是一個很棒的模式，可以與軟筆刷一起使用來製作發光效果。

## 顏色

顏色模式可影響下方圖層的色相和飽和度。由於顏色模式會保留下方圖層的大部分明暗結構，因此它是為灰階圖像上色的好工具。

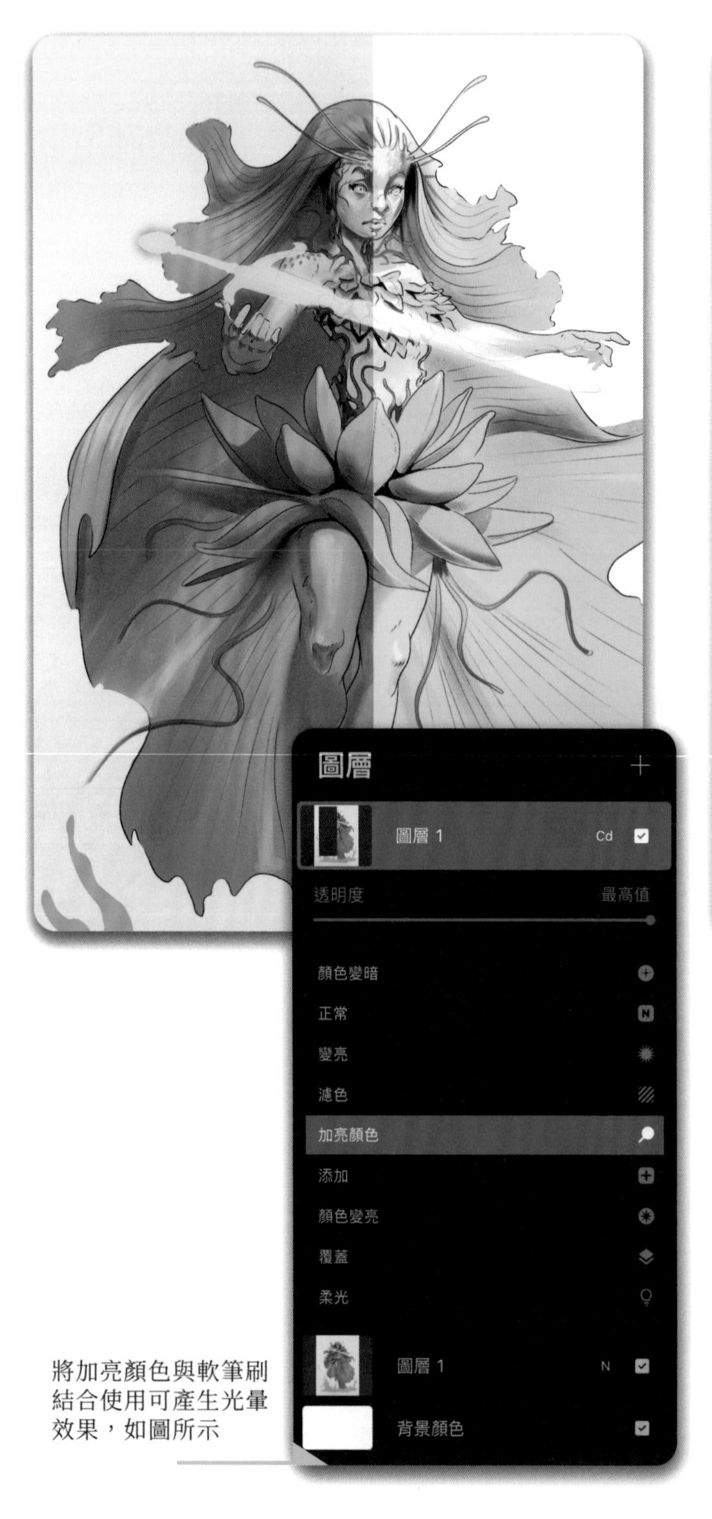


將加亮顏色與軟筆刷結合使用可產生光暈效果，如圖所示

使用顏色模式為灰階圖像上色

## 額外圖層選項

在圖層面板中的圖層上點按一次，會出現「圖層選項」選單。此選單提供了可以在該圖層上執行的額外操作。選單中列出的選項數量取決於所選圖層的類型。此選單只會顯示與該層相關的選項。

**重新命名**可以重新命名圖層，協助整理與歸類。

**選取**會將該圖層的內容選取起來。

**拷貝**會將所選圖層的內容拷貝下來（接著就可以將它貼到其他地方）。

**填滿圖層**會用目前活躍中的顏色填滿圖層（或該圖層上的選取範圍）。

**清除**將清除所選圖層中的所有內容。

**阿爾法鎖定**會鎖定圖層中的所有活躍像素，代表你只能在這些像素範圍內進行繪圖或上色。（有關詳細資訊，請參見第 32 頁。）

**剪切遮罩**會將所選圖層剪切到下面的圖層，避免你在剪切圖層的活躍內容之外進行繪畫。（有關詳細資訊，請參見第 33 頁。）

**遮罩**會隱藏圖層的選定部分。（有關詳細資訊，請參見第 33 頁。）

**反轉**會反轉圖層上的顏色，產生「負片」效果。

**參照**依照你選擇的圖層決定「色彩快填」功能在其他圖層填上顏色的位置。

**向下結合**會將目前圖層和下面的圖層，組成一個群組。

**向下合併**會將所選圖層與下一個圖層合併。

**扁平化**只適用於群組。它會將一個群組內的所有圖層合併為單一圖層。

**編輯文字**將開啟文字編輯器。它僅適用於文字圖層。

**點陣化**將文字字元轉換為像素。同樣的，它僅適用於文字圖層。

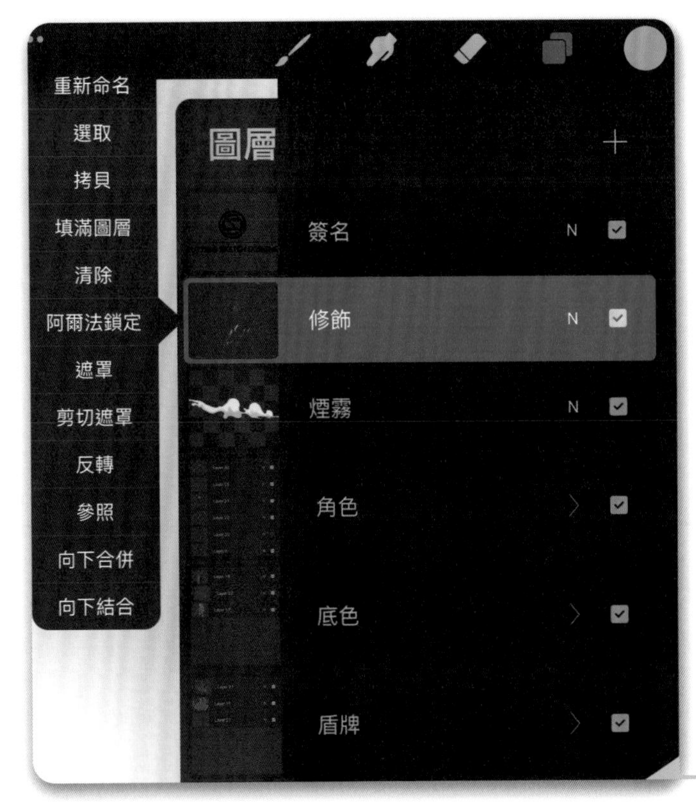


點按一個圖層，開啟額外的圖層選項選單

# 選　　取

所有的角色畫作© AntonioStappaerts

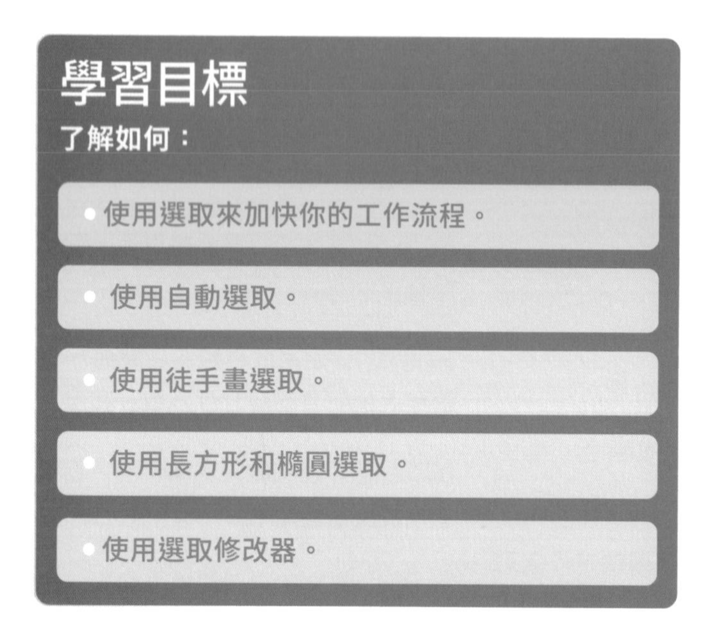

## 學習目標

**了解如何：**

- 使用選取來加快你的工作流程。
- 使用自動選取。
- 使用徒手畫選取。
- 使用長方形和橢圓選取。
- 使用選取修改器。

選取功能可讓你選擇畫布上的某個區域進行處理或操作。要開啟「選取」選單，請點按畫布介面左上角選單欄上的 S 圖示。「選取」選單將出現在螢幕底部，可讓你從四種不同的選取模式以及數種選擇修改器中進行選擇。

選取了圖像區域之後，你就只能對該選取範圍進行修改。你能夠變更的區域將取決於你想要做什麼。如果你希望在某個選取範圍內繪圖或繪畫，則只能在選取圖層上進行。但是，如果你想要的話，你可以跨多個圖層來變形選取範圍。（變形工具在第 42 頁將有介紹。）

### 自動選取

「自動選取」將自動選取一系列與你在畫布上點按的任何位置相似的顏色和明暗。你可以透過增加或減少選取容許值來調整選取範圍。向左拖曳手指可降低容許值，向右拖曳可提高容許值，類似調整圖層不透明度的方式。完成選取之後，點按「筆刷」或「圖層」圖示返回圖稿，你會看到閃爍的斜條紋圖案出現，將你選擇的邊框選起來。如果你還想修改你的選取範圍，只需按住「選取」圖示，直到「選取」選單重新出現。點按「清除」可以撤銷選取範圍。

當你想要選取設計中難以手動選取、或難以區分的某些區域時，「自動選取」非常好用。它可以幫助你選取看起來顏色或明暗很相似但略有不同的區域。例如，角色膚色的細微變化，或他們身後背景的天空。

自動選取可用於選擇顏色和明暗相似的角色區域

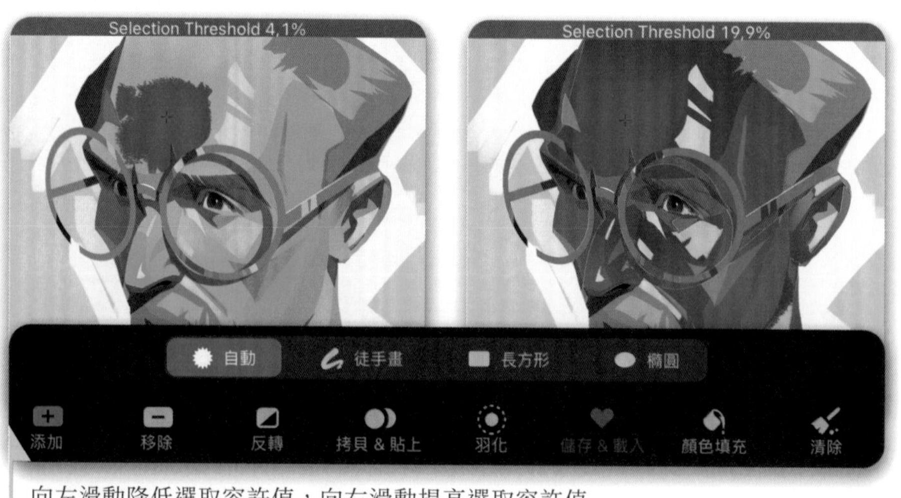



向左滑動降低選取容許值，向右滑動提高選取容許值

## 徒手畫選取

「徒手畫選取」可讓你手動選取畫布上的區域。從「選取」模式選單中選擇「徒手畫」後，用手指或觸控筆在畫布上拖曳出想要的選取範圍。

若要製作更精確的選取範圍，請輕點畫布上的一個位置來放置一個點，然後再次輕點其他位置，在它們之間繪製一條虛線。繼續以這種方式點按畫布上的位置，沿著你想選取的範圍四周畫出多邊形。畫好後再次點按最開始的點就可以完成選取。如果你繼續繪製形狀，這些選取範圍就會相加。

你也可以結合這兩種選取方法來達到你想要的任何選取結果。

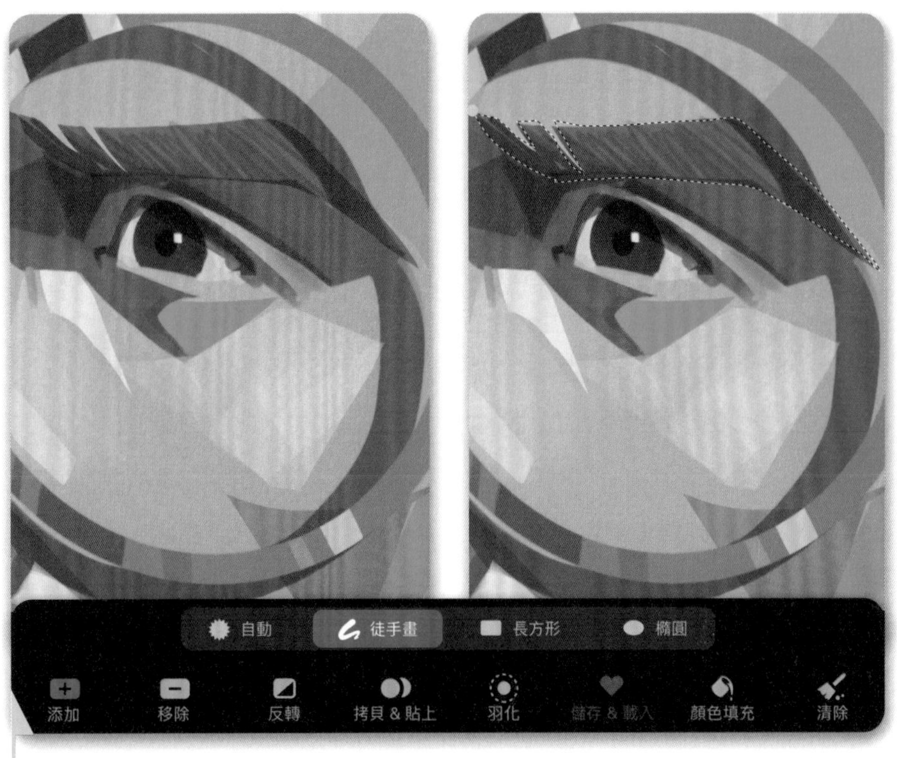


徒手畫選取可讓你手繪選取，或透過點按畫布周圍的一系列點來製作選取範圍

## 矩形和橢圓選擇

如果你需要更精確的選取範圍，可以使用「長方形」和「橢圓」選取模式。這些模式可讓你選擇圓形、橢圓形或方形區域。只要從選取模式選單中點選「長方形」或「橢圓」，然後拖曳出需要的形狀即可。要畫出完美的圓形，請使用和「快速形狀」相同的方法（請參見第 112 頁）：先畫出橢圓選取範圍，再用手指輕點選取範圍，它就會變成一個圓圈，再將圓圈拖曳成你想要的尺寸。

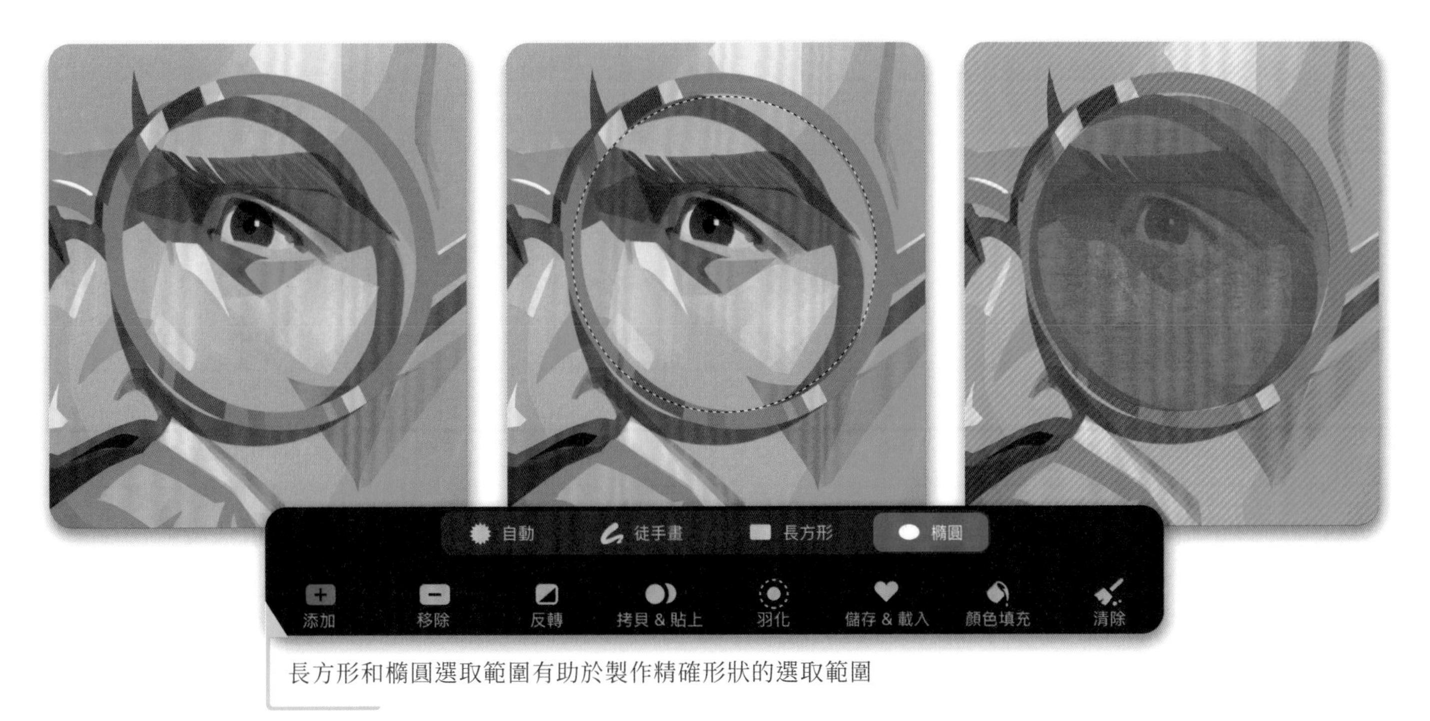


長方形和橢圓選取範圍有助於製作精確形狀的選取範圍

## 選取範圍修改器

在每個「選取」模式下你會看到一些選項，稱為選取修改器。依次試試看每個功能，看看它們能做什麼。

**添加**和**移除**可提高對選取的控制和精確度。「添加」會將所選取區域加到現有的選取範圍中，而「刪除」則會從現有的選取範圍中減去所選取區域。

**反轉**會反轉你的選取範圍，變成選取相反的範圍。

**拷貝 & 貼上**將拷貝你的選取範圍並將它貼到另一個圖層上。

**羽化**是一個有趣的選項，可讓你柔化選取範圍的邊緣，產生漸層。斜條紋的花紋會根據羽化的量而柔化和褪色，影響漸層的柔和度。

**顏色填充**會使用選取中的顏色自動填滿整個選取範圍。

**儲存 & 載入**讓你將目前選取範圍儲存到收藏夾。當你想在繪畫過程中的不同時間點重新選取同一區域時，這功能很實用。

**清除**將撤銷你目前的選擇取範圍，讓你重新開始。

移除功能將從現有的範圍中減去一個區域

### 藝術家秘訣：羽化

有時你可能想要製作一個具有更柔和、漫射邊緣的選取範圍。例如，在繪製魔法咒語的光暈時，你可以使用「羽化」選取來製作光暈的幻覺，而無需使用任何調整圖層。羽化另一個很棒的用途是當你想在角色的某個區域添加紋理或細節，但又不希望紋路有明顯分界時，就能夠派上用場。

## 藝術家秘訣：反轉選取範圍

「反轉選取範圍」是填滿角色剪影的絕佳選擇。首先，使用手動製作的輪廓來選取角色的邊界。接下來，使用自動選取來選擇輪廓的外部。你現在可以使用「反轉」修改器來選取輪廓邊界內的所有內容。這比直接選取邊界內部更有效率，因為直接選取有時會殘留不需要的白色空隙，或由筆刷紋理產生的殘影。

手動繪製角色的外輪廓

選擇輪廓之外的所有內容

反轉選取範圍，使角色內部的所有內容反白

使用你選擇的顏色填滿角色

# 變 形

所有的角色畫作© AntonioStappaerts

「變形」工具可讓你操控圖稿的選取範圍、圖層或部分。它與「選取」工具結合使用效果很好，可以提高工作流程的效率。要使用「變形」工具，請點按頂端選單欄上的箭頭圖示。「變形」選單將出現在螢幕底部，列出不同的變形模式和選項。

## 自由形式

「自由形式」可讓你自由調整選取範圍的尺寸、寬度或高度。當你想要壓縮或拉伸選取範圍的比例而不影響畫布的其餘部分時，這功能很實用。

繪製一個物件，或選取角色圖稿的某個區域或圖層，然後點按「變形」工具來開啟選單。你的選取範圍會被一個邊緣有藍點的方形選框包圍起來。輕點、按住並拖曳任何藍點可變形你的選取範圍。選擇轉角的藍點可以同時調整選取範圍的寬度和高度。

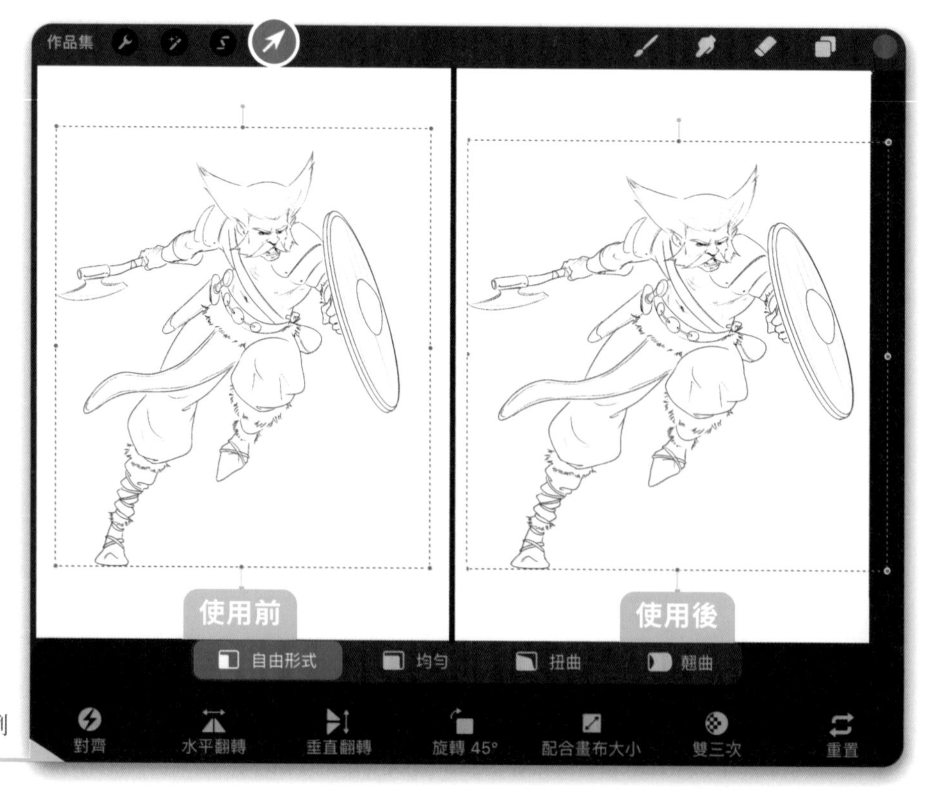


使用自由變形來改變角色圖稿的比例

## 均勻

「均勻變形」和「自由形式變形」不同，它在拖曳藍點時會保持選取範圍的比例。當你想要更改角色的大小或某些屬性而不影響其比例時，這功能非常適合。

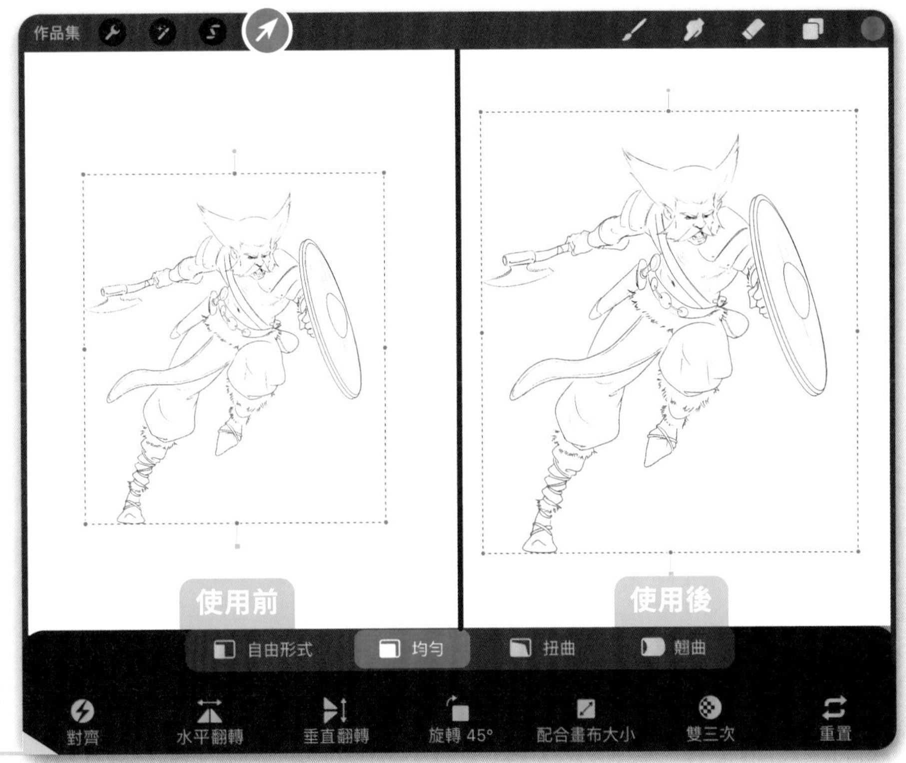


使用均勻變形來縮放角色的大小而不會動到其比例

## 扭曲

扭曲可讓你不受限制地變形物件的大小和透視。它類似於自由形式，不同之處在於變形選取框上的每個藍點都是獨立的，讓你能夠進行對角線扭曲。當你想要調整角色道具的比例和尺寸時，這是理想的選擇。

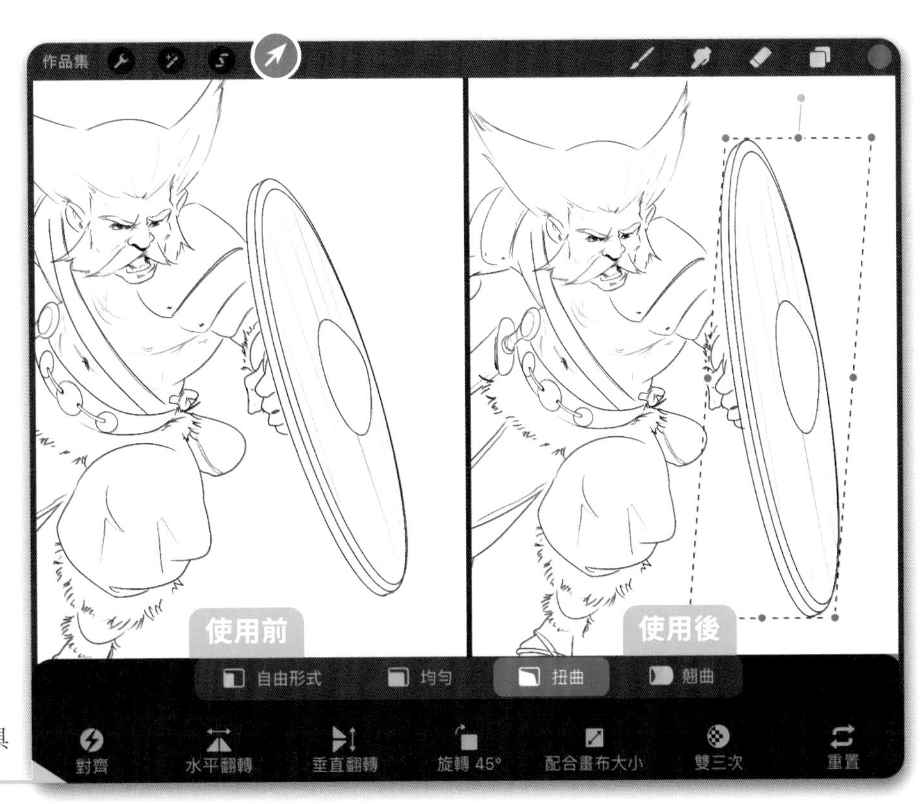


使用扭曲來變形物體的比例和透視角度，例如角色的道具

## 翹曲

「翹曲」可讓你彎曲選取範圍的邊界，甚至在選取範圍內部彎曲。若要調整角色的手勢或姿勢，而不重新繪製，這是一個很實用的工具。它也是將紋理包裹在物件上的好工具，讓它們感覺更有立體感。

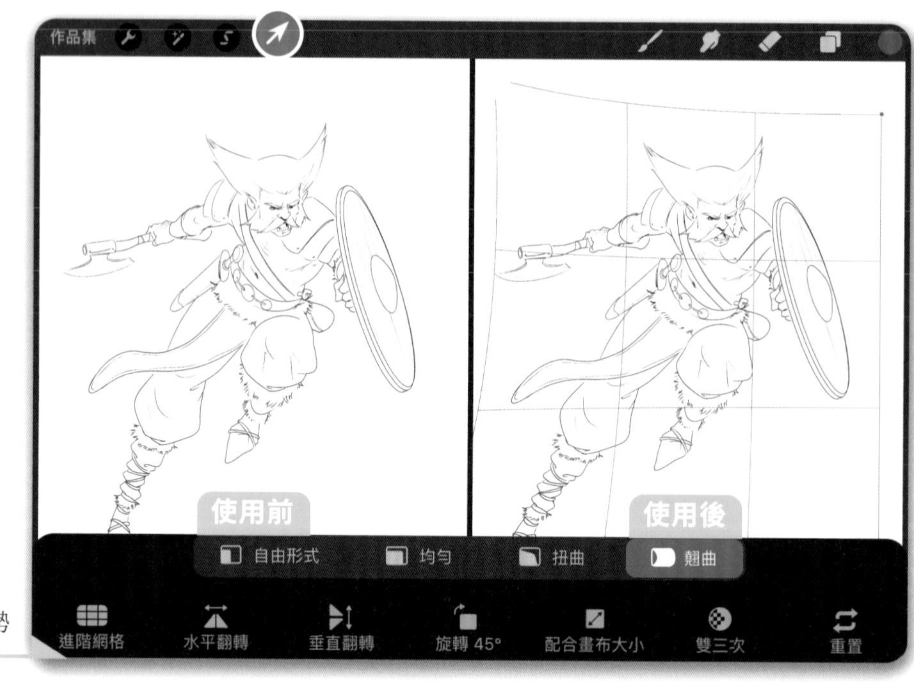


使用翹曲調整角色的姿勢或手勢

## 變形選項

除了主要的四個變形模式之外，變形選項可讓你更精細地修改每個模式。這些選項顯示在螢幕底部變形選單的每個模式下方。

### 進階網格

在翹曲模式下，你可以選擇「進階網格」以進一步控制你希望彎曲或扭曲的區域。

### 對齊

對齊是 Procreate 較新的功能，可以在自由形式、均勻和扭曲模式下的捕捉圖示下找到。此選項可讓你將選取範圍對齊到畫布的邊界或其他圖層的邊界。這是創造角色卡的絕佳工具。

### 磁性

磁性位於自由形式、均勻和扭曲的對齊圖示之下。啟用磁性功能可讓你在固定的範圍內變形物件，例如以 15 度間隔旋轉、以 25% 的間隔進行縮放，或以一定的間隔移動選取範圍。

### 水平翻轉和垂直翻轉

水平翻轉和垂直翻轉的作用很明顯。如果你正在處理對稱物件，這些選項非常實用。

### 旋轉 45 度

旋轉 45 度會以這個角度旋轉你的物件。你可以多次執行此操作以進一步旋轉物件。

### 配合畫布大小

配合畫布大小會放大你的選取範圍，直到它到達畫布的邊框。你可以將它調整為配合高度或寬度，取決於磁性是開啟或關閉。

### 插補

此選項決定了變形物件的像素的準確度或銳利度。選項有三，取決於目前哪一個選項處於活躍狀態，圖示下方的名稱就會不同：

- 最近鄰
- 雙線性
- 雙三次

從第一個選項到第三個選項，變形物件的清晰度會增加，變形產生的計算時間也會增加，因而提高系統負擔。預設值是雙線性模式。

### 重置

重置會撤銷所有變形，使物件回到原始狀態。

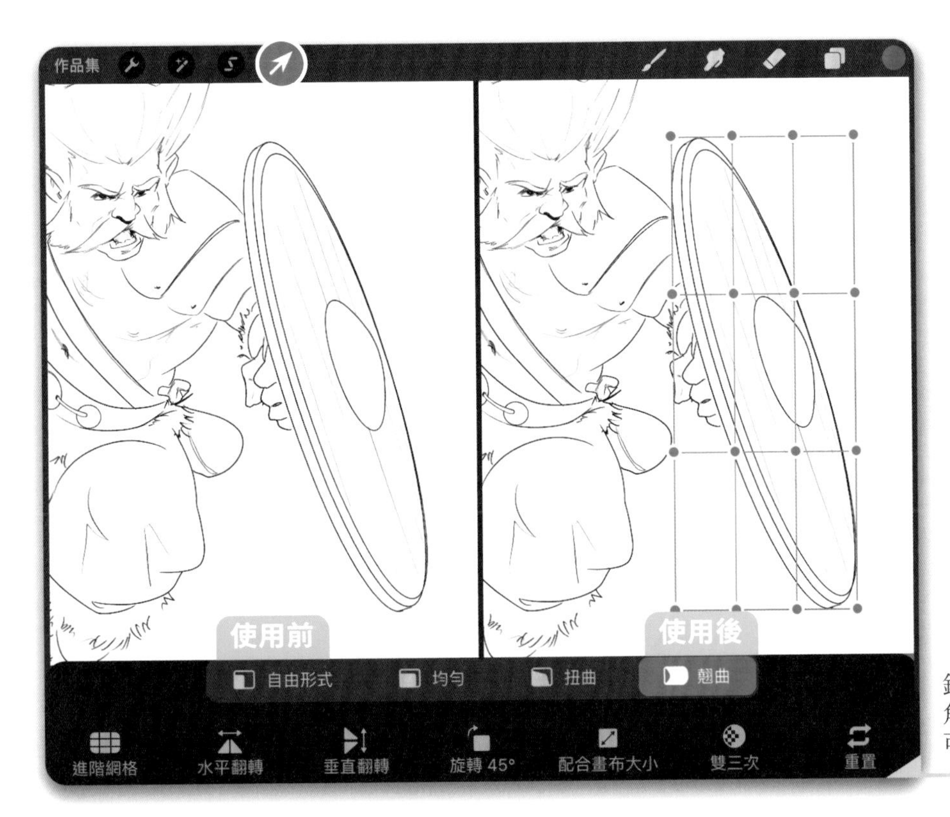


針對你希望彎曲或扭曲的角色圖稿區域，進階網格可以提供更多控制

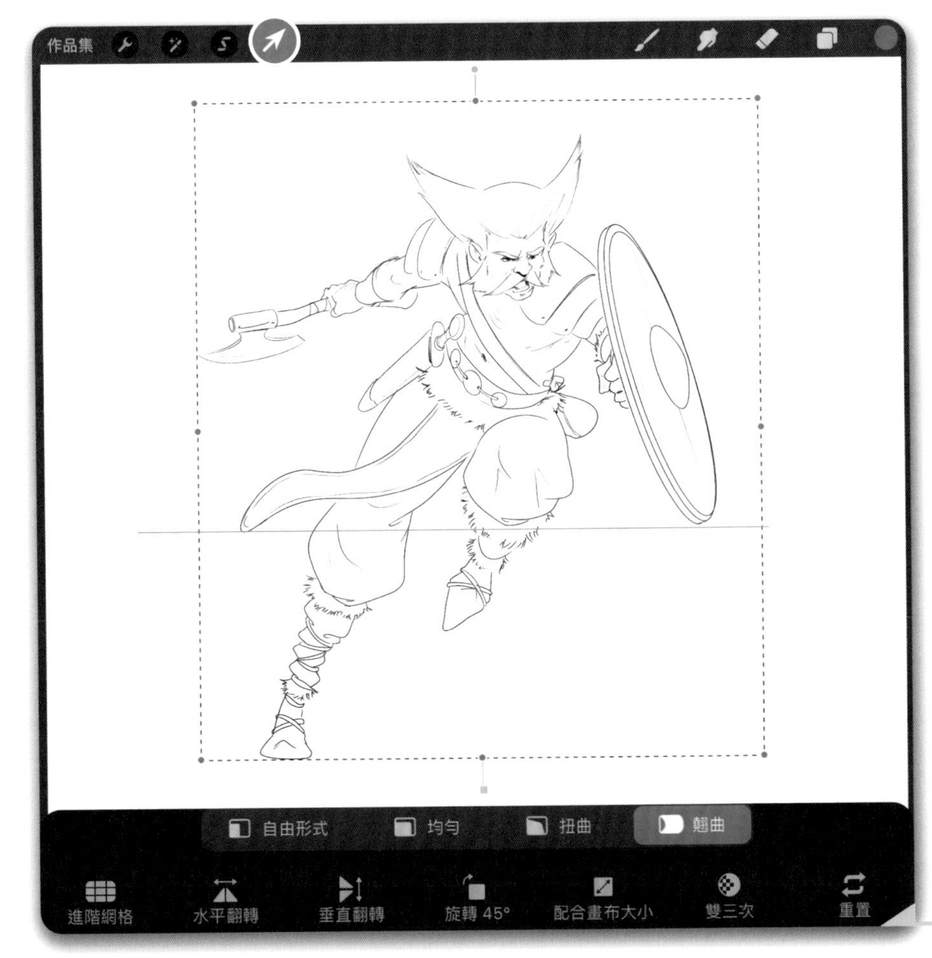


磁性讓你在固定的長寬比限制內變形角色或物件

# 調　整

所有的角色畫作© AntonioStappaerts

## 學習目標

**了解如何：**

- 使用調整來提升你的工作流程。
- 使用模糊調整：高斯模糊、動態模糊和透視模糊。
- 使用液化和克隆。
- 使用不同的顏色調整：色相、飽和度、亮度、色彩平衡、曲線和梯度映射。
- 使用雜訊、銳利化、光華、錯誤美學、半色調、和色差調整。

「調整」功能透過改變圖稿外觀來提升效果。它們可以套用到特定的圖層或選取範圍上，但有一些套用到整體圖像上效果最佳。點按上方選單工具欄上的魔杖圖示來開啟「調整」選單及各種選項。在先前的版本中，調整選項是隨機列出的，最新版的 Procreate 則將它們分成不同的類別，主要區分出顏色調整、模糊效果、替換效果、液化和克隆。除了克隆和液化之外，當你第一次點按這些選項時，它都會要求你在「圖層」和「鉛筆」模式之間進行選擇。圖層模式會將設定值套用到於整個圖層上，而鉛筆模式則可以使用筆刷在特定區域進行更改。後者在使用上需要一點技巧，但是能夠達到有趣的效果；例如，使用紋理筆刷來套用 HSB 調整。

## 色相、飽和度、亮度

色相、飽和度、亮度（HSB）是一種顏色調整，可讓你更改圖層的顏色或明暗度。它與色彩平衡、曲線和梯度映射一起構成了「調整」選單最頂端的類別。調整 > 色相、飽和度、亮度會開啟帶有三個滑桿的選單。色相滑桿可改變圖層的顏色，飽和度滑桿可提高或降低顏色的鮮豔度，而亮度滑桿可改變顏色的明暗。

調整色相、飽和度、亮度（HSB）滑桿可改變角色圖稿的顏色或明暗

## 色彩平衡

色彩平衡可以進一步控制套用在圖層或角色圖稿上之顏色變化。它可以獨立控制畫作的高光、中間色調或陰影中出現的紅、綠和藍色的量。這提供了一種強大的方法來為角色創造不同的顏色設計。

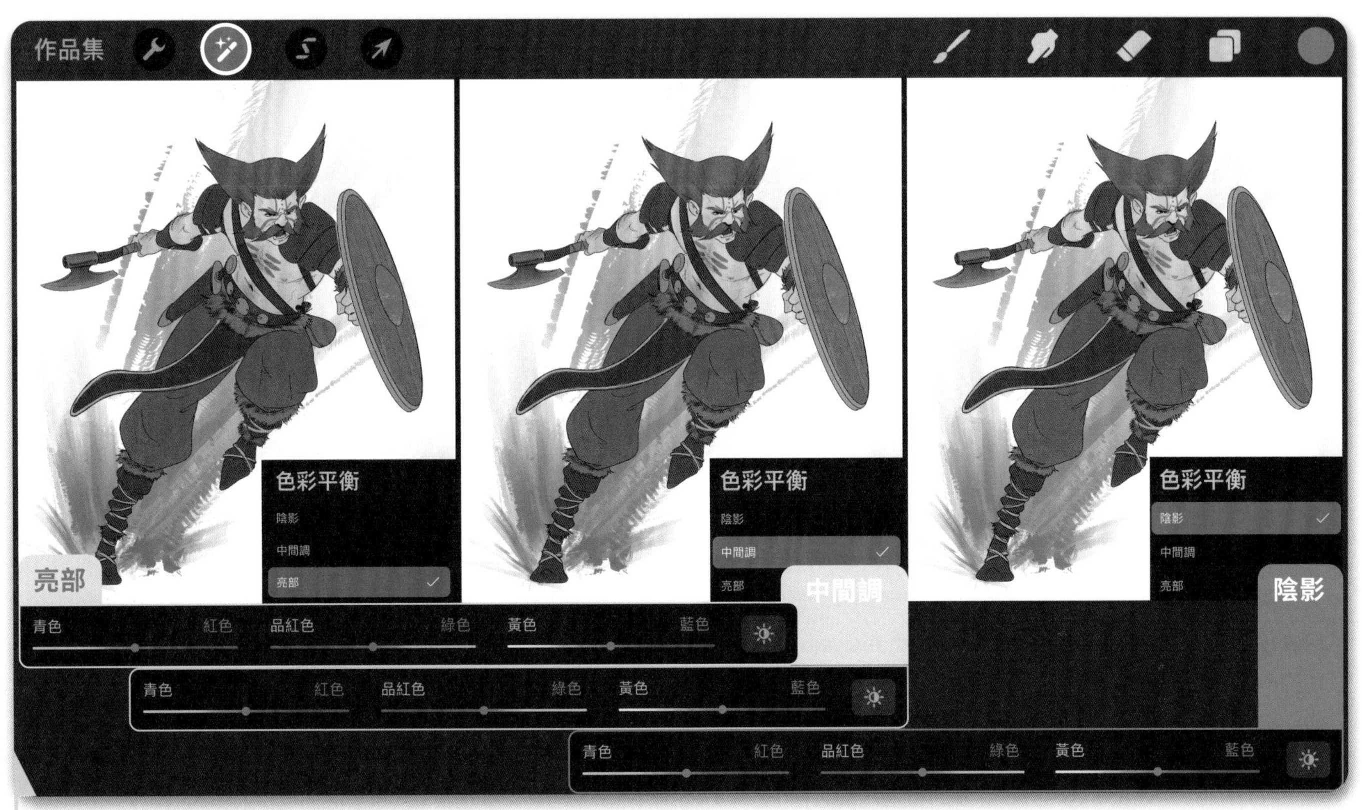


使用色彩平衡來改變角色圖稿的高光、中間色調和陰影中出現的紅、綠和藍色量

### 藝術家秘訣：色彩平衡

色彩平衡是平衡調色板的絕佳工具。如果你是色彩搭配的新手，色彩平衡可以協助你為角色中的每個組成部分找到正確的色調。如果你能正確使用圖層，色彩平衡可讓你快速創造不同的服裝設計和創意。

## 曲線

曲線的行為類似於色彩平衡，可讓你調整圖稿的明暗或顏色內容，但它使用色階分布圖來進行編輯而非滑桿，因此更能夠掌控陰影、中間調或高光的顏色和明暗。

可以進行編輯的選項是迦瑪（圖像的整體 RGB 色調和對比），然後分別是紅色、綠色和藍色。色階分布圖的預設值是顯示一條直的對角線。點按此線就會在線上新增一個點，然後你就可以向上或向下拖曳該點。移動線的上半部會調整作品的高光部分，中間部分會調整中間色調，而線的下半部則會調整陰影。

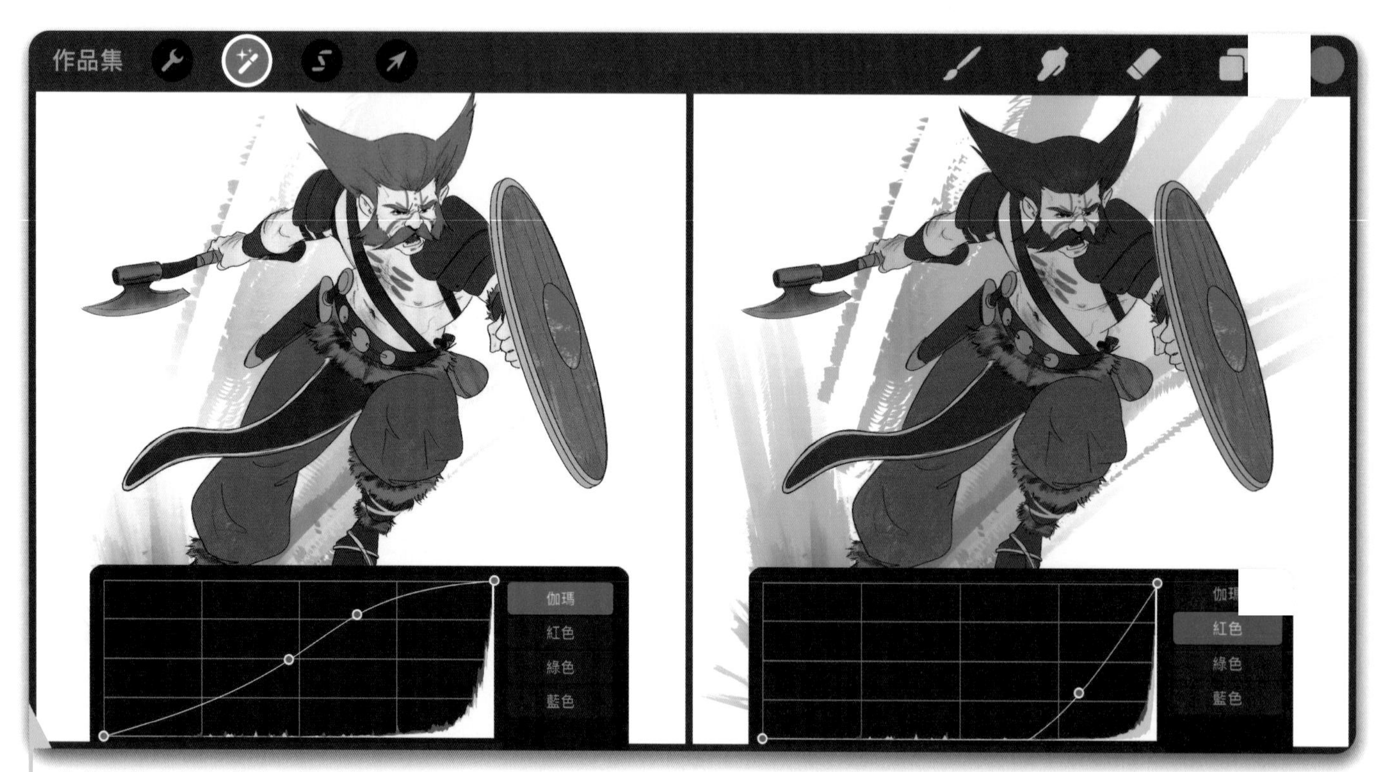


曲線調整中的色階分布圖可提供更多針對陰影、中間調或高光的控制

## 梯度映射

梯度映射是一個比較新的 Procreate 功能，它會在特定明暗之間的像素上套用顏色漸層。啟用「梯度映射」調整將開啟一個選單，上面有不同的模版可供選擇。選擇這些模板中的任何一個，你就會看到一個漸層滑桿，指示哪些顏色將套用到哪些明暗值。向左或向右滑動滑桿上的方形標記，就會改變此顏色與圖稿明暗值的互動效果。舉例來說，從藍色到粉紅色的簡單漸層會將藍色套用到陰影上，將粉紅色套用到高光上，但你可以為漸層分配更多顏色和明暗，以獲得更複雜、更細微的結果。

如果你點按滑桿內部，就會出現一個新的方形標記。點按方形標記就會開啟「顏色」模式選單，你可以為這個漸層的點指定新顏色。依據此方塊 / 標記在滑桿上的位置，你選擇的顏色將填滿該明暗值的範圍。

實驗看看「梯度映射」調整功能的效果，並探索其可能性。舉例來說，梯度映射可以是一種為灰階圖稿快速上色的方法。

使用梯度映射滑桿來更改顏色與角色圖稿明暗值的互動效果

## 高斯模糊

高斯模糊位於模糊類別中，是模糊效果的第一個選項。此調整可讓你均勻地模糊所選圖層或此圖層中已選取的範圍。高斯模糊的用途廣泛，它最常被用來為圖層之間產生層次，通常應用在背景、中景和前景之間。例如，你可以使用高斯模糊稍微模糊背景，讓角色更加聚焦。做法是：選擇背景圖層，「調整 > 高斯模糊」，然後用手指在螢幕上從左到右拖曳來增減模糊效果。

使用高斯模糊稍微模糊背景，使人物成為畫作的焦點

## 動態模糊

動態模糊和高斯模糊類似，但它可以朝一個設定好的方向模糊像素，此方向是由你在螢幕上拖曳手指的方向而定。這是為你的作品添加動態或速度幻覺的絕佳工具。選擇「調整 > 動態模糊」，然後沿你希望套用模糊效果的方向滑動手指。向該方向拖曳越遠，套用的模糊效果就越多。

使用動態模糊為角色圖稿添加運動和速度的錯覺

## 透視模糊

透視模糊也是一種方向性的模糊效果。但它不是由手指的移動決定的，而是由一個你可以在畫布上四處拖移的小圓圈決定的。在預設情況下，透視模糊會從圓心向外輻射，離圓心越遠，效果越強。你仍然可以透過從左到右滑動手指的方式來控制套用的模糊量。螢幕底部的「透視模糊」選單中還有一個方向選項。這是透過圓圈和滑桿一併套用的，和位置模糊一樣，但圓圈可以將模糊集中在特定方向。實驗一下模糊調整，看看它們的運作方式，以及如何使用它們來改善角色。

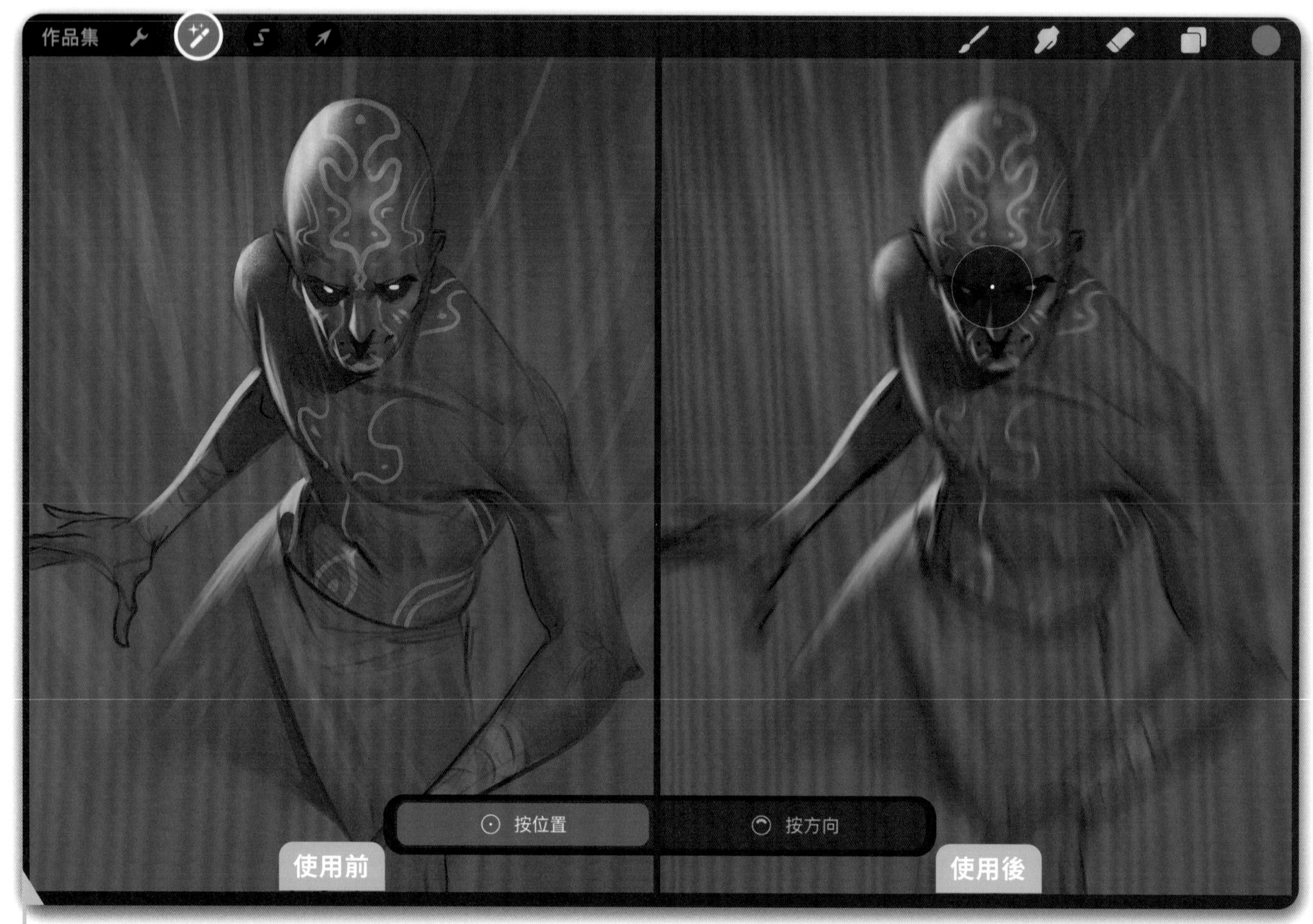


在畫布上拖移圓圈位置來控制透視模糊的方向

## 雜訊

雜訊調整會稍微替換所選圖層上的所有活躍像素，以產生顆粒狀或雜訊效果。這可用於為作品提供更真實、不那麼數位化的外觀，如舊照片或傳統膠捲。選擇「調整 > 雜訊」，向右或向左滑動手指以提高或減少雜訊量。與高斯模糊結合使用時，雜訊也能為你的作品創造更有紋理的感覺。同樣的，適度是關鍵。套用的雜訊和高斯模糊的量應該是淡淡的，否則可能看起來濾鏡過多，太過搶戲。

雜訊可為角色圖稿提供逼真的、照片般的外觀

## 銳利化

銳利化提高了相鄰像素之間的對比，使圖像的邊緣更清晰、對比更高。與其他調整一樣，在選擇「調整 > 銳利化」之後，你可以向左或向右滑動以增加或減少效果的強度。不過要小心，雖然你可能會很想一直向右滑動，但過度銳利化會導致圖像出現顆粒感和過度處理感。適度是關鍵！

銳利化可讓角色圖稿更清晰，但不要過度使用

## 光華

光華會在圖稿中的高光周圍製作眩光或大氣光暈效果，類似於「添加」或「加亮顏色」圖層混合模式。它模擬了你可能在攝影和視覺效果中看到的「泛光」效果 —— 明亮的光源滲到物體周圍並讓它發出模糊的光暈。

使用光華為角色圖稿添加大氣光暈

## 錯誤美學

錯誤美學是一種有趣的調整，它是以破壞性的方式替換圖層上的像素，產生錯位效果，就好像檔案已損壞一樣。這非常適合在未來感或科幻角色圖稿上進行試驗。

錯誤美學選單有四種模式，每一種都會產生不同的位移。全部都嘗試一遍，看看你可以創造出什麼樣的效果！

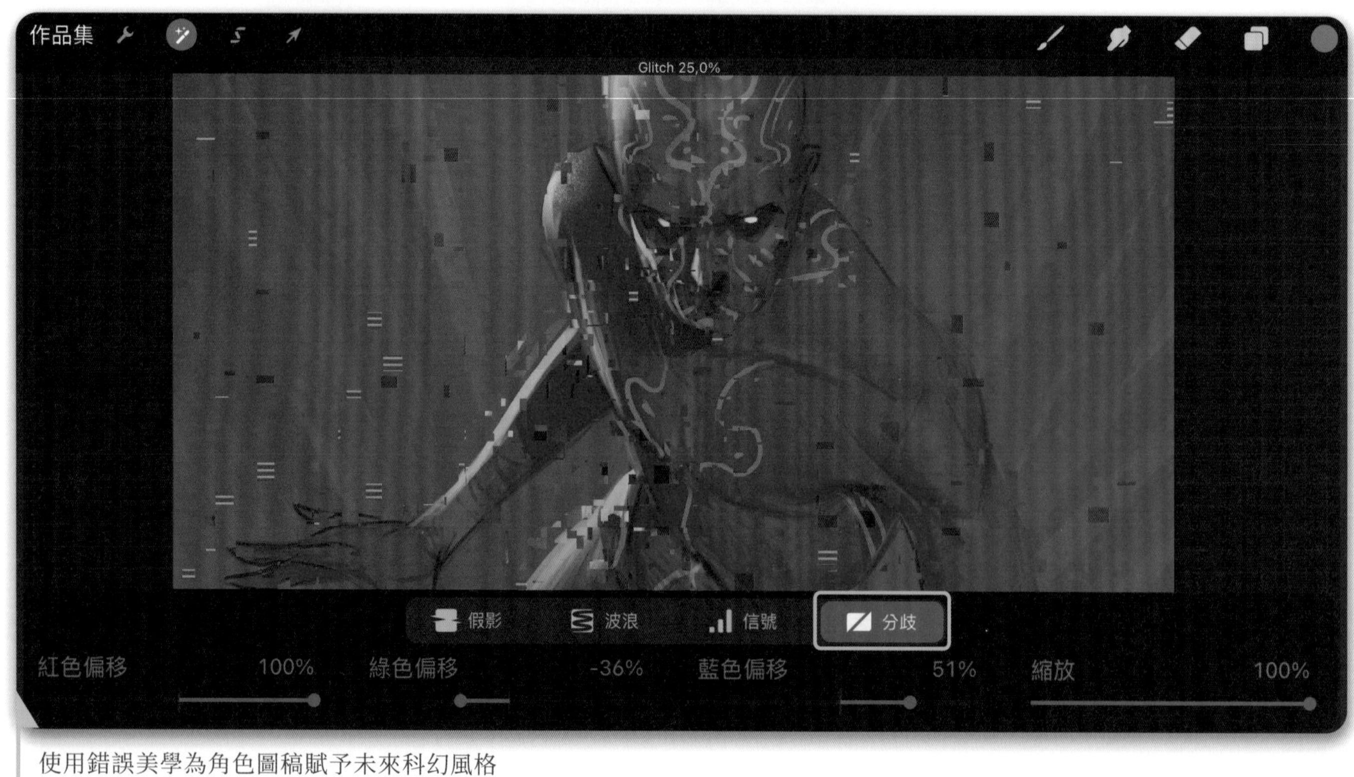


使用錯誤美學為角色圖稿賦予未來科幻風格

## 半色調

半色調可為圖像增添灰階或彩色網點。你可以將網點套用到圖像或單一圖層上，產生讓人聯想到復古印花、普普藝術和舊漫畫的網點圖案。在「半色調」選單中選擇全彩色、網印或報紙，嘗試最適合角色的選項。

半色調可讓角色圖稿呈現復古風格的印刷外觀

## 色差

「色差」源於攝影，指的是由於相機鏡頭故障引起的視覺缺陷。鏡頭因為無法將所有顏色聚焦到同一點，所以在物體邊緣周圍產生輕微的顏色位移。數位繪畫通常會模擬這個效果來增加電影感，而且通常是未來感。

色差與錯誤美學相似，可讓你以兩種模式替換圖層的像素。「透視」模式離中心圓越遠，像素偏移越大。「置換」模式讓你在螢幕上滑動手指來手動偏移複製的物件。

與其他調整類似，請採取「少即是多」的原則。雖然它是一種有趣且熱門的效果，但是過度套用時會破壞畫面。

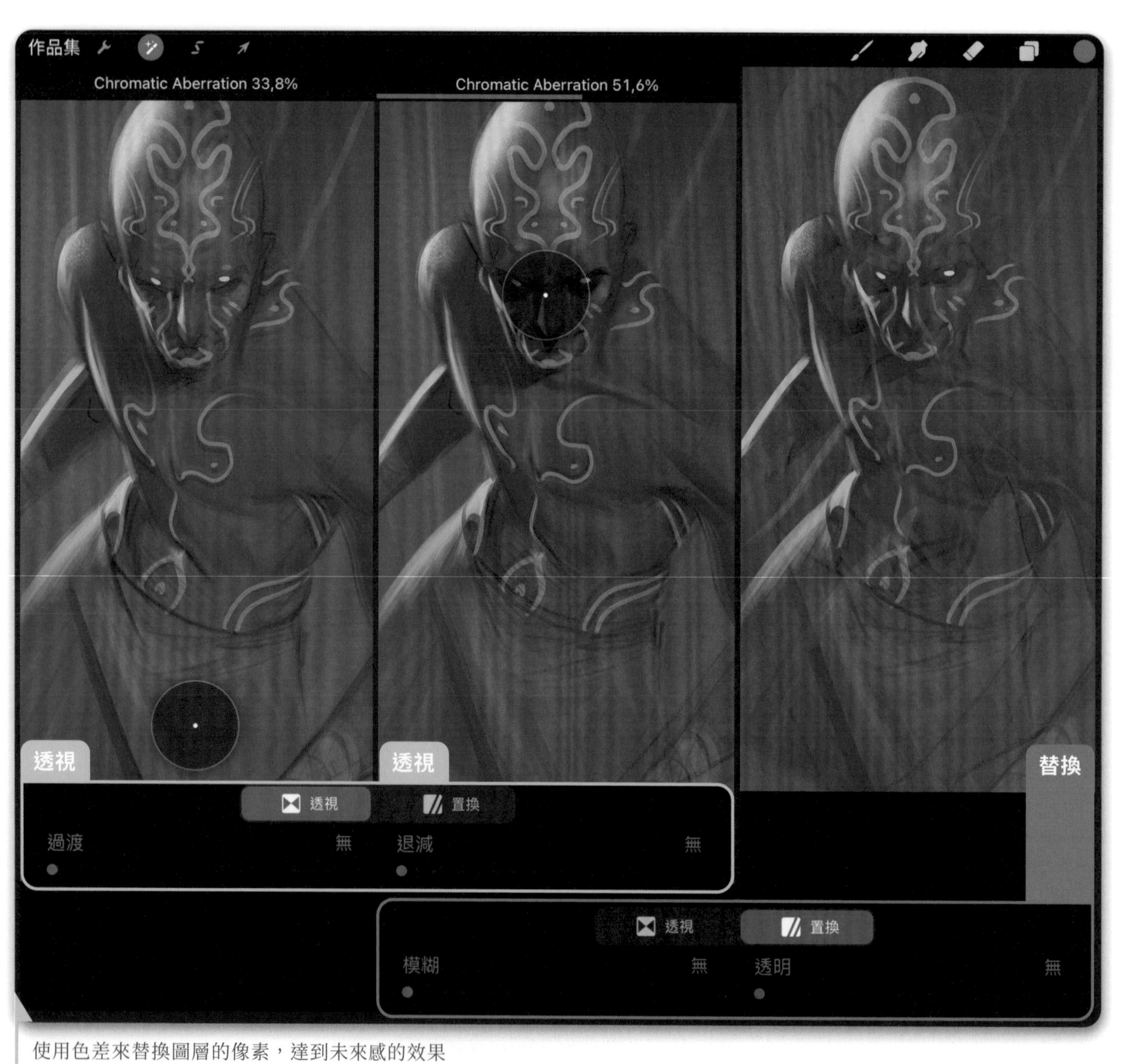


使用色差來替換圖層的像素，達到未來感的效果

## 液化

液化是一種非常熱門而且威力強大的調整方式。它可以讓你手動位移所選圖層上、選取範圍內，或者不同圖層上之選取範圍中的所有像素。你可以用它來做出各種變化，從細微的身體結構調整，到古怪的扭曲效果。

選擇「調整 > 液化」會開啟「液化」選單，它提供了許多選項來位移已選取之像素。

### 推離

「推離」是預設模式，可能也是最常用的模式，讓你能完全控制位移的數量和範圍。你可以使用它來小心地輕推、調整和彎曲角色的人體結構，產生自然的修正效果。

「大小」滑桿可讓你增加或減少液化筆刷的大小，這會影響每次移動的像素數量。「壓力」滑桿決定了效果的強度，不過它通常維持在 100%，因為 Apple Pencil 有內建的壓力敏感度，也可以控制效果的強度。

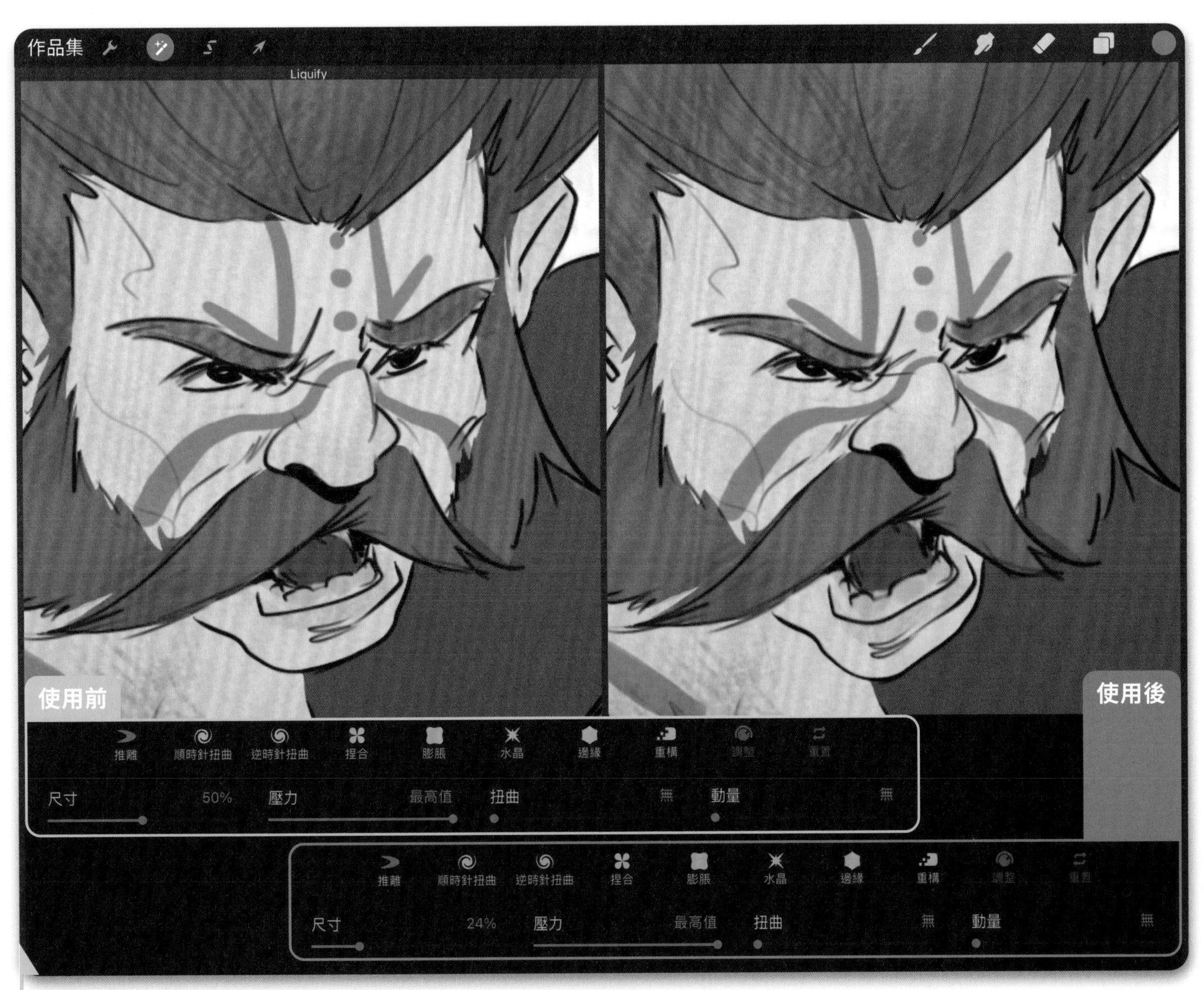


使用「液化 > 推離」模式來調整角色的表情，就不需重畫或重新上色。

## 扭曲

「扭曲」是另一種創意的液化模式，可增添有趣的效果（尤其是背景，如圖）。調整「扭曲」和「動量」滑桿會改變液化工具的運作方式。「扭曲」會提高液化效果的隨機性，「動量」則決定了你的手指或觸控筆離開螢幕後，此工具套用效果的時間長度。

### 藝術家秘訣：液化選項

「液化」提供了廣泛的選擇。例如，「捏合」會讓東西縮小，「膨脹」會讓東西膨脹，「水晶」則讓東西像素化。這些選項對角色設計師來說，可能並非全都實用，不過可以實驗看看它們的效果！

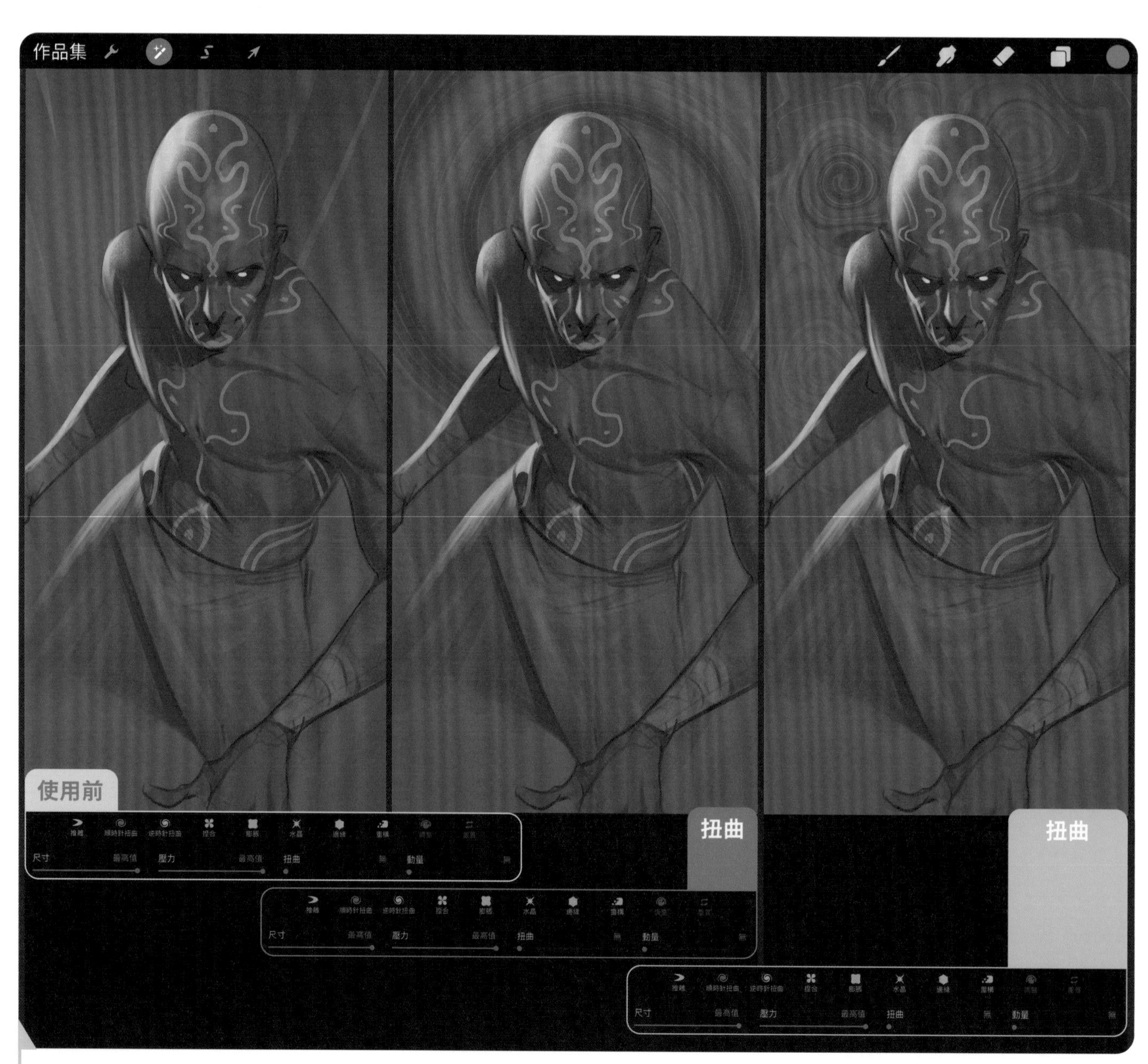


使用「液化 > 扭曲」在角色圖稿中製作有趣和隨機的效果

## 克隆

克隆可讓你使用選擇的筆刷來繪製出選定區域的副本。點按「調整 > 克隆工具」，會看到筆刷圖示變成了閃亮的筆刷。選擇一支筆刷然後將克隆圓圈移到你想複製的圖層或角色圖稿區域。接下來，開始在畫布上的其他地方塗繪，可看到圓圈內的區域開始被複製出來。

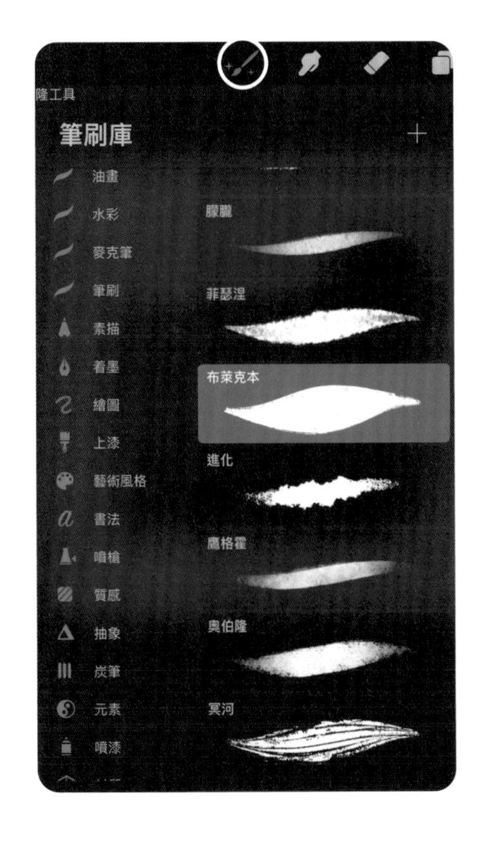


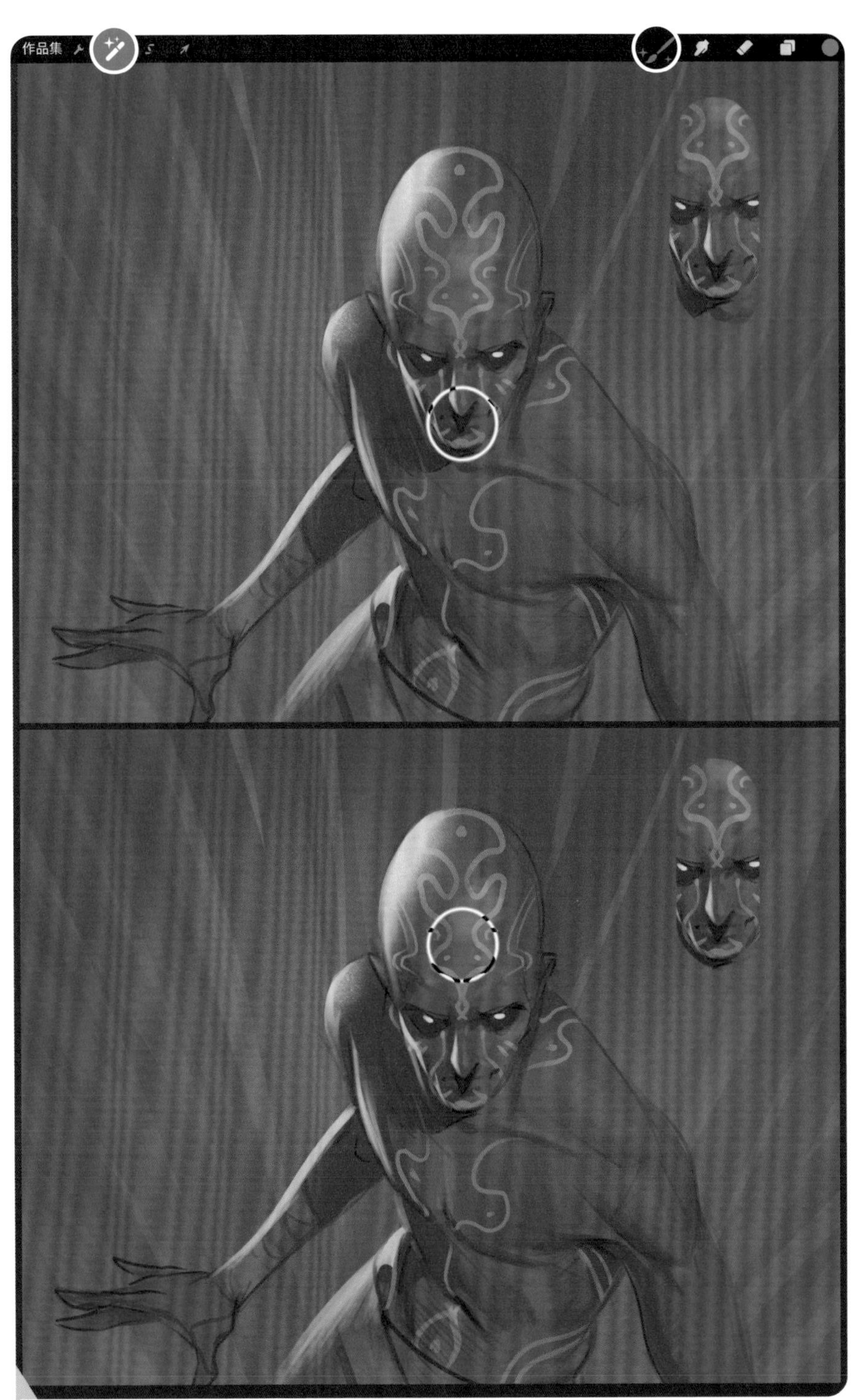


使用克隆工具在畫布的其他區域複製部分的角色圖稿

# 操　　作

所有的角色畫作© AntonioStappaerts

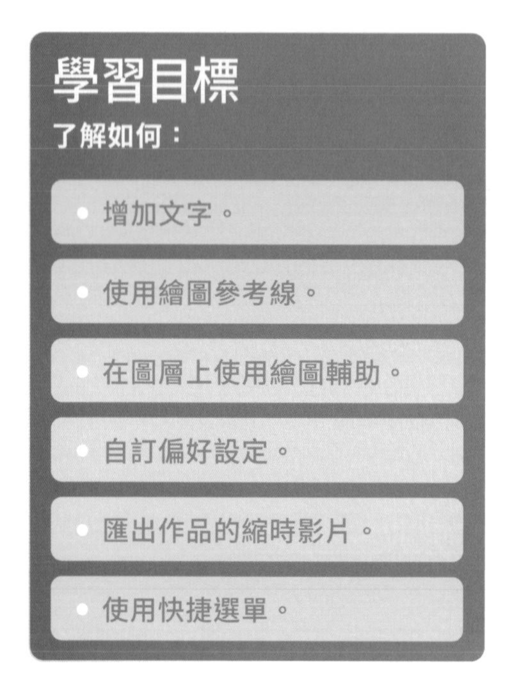


點按上方工具欄上的扳手圖示來開啟「操作」選單。此選單裡包含了一系列的選項，可讓你在畫布上新增文字、將 Procreate 體驗個人化，並匯出作品的縮時影片等等。

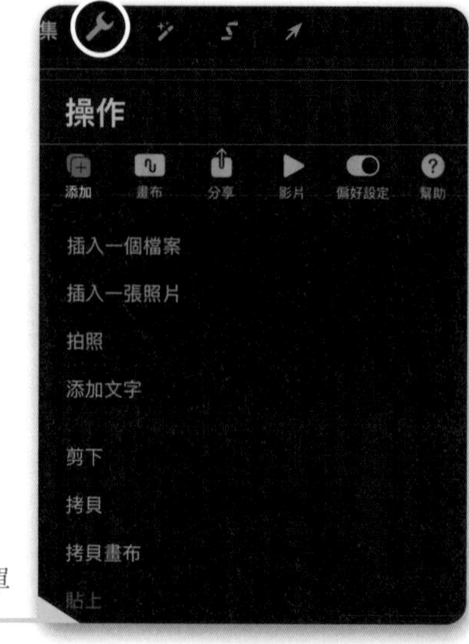


點按扳手圖示開啟操作選單

## 添加

開啟「操作」選單會出現一整組標籤，第一個就是「添加」。此標籤包含的選項可讓你：

- 將來自 iPad 或雲端硬碟的檔案插入畫布，產生一個新圖層。
- 從你的裝置的照片庫中插入一張照片。這也會產生一個新圖層。
- 拍一張照片來插入畫布。選擇這個選項將會開啟裝置上的相機。
- 添加文字。
- 剪下或拷貝一個選取範圍（也可以使用「手勢控制」來執行，請參見第 18 頁）。
- 拷貝整張畫布。
- 貼上任何拷貝或剪下的內容。

## 添加文字

在創造角色時，添加文字非常實用，尤其是在製作需要標籤和註釋的概念設計圖時。只要點按「操作 > 加入 > 加入文字」，就會新增一個帶有範例「文字」的新文字圖層。文字的顏色取決於色票中目前選擇的顏色。

若要更改文字的外觀，點兩下鍵盤選單右側的 Aa 圖示。這將開啟「編輯樣式」選單，你可以在其中調整字體及其樣式、設計和屬性。你也可以選擇文字、點按色票，然後選擇你喜歡的顏色來更改文字的顏色。

將文字加到你的角色圖稿上，然後選擇你喜歡的字體、樣式和顏色

## 畫布

「操作」選單中的下一個是畫布標籤，你可以在其中查看和編輯畫布的屬性。這些選項包括了裁剪、調整大小、翻轉以及在畫布上開啟參考和繪圖參考線。

## 裁剪和調整大小

裁剪和調整大小選項讓你修改畫布的大小，將它拖曳成所需的尺寸。如需更多控制，你可以透過點按右上角選單中的「設定」選項來手動更改尺寸。該選單還可讓你使用底部的滑桿來旋轉畫布。每次調整畫布大小時，Procreate 都會顯示一個圖層數量，指出在所目前尺寸和解析度下可使用的最大圖層數。

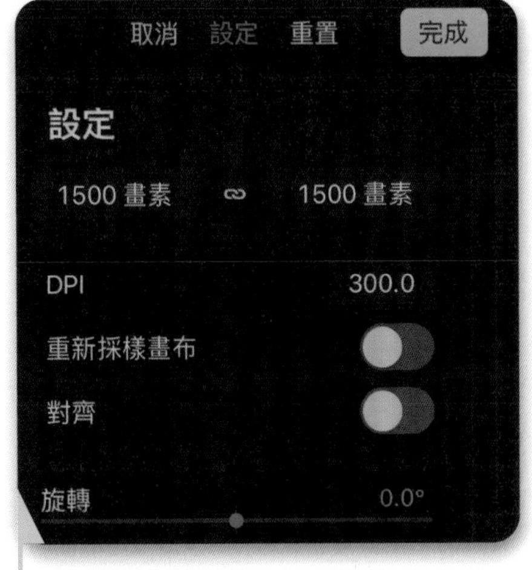


使用裁剪和調整大小來調整畫布尺寸，注意一下更新的圖層數量

## 水平翻轉

「畫布」標籤還有一個選項可以水平翻轉畫布。這讓你可以從全新的角度查看你的角色圖稿，使你注意到原本可能漏掉的比例或設計錯誤。

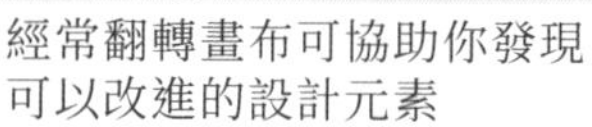
經常翻轉畫布可協助你發現可以改進的設計元素

## 畫布資訊

在「畫布」選單的底部，你會看到「畫布資訊」選項。你可以在此處查看詳細資訊，例如圖像的檔案大小、使用的圖層數、畫布尺寸和追蹤時間。追蹤時間對於查看完成一幅畫實際花費的時間很實用。

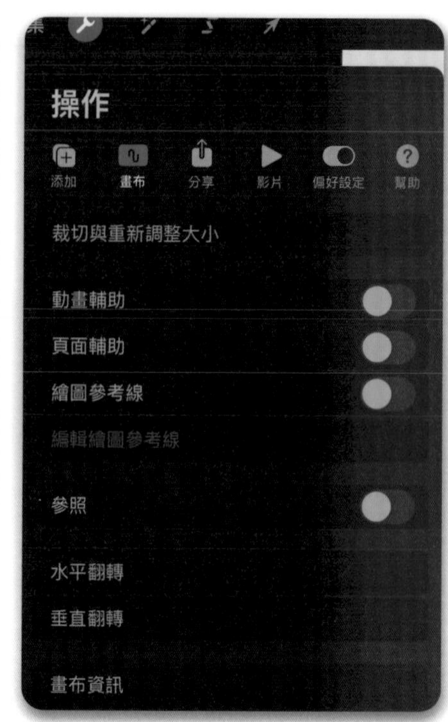


## 參照

「參照」選項是 Procreate 的新選項。點按「參照」後，畫布會出現一個新的浮動小視窗，其作用類似於 Adobe Photoshop 的「瀏覽器」面板，讓你可以查看整張畫布的小幅概覽。當你想要查看整體角色圖稿、但不縮小正在處理的區域時，這個功能很實用。

還有更重要的是，你可以利用此視窗從裝置的圖片庫匯入照片或影像，以便作為工作時的參考。不過要提醒的是，將照片匯入做為參照也會被視為新的圖層。

使用參考選項匯入參考照片或圖像作為創造角色時的參考

## 繪圖參考線

「畫布」標籤中另一個非常好用的選項是「繪圖參考線」，它提供了繪圖參考線的網格。啟用之後，畫布上將出現一個方形網格，而且同一選單會出現一個「編輯繪圖參考線」選項。點按此選項會開啟一個螢幕，讓你選擇想要使用的參考線類型及其所有屬性。你可以選擇 2D 網格、等距、透視或對稱。這些的功能都很清楚明瞭，它們也都具備共同的屬性，例如參考線的顏色、粗細和透明度。

### 2D 網格

2D 網格由分佈均勻的垂直和水平線組成。如果你想將畫布分成相等的部分，或者需要在任一方向繪製完美的直線，此網格非常實用。

### 等距

等距是由垂直線和對角線組成的網格，形成立方體和菱形。它可以讓你更輕鬆地繪製平行對角線，方便以等距的風格來繪製建築物等主題——一種非常熱門的視覺手法和立體像素藝術（voxel，由立方體組成的 3D 藝術）。這是手機遊戲中非常流行的一種投影方式。

### 透視

透視是 Procreate 到目前為止最實用的工具之一，它可以用單點、兩點或三點透視，為場景製作參考線。點按螢幕可以增加消失點，拖曳進行位移，然後點按可以進行刪除。在製作具有多個角色和物件或複雜背景的場景時，此網格非常好用。

使用透視在畫布上製作具有消失點的透視網格

## 對稱

對稱有幾種對稱類型可以選擇——「垂直」、「水平」、「扇形」或「放射狀」——也可以開啟或關閉「旋轉對稱」。啟用旋轉對稱後，你將看到筆劃呈對角鏡射，而不是目前正在繪製的內容的直接鏡像。對稱非常適合為你的角色製作有趣的細節。你可以使用對稱在個別的圖層上製作複雜的圖案，然後將此圖層「變形 > 翹曲」到角色上。

用不同的對稱類型在你的角色上製作對稱的細節

## 藝術家秘訣：繪圖輔助

繪圖參考線還能協助你將筆觸與參考線對齊。在運用透視來建構場景或繪製直線時，這個功能很有幫助。你可以到圖層選項選單中啟用「繪圖輔助」。

## 影片

Procreate 其他數位繪圖程式的不同之處在於，預設情況下它會提供你的畫作的縮時記錄。輕點「操作 > 影片」，然後啟用「縮時記錄」(預設為啟用)，Procreate 會將你在檔案中所做的每個筆觸或操作，記錄成影片中的每一個步驟。對任何藝術家來說，這都是極大的優點。你不僅可以從自己的過程中學習，也可以與他人分享這些影片，甚至將它們當作教材。若要觀看目前畫作的縮時影片，請點按「縮時重播」。在螢幕上向左或向右滑動手指，就可以在影片中倒帶或快轉。

要匯出影片，請點按「匯出縮時影片」。Procreate 提供了匯出全長影片和壓縮成 30 秒版本的選項。選擇好匯出選項後，決定你希望儲存影片的位置，它就會匯出。

觀看你的角色創作的縮時影片，並從過程中學習

## 偏好設定

偏好設定標籤包含了一些實用的選項，可用於自訂和提升 Procreate 的使用體驗：

- 亮色介面提供了替代方案，如果你不喜歡 Procreate 預設深色介面的話。
- 右側介面可讓你將「大小」和「不透明度」滑桿的側欄切換到另一邊，以便使用非慣用手來進行操作。
- 筆刷游標可以在繪畫時開啟或關閉，以顯示或隱藏筆刷筆尖的輪廓。
- 投射畫布可讓你在與其他設備分享螢幕時，只分享畫布而無需顯示介面。
- 連接傳統觸控筆不需多做解釋；只有當你沒有 Apple Pencil 才需要使用它。
- 壓力和平滑可讓你調整 Procreate 如何解讀你的筆觸壓力。

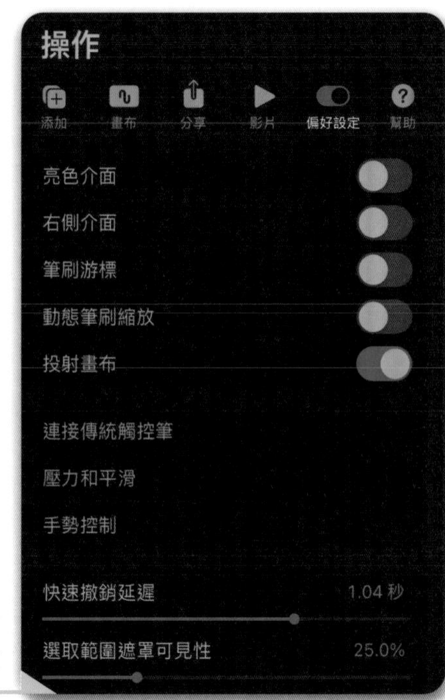


探索「偏好設定」標籤中的選項來自訂你的 Procreate 體驗

## 藝術家秘訣：壓力靈敏度

將壓力靈敏度個人化，使 Procreate 靈敏度能夠配合你在繪圖時握住 Apple Pencil 觸控筆的方式。預設情況下，壓力靈敏度是一條從左下角到右上角的對角線，你可以向上或向下拖曳來進行編輯。如果你在繪畫時筆觸比較重，可以拖曳線的中間做一個凹曲線（向下，像「u」形），使壓力不那麼敏感。如果你是筆觸輕巧的畫家，請將中間的線條向上拖曳以讓它凸出（如「n」形），以使壓力更靈敏以捕捉更細膩的筆劃。

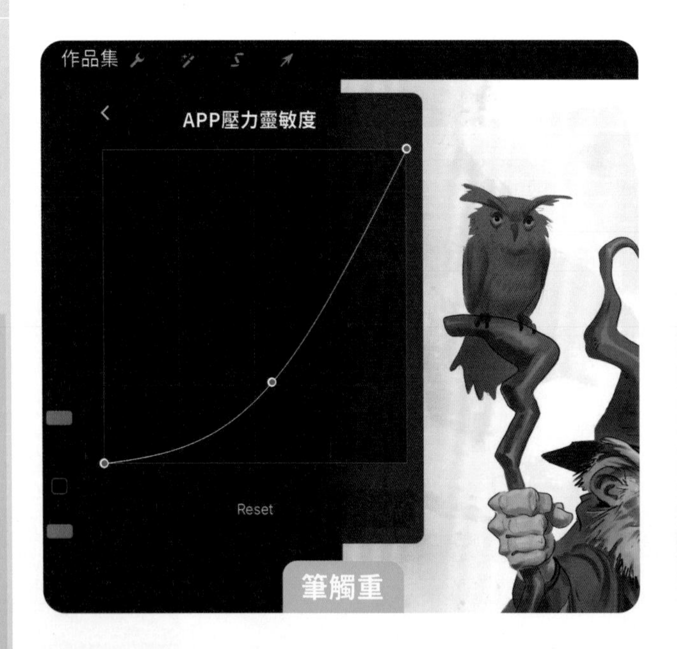


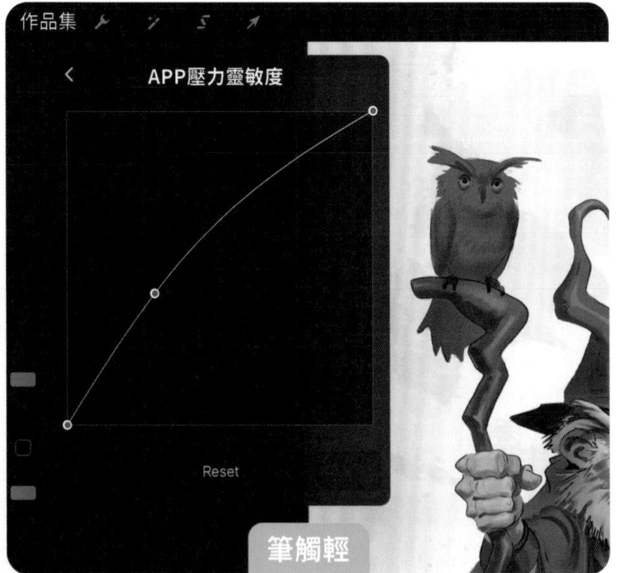

## 手勢控制

偏好設定標籤的最後一個選項是手勢控制，你可以在這裡自訂 Procreate 的各種手勢以優化你的工作流程。舉例來說，你可以自訂：當你用手指而非觸控筆來輕觸螢幕時，自動切換到「塗抹」工具；為「繪圖輔助」設定一個手勢；或更改開啟「取色滴管」的方式。

對於擁有第二代 Apple Pencil 人來說，「速選功能表」是一個實用的工具。在「手勢控制 > 速選功能表」下，指定一個手勢，例如使用 Apple Pencil 點按兩下就可以開啟這個實用的操作和選項選單。你可以自訂「速選功能表」，讓它包含你最常執行的操作。

一個「速選功能表」最多可以有六個捷徑，但你也可以選擇擁有多個「速選功能表」。點按「速選功能表」中間的方塊將開啟一個小選單，可讓你製作額外的「速選功能表」。如果你在繪製線稿時需要一個與繪畫或動畫時不同的選單，這會很實用。

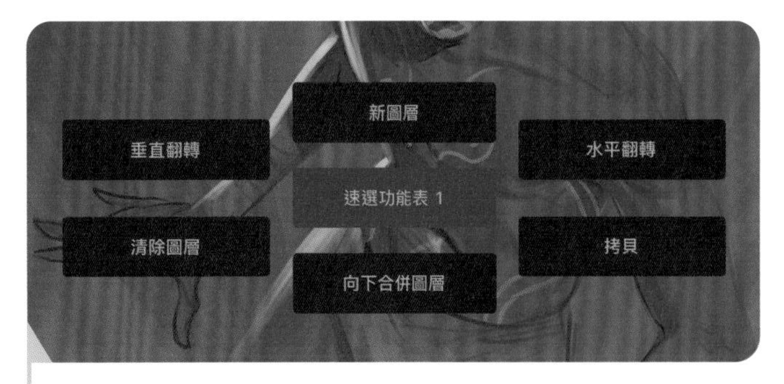


自訂你的「速選功能表」以包含你最常用的操作和工具

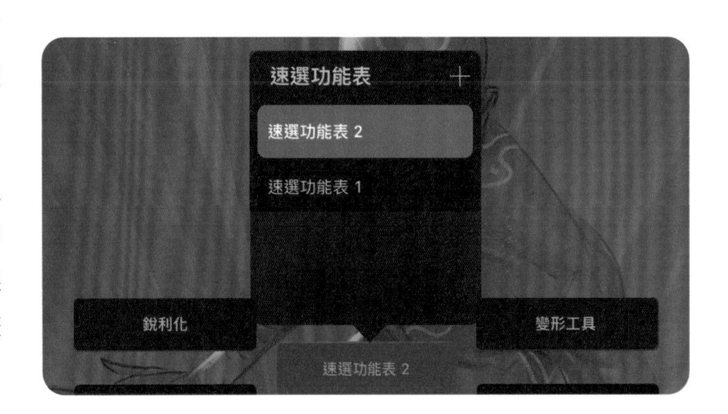

在「操作 > 偏好設定 > 手勢控制」中自訂每個手勢和操作的作用

# 角色設計專題

## 工作流程

PATRYCJA WÓJCIK

DOWNLOADABLE RESOURCES
PAGE 208

### 學習目標

**了解如何：**

- 用基本形狀建構角色。
- 製作粗略的草圖和精確的線稿。
- 在個別的圖層上畫上底色。
- 在個別的圖層上增加明暗、陰影、細節和紋理。

### 01

首先使用「素描」筆刷集的筆刷，快速繪製出角色草圖。將重點放在勾勒整體形狀，不要深入細節。畫一個橢圓形的頭部，下巴輪廓由三角形組成。將軀幹建構為帶有圓角的矩形，讓它看起來像是具有肋骨的簡化胸部。在它的下方，繪製一個形成骨盆並連接到胸部的菱形，就像是玩具娃娃的零件一樣。使用菱形繪製四肢，在肌肉處加寬，並縮小它們在關節的連接處。這些形狀的線條也該呈現關節的輕微彎曲，例如肘部和膝蓋。

最初的角色草圖應該是粗略的，專注於形狀而非細節

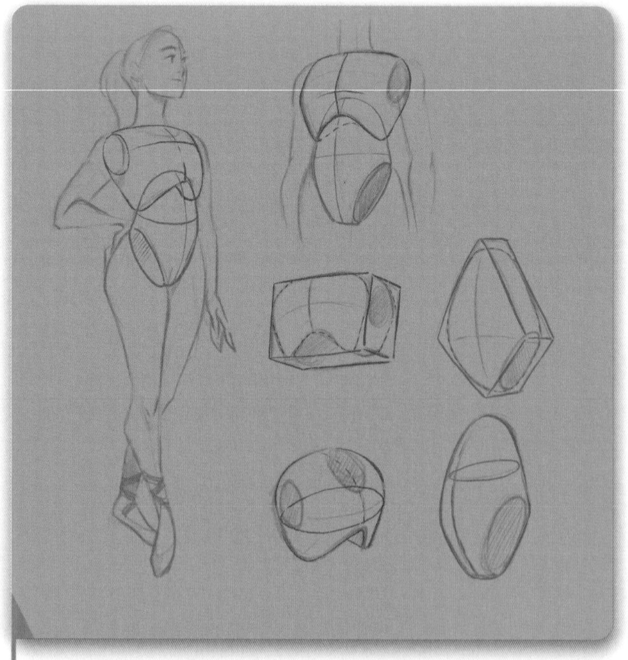

用基本形狀建構你的角色，將軀幹分成兩部分

## 02

有了由基本形狀構成的粗略角色草圖之後，下一步就是在此基礎上繪製更清晰的草圖。如果你對設計圖稿感到滿意並對自己的素描有信心，那麼這就可以成為你的線稿。將草圖和基本形狀圖層的不透明度降低到大約 10-20%，讓它們依然可見，但不會與更詳細的線稿融合在一起。將它們視為下一階段的參考。為線稿製作一個新圖層並選擇「**著墨 > 乾式墨粉**」。此筆刷會產生帶有輕微質感的精確線條，非常適合繪製線稿或更詳細的草圖。

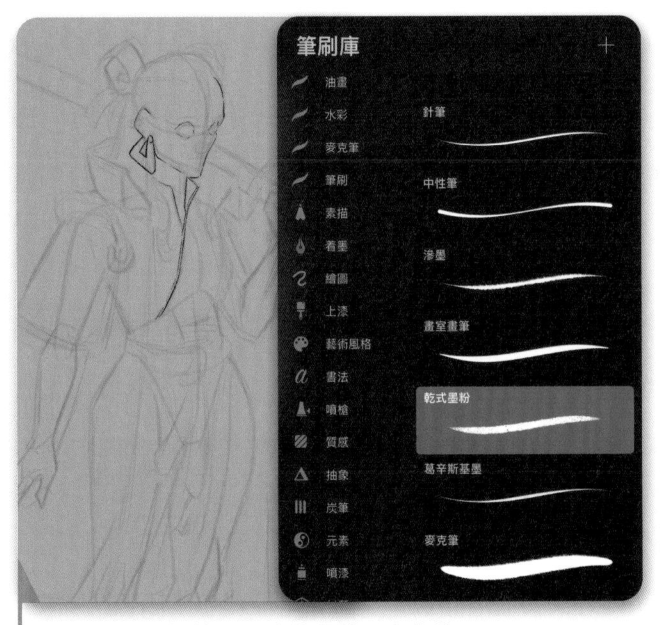


選擇乾式墨粉筆刷，然後在草圖上方的新圖層上，開始繪製線稿

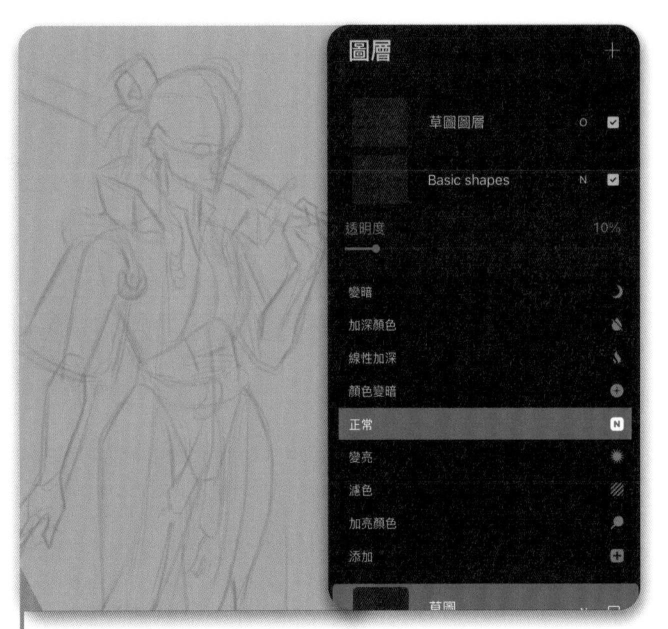


降低素描圖層的不透明度

## 03

在製作更詳細的線稿時，請將重點放在線條上。使用流暢、柔軟和圓潤的線條，會使角色顯得友好、善良和溫柔。相反的，使用尖銳、筆直、稜角分明和果斷的線條，會讓角色顯得堅強、固執、好鬥或充滿敵意。第三種方法是將輕盈的圓潤線條與直線銳利的線條結合起來，創造一種節奏感。在這個角色中，衣服、頭髮和劍的流暢線條，與腿、手臂和五官的直線互相平衡。

這個角色由曲線和直線組成

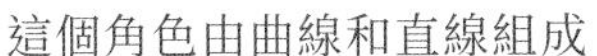

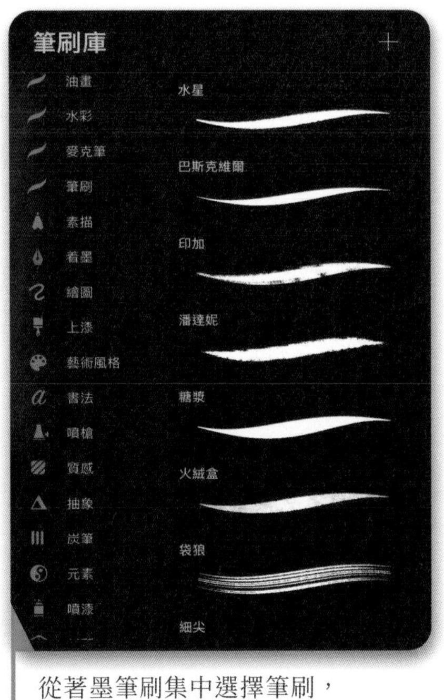


從著墨筆刷集中選擇筆刷，以繪製更精確的線條

## 04

畫好線稿之後，就可以開始上色了。關閉草圖和基本形狀圖層的可見度，只留下線稿。將線稿圖層的不透明度降低到大約 30-40%，並將混合模式設定為「覆蓋」。選擇你想要的顏色，然後使用銳利的筆刷勾勒出形狀，例如頭髮的形狀，然後從色票中拖曳顏色進行填滿。為每種顏色或身體部位製作一個新圖層，並考慮如何使用對比色（例如紅色和綠色）來使設計更有力量。線稿在下方仍然略微可見，可讓你區分不同的形狀，並用正確的顏色填滿每個部分。

為每種顏色、身體部位或物品製作一個新圖層

降低線稿圖層的不透明度並將它設定為「覆蓋」

## 05

填上底色後，將圖層組成為一個顏色群組，以保持「圖層」面板井然有序。下一步是添加一些簡單的陰影。製作一個帶有遮罩的新圖層；這可以使你在不超出線條的情況下繪製陰影。方法是：將顏色群組扁平化，但只是暫時而已。接下來，點按圖層並選擇「選取」來選取整個輪廓，然後到「操作 > 添加 > 拷貝」，拷貝此扁平化的版本。撤銷顏色圖層的扁平化，再次恢復成個別的圖層，然後到「操作 > 添加 > 貼上」將剛剛扁平化的圖稿貼到新圖層上。在這個帶有扁平化圖稿的新圖層上，再次點按「選取」，選擇你要製作陰影的圖層，然後選擇「遮罩」。這將製作一個帶有人物輪廓的遮罩。刪除用來製作遮罩的扁平化圖層，這樣才有更多圖層可以使用。接下來，將圖層混合模式設定為「色彩增值」，並將不透明度設定在30-50% 之間。使用深藍色或紫色來繪製清晰、平坦的陰影，分離各個部分並為圖像增加一些立體感。使用邊緣銳利的筆刷，例如「著墨 > 乾式墨粉」。

陰影將為你的角色圖稿增添立體感

### 藝術家秘訣

避免繪製過多細節和修順每一道邊緣。將重點放在你希望角色透過外表告訴觀眾的故事。留下一些線條和筆觸可以使角色看起來更活潑、更輕盈。

在繪製陰影時製作一個遮罩以維持在線條內

## 06

現在，你可以使用噴槍為角色添加陰影，例如「**噴槍 > 中等硬度噴槍**」。在你要繪製的圖層上啟用阿爾法鎖定，這會限制你在已經畫好的形狀內繪製和著色。此選項對於製作帶有輕微漸層或紋理的乾淨簡單的色塊很實用。增加細節和紋理，例如角色的衣服和劍，個別畫在新圖層上，並嘗試混合模式讓顏色更跳。最後在一個獨立的圖層上添加一些邊緣光，將混合模式設定為「添加」。

使用噴槍增加陰影

將每個細節和紋理
加到個別的圖層上

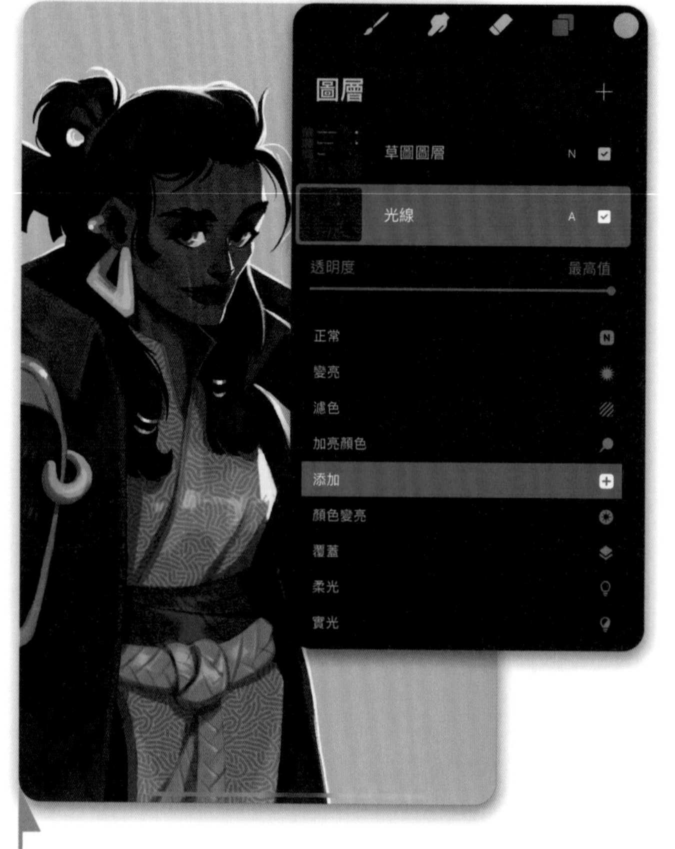


使用「添加」圖層混合模式
在角色周圍製作邊緣光

角色設計的最後完稿

# 嘴　唇

## 學習目標

**了解如何：**

- **勾勒出嘴唇的形狀。**
- **幫嘴唇填上顏色和明暗，添加光影。**

## 01

嘴唇有不同的形狀和大小，有薄的有豐滿的，有大的或小的，有些唇峰明顯，有些比較圓潤。它們的外觀也會隨著人的年齡而變化。年輕人的嘴唇可能柔軟光滑，老年人的皮膚會失去一些彈性。隨著年齡的增長，嘴唇通常會變得更窄、更扁平，嘴唇上和周圍也會形成皺紋，嘴角和臉頰會略微下垂。畫年長的人時，使用稍微傾斜的線條並在嘴唇上加上深的紋路。

嘴唇有各種形狀，
從豐滿圓潤到薄而窄

有些嘴唇是圓滑的，
而另一些唇峰明顯

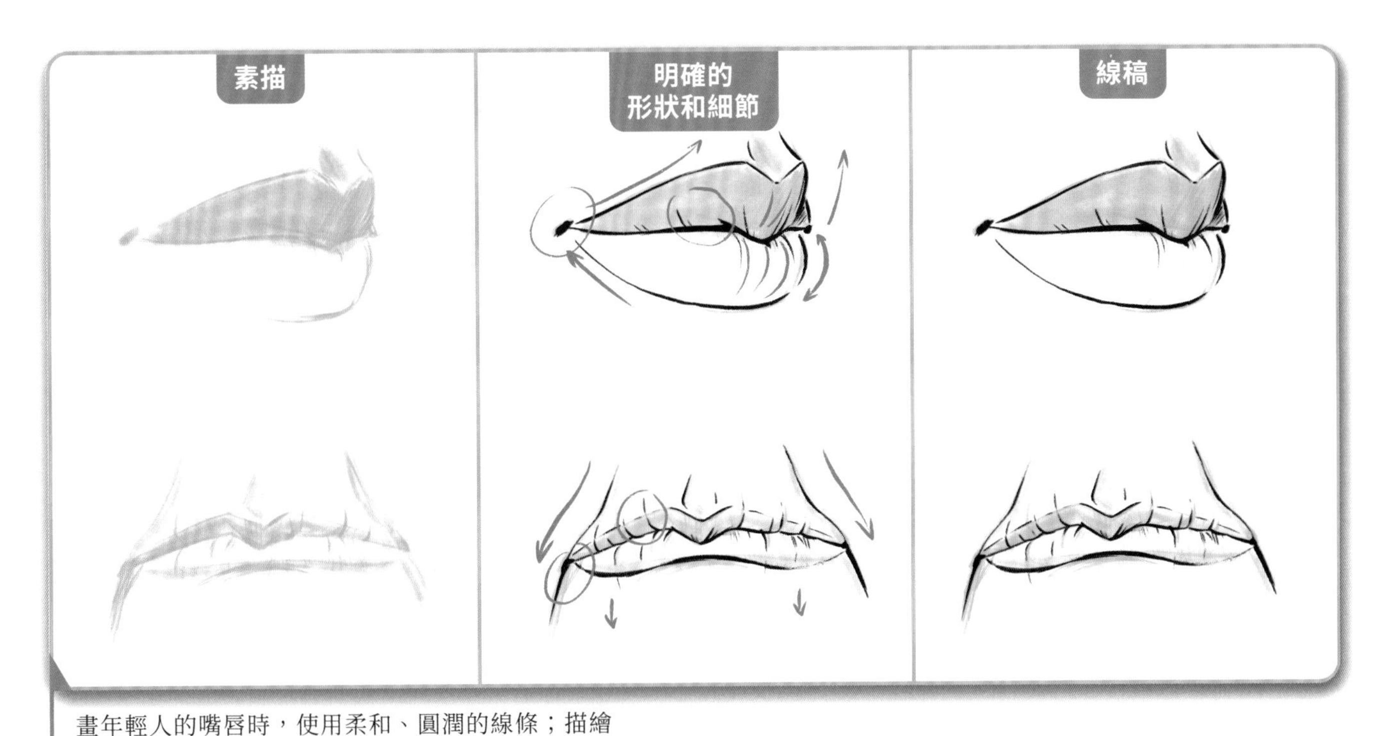


畫年輕人的嘴唇時，使用柔和、圓潤的線條；描繪老年人嘴唇時，使用向下傾斜的線條和加深的皺紋

## 02

決定好你想畫的嘴唇類型之後，首先沿著嘴巴的長度畫一條水平線，然後在中心用一條垂直線標記上下嘴唇的高度。接下來，用半圓線標記上唇線和下唇線。然後降低此草圖的不透明度，並將它當作參考線，以便在上方的新圖層中繪製更詳細的圖案。

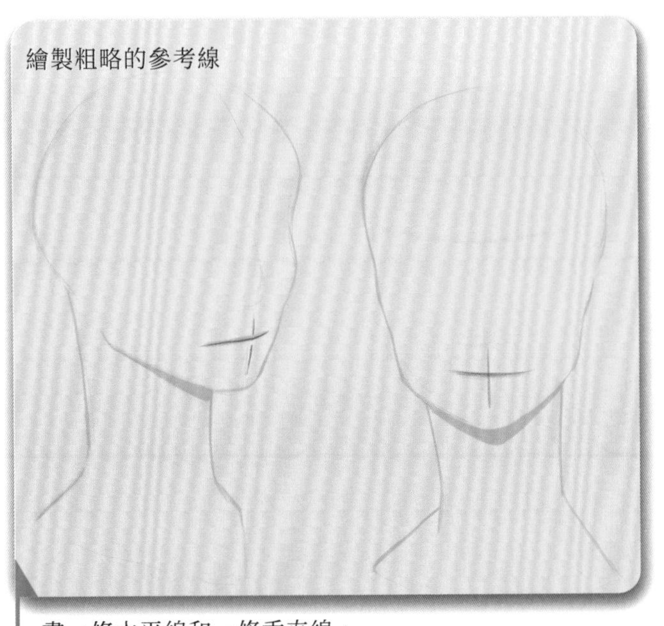


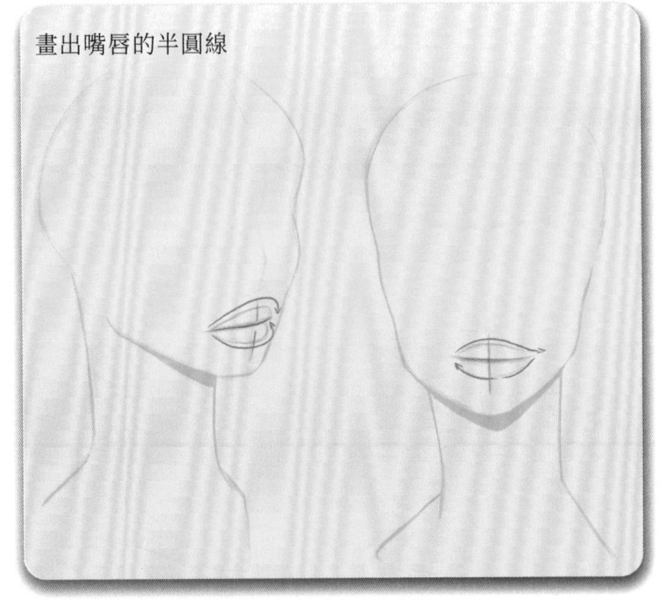


畫一條水平線和一條垂直線，作為嘴巴位置的粗略參考線

## 03

下一步是標記嘴巴的中心點：唇峰。在上唇的中心畫一個向下的箭頭形狀，然後底下的水平線上畫另一個不太尖的箭頭。接下來，嘴唇的大小和長度的尺寸和長度就標示出來了。

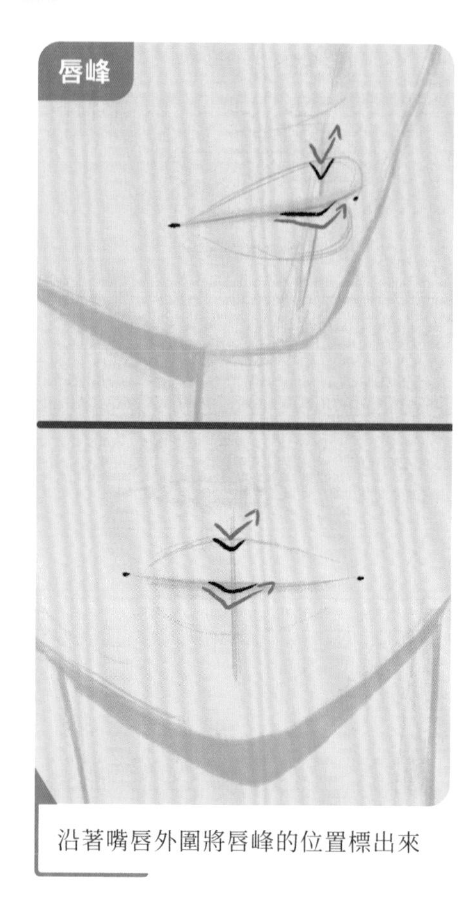


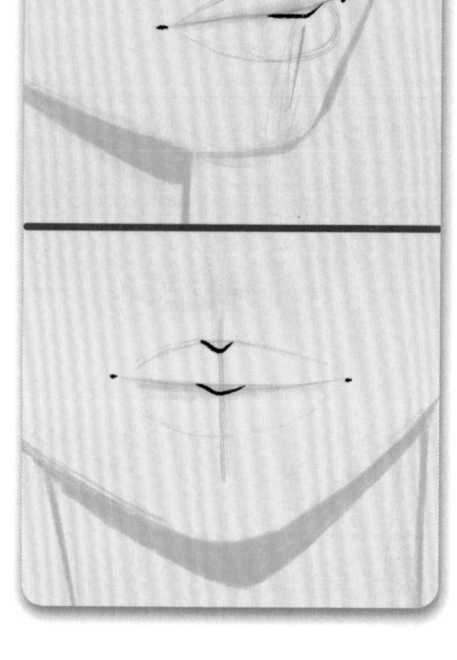

沿著嘴唇外圍將唇峰的位置標出來

## 04

勾勒出嘴唇的形狀，將你在上一步中繪製的線條連接起來。從單側開始，由嘴角到中間的唇峰畫一條線，然後再到另一個角。繼續此步驟直到完全勾勒出輪廓。線條越彎曲，嘴唇就會顯得越豐滿。你也可以使用「**調整 > 液化 > 膨脹**」使嘴唇看起來更大更圓，或使用「**調整 > 液化 > 捏合**」使嘴唇更窄或更小。

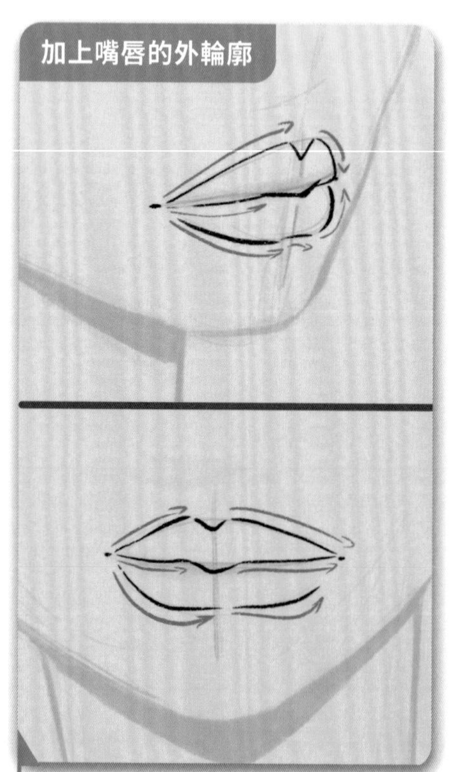


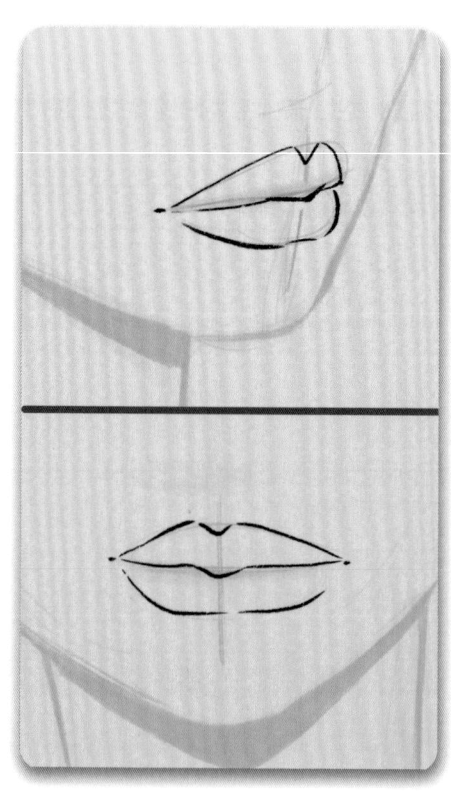

連結上一步驟畫的線條，勾勒出嘴唇的形狀

## 05

下一階段是用顏色填滿嘴唇。將嘴唇輪廓圖層的不透明度更改為大約 30–50%，並將圖層混合模式設定為「覆蓋」。這會使輪廓形狀透出底色，但顏色會略微融合。要為嘴唇著色，請選擇一支銳利的筆刷，例如「著墨 > 畫室畫筆」。選擇顏色時，上唇選擇略深的色調，在視覺上將它與下唇分開；這會使嘴唇更有立體感。

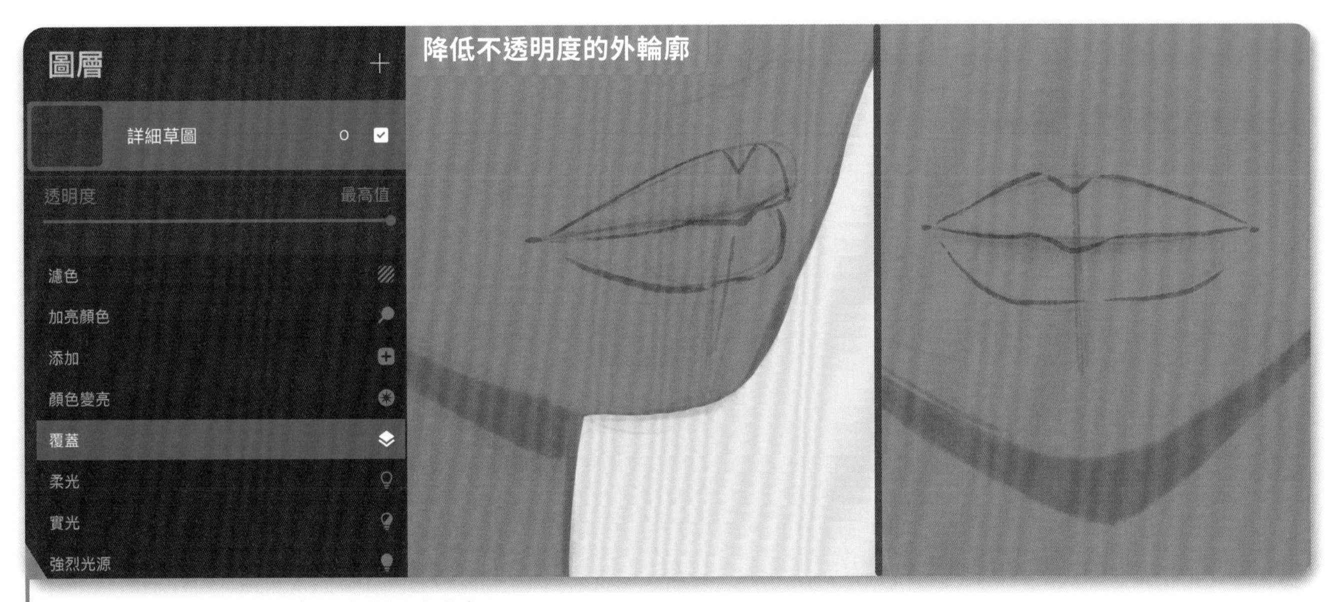


降低輪廓圖層的不透明度，讓它透出底色

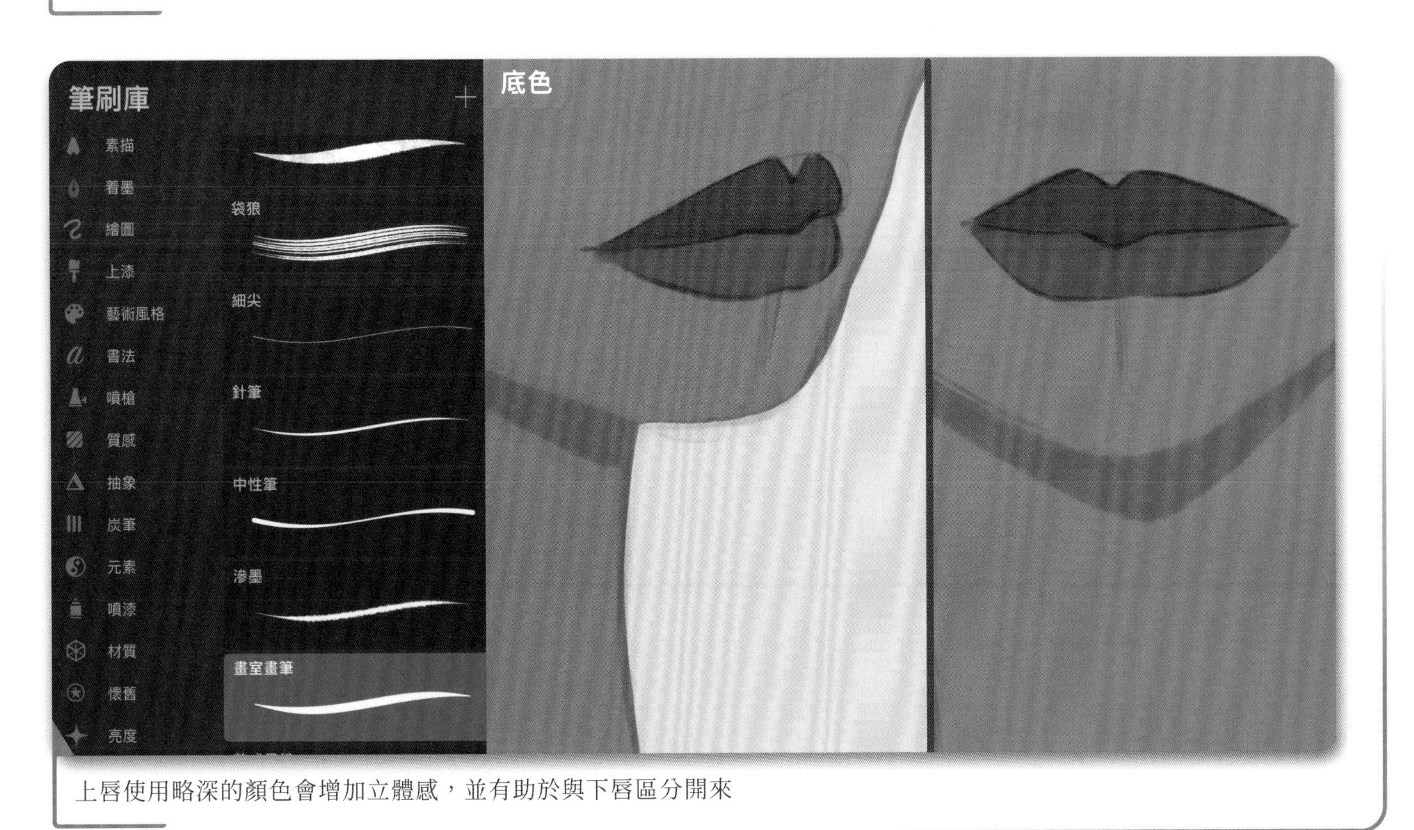


上唇使用略深的顏色會增加立體感，並有助於與下唇區分開來

## 06

下一步是為嘴唇添加明暗。噴槍筆刷集的任何筆刷都會很適合。選擇「**噴槍 > 中等硬混色**」，並使用較淺的顏色，在下唇畫一些筆觸以增加光線和輕微的光澤。接下來，使用較深的顏色和稍細的筆刷，例如「**噴槍 > 中等硬度噴槍**」，在嘴唇之間添加一些陰影，將它們分開並定義其形狀。你也可以在這個階段加深嘴角。

使用噴槍和較淺的顏色為下唇增添亮光

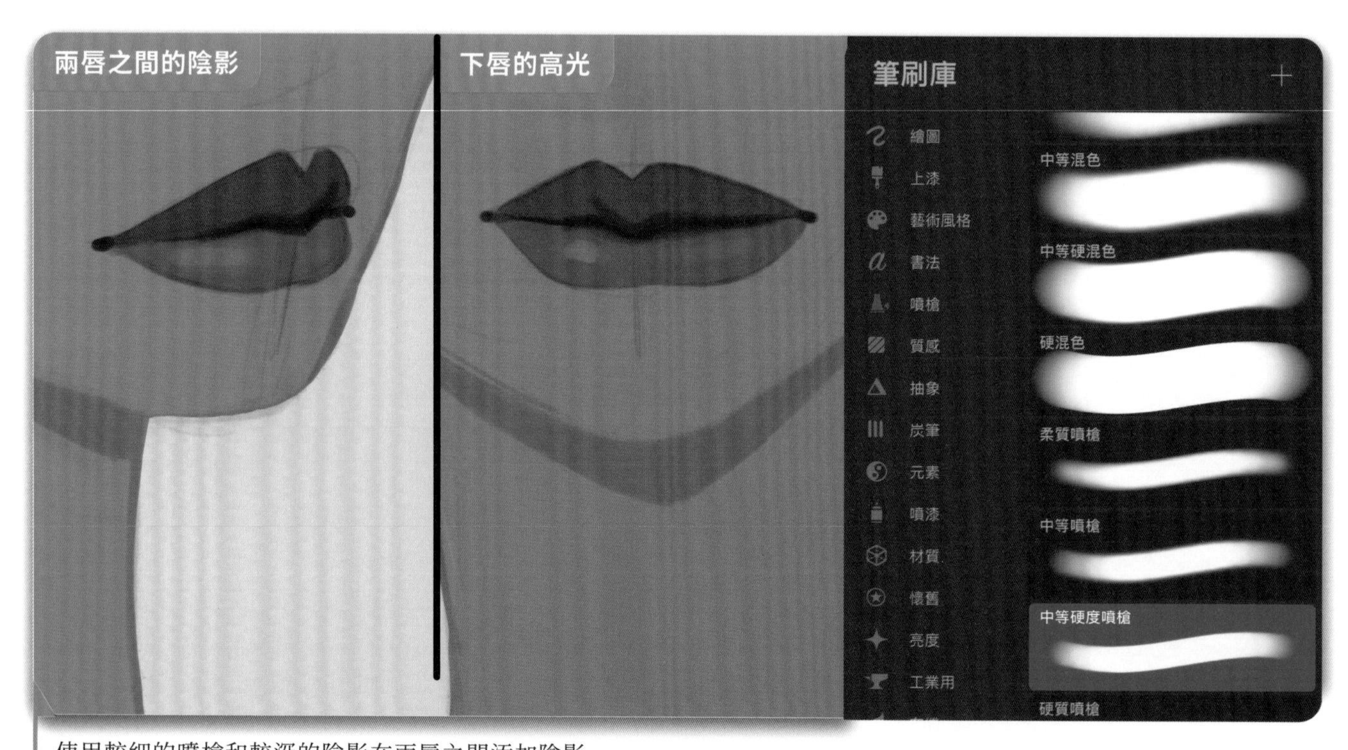


使用較細的噴槍和較深的陰影在兩唇之間添加陰影

## 07

繪製嘴唇的最後階段是添加細節，例如鼻子下的唇峰上緣，以及下唇下方的陰影。即使你希望角色看起來簡化，下唇下方的陰影也可以防止嘴唇看起來像紙一樣平坦。使用稍微深一點的陰影來突顯鼻子和下唇下方的陰影，或者在個別的圖層上套用平坦的陰影。若想要更自然的質感，你可以在嘴唇周圍增加高光並在上面添加皺紋。

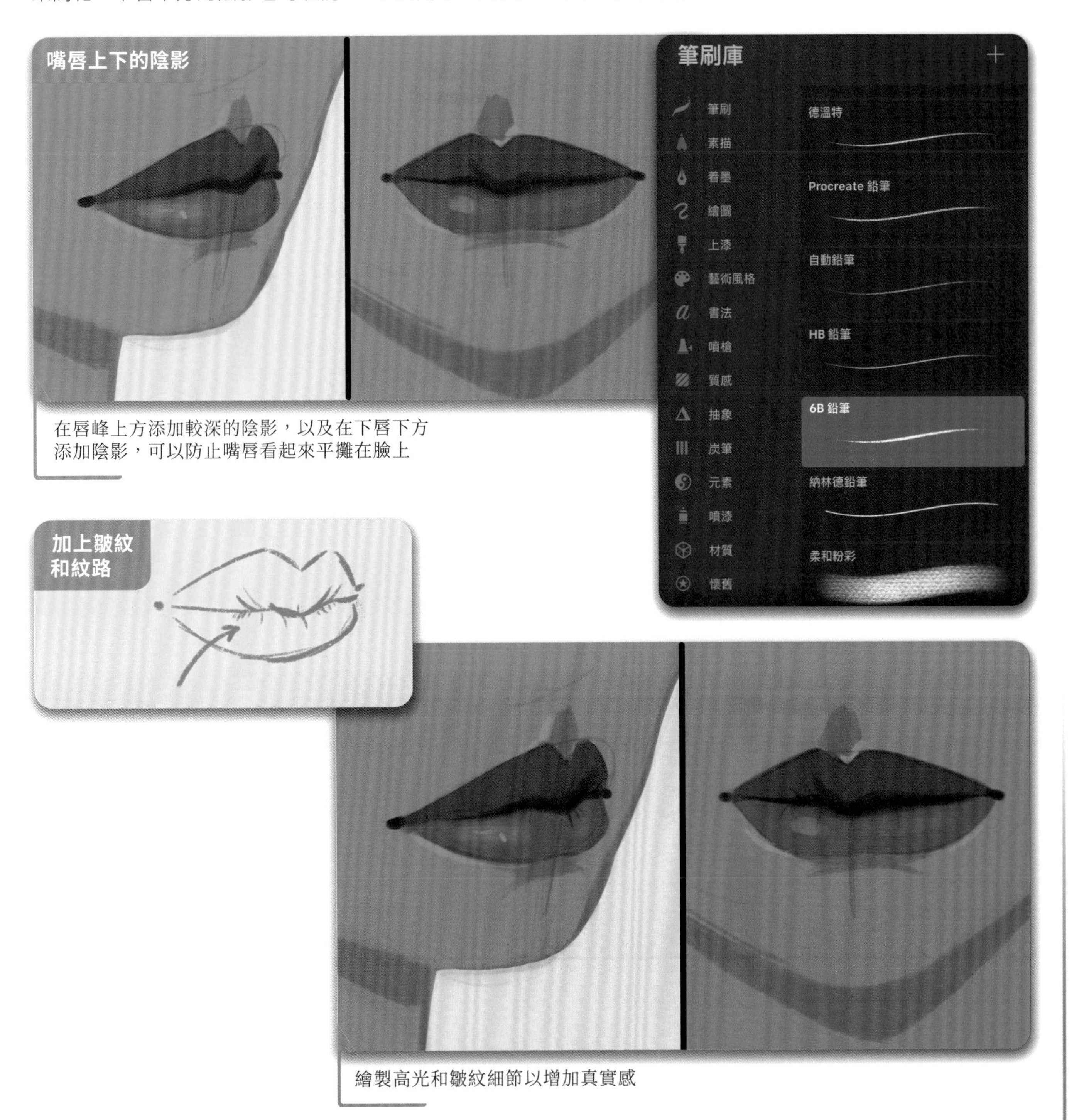


在唇峰上方添加較深的陰影，以及在下唇下方添加陰影，可以防止嘴唇看起來平攤在臉上

繪製高光和皺紋細節以增加真實感

# 耳 朵

## 學習目標

**了解如何：**

- 用簡單的形狀定義耳朵。
- 添加陰影和光線。

## 01

在角色上畫耳朵時，首先要考慮它們的形狀，比如要圓一點還是稍微尖一點。橢圓形會呈現略微柔和的外觀，而帶有菱形的橢圓形將更加獨特。這個範例是兩種形狀的組合。耳朵的外觀也會因年齡而異。年輕人的耳朵通常更挺，而老年人的耳朵通常略長，因為耳垂的皮膚和軟骨會隨著年齡的增長而下垂。

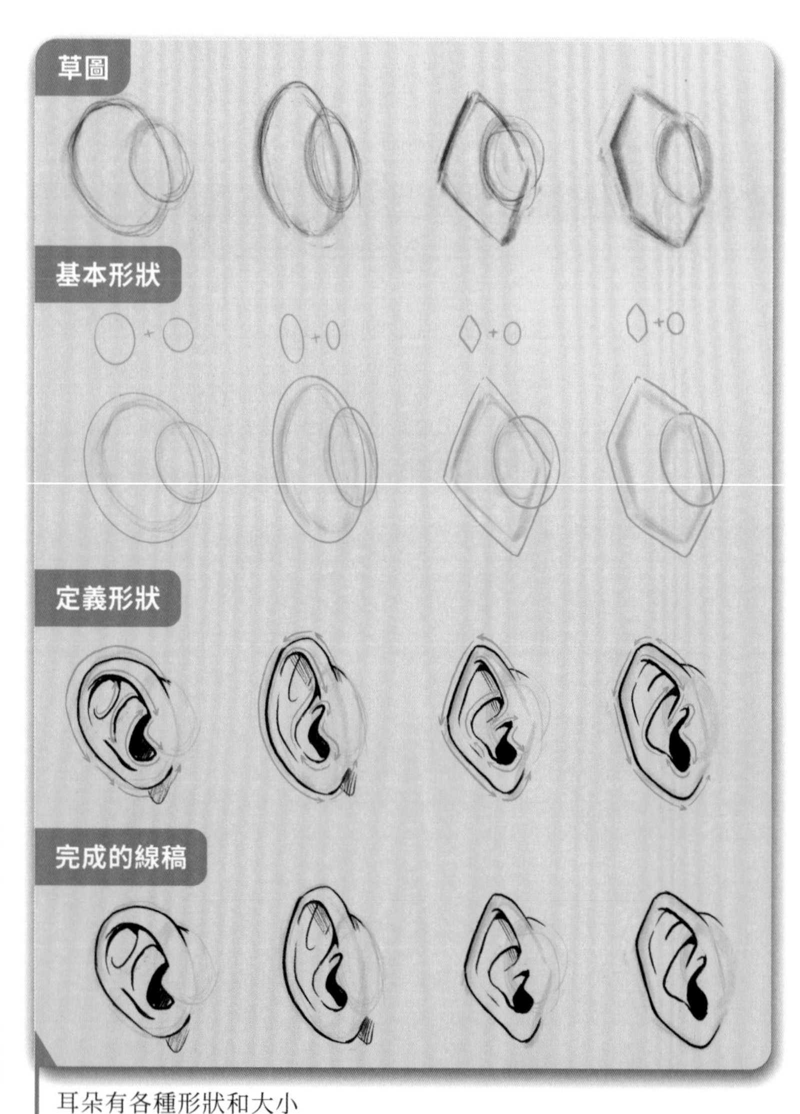


耳朵有各種形狀和大小

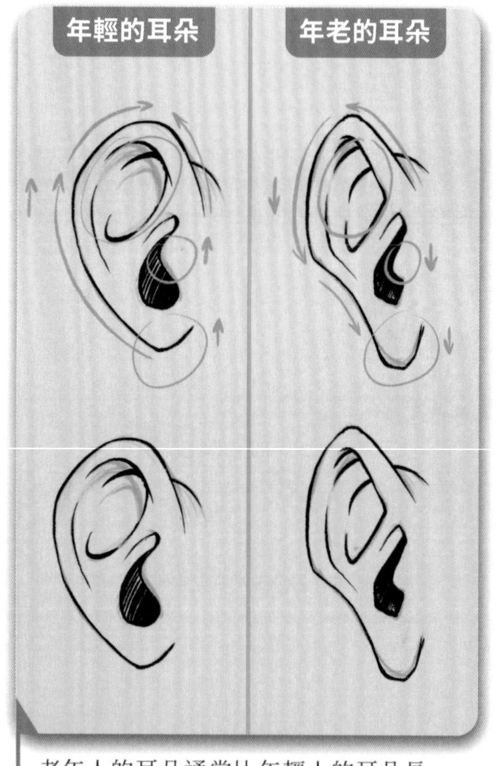


老年人的耳朵通常比年輕人的耳朵長，因為皮膚失去彈性而下垂

## 02

選擇好耳朵的基本形狀後，你可以更詳細地定義形狀。耳朵不是平的，而是有立體感和形狀的，這一點應該要強調出來。根據形狀草圖勾勒出整體形狀，但要使用更自然的圓形形狀為它添加更有機的外型。接下來，使用鬆散的曲線畫出耳朵的內部。往同一個方向畫線有助於創造一種平滑的感覺。耳朵內部的形狀會有最深的陰影。

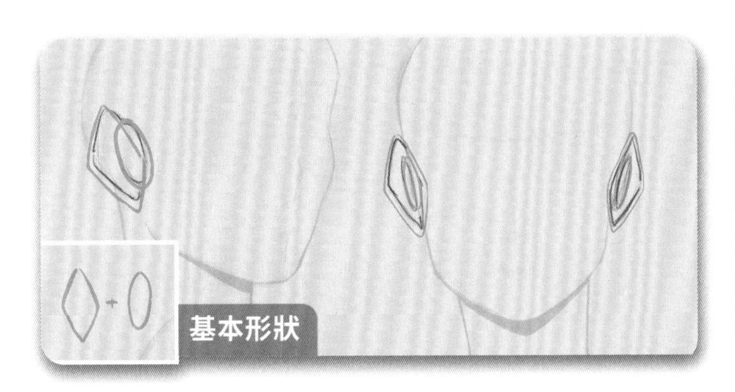


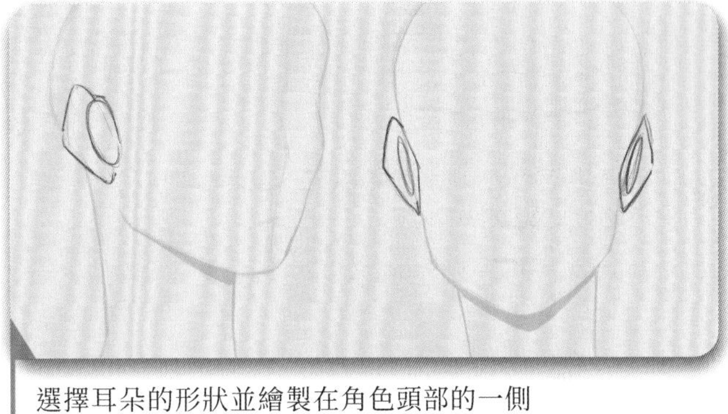

選擇耳朵的形狀並繪製在角色頭部的一側

定義輪廓

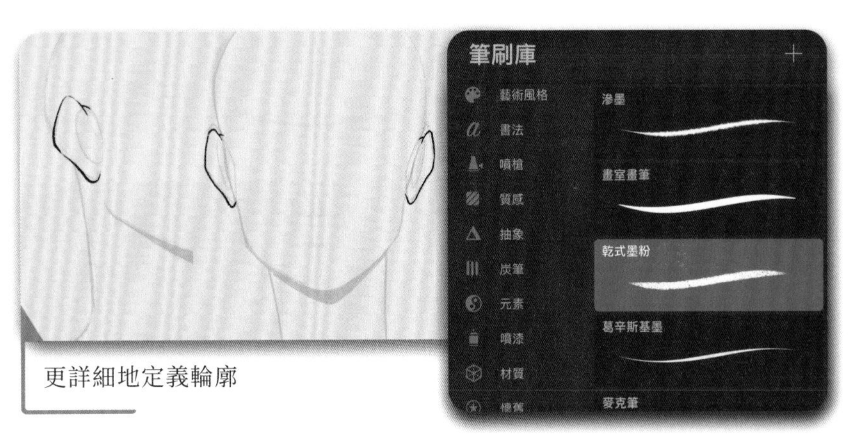


更詳細地定義輪廓

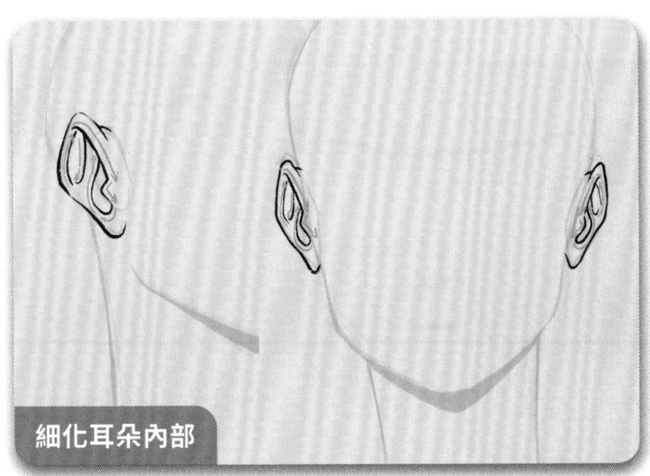


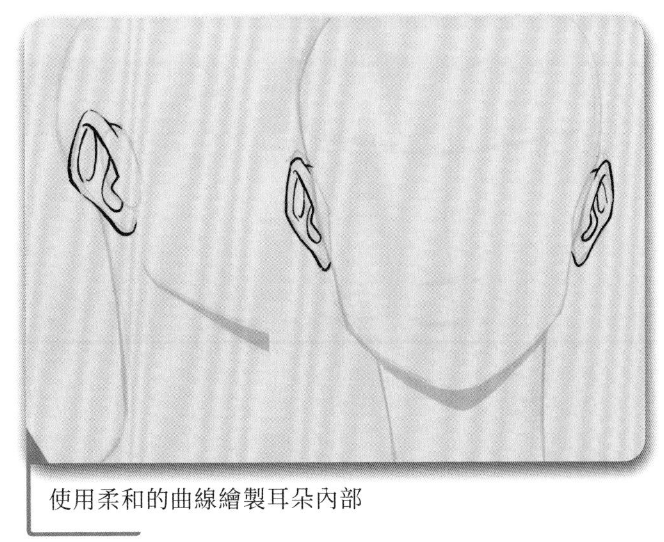

使用柔和的曲線繪製耳朵內部

## 03

下一步是繪製第一道陰影。在執行此操作之前，用單一顏色填滿頭部，然後將草圖圖層的混合模式設定為「覆蓋」並降低不透明度。這會使草圖圖層融入其中，但仍可以看到當作參考線的輪廓。

把耳朵想像成一個碗，要區分出內部和外部。耳朵外側自然會照到更多的光，而耳朵內側就會在陰影裡。勾勒出內耳的形狀並用較深的陰影填滿它。

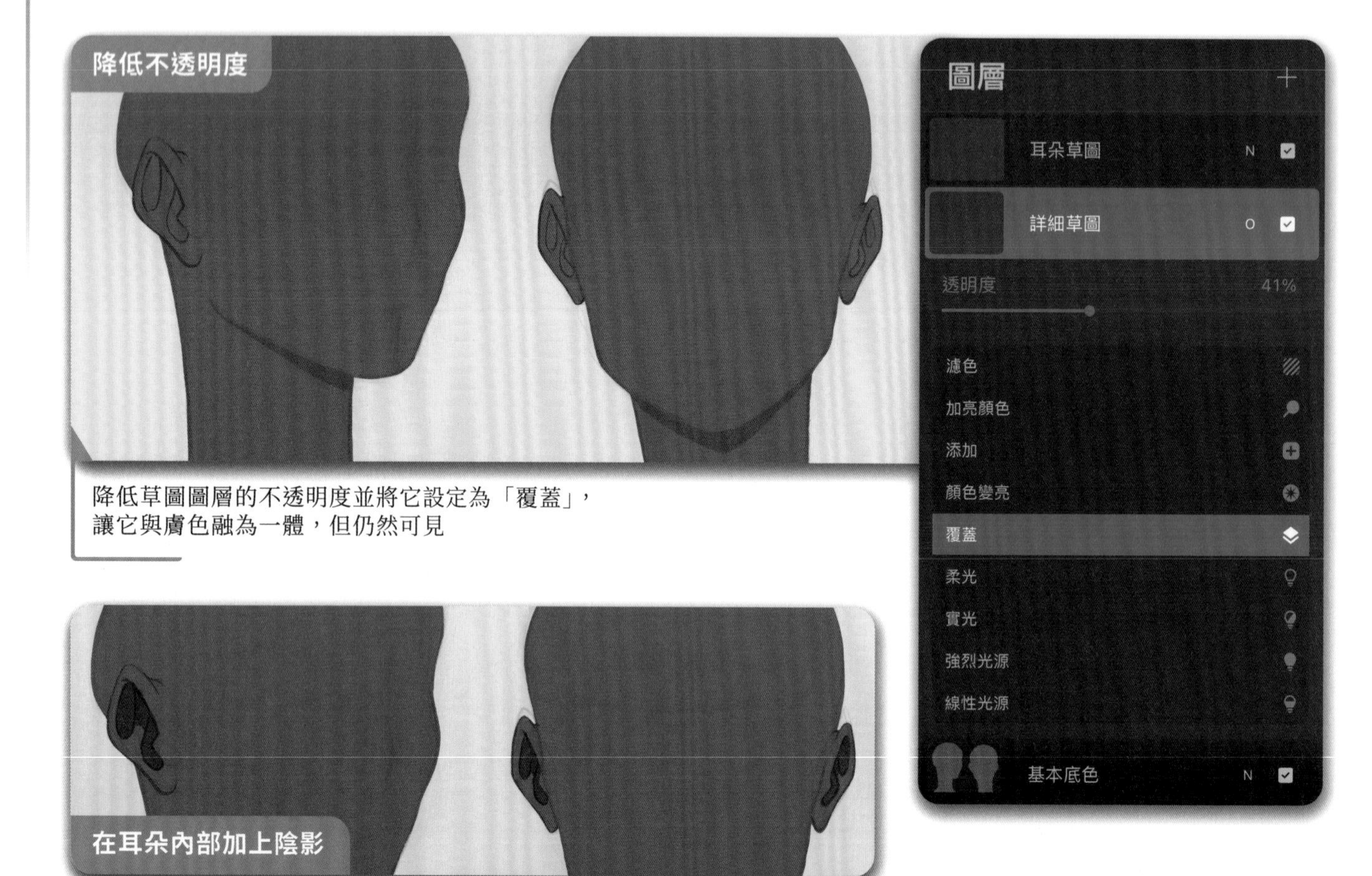


降低草圖圖層的不透明度並將它設定為「覆蓋」，讓它與膚色融為一體，但仍然可見

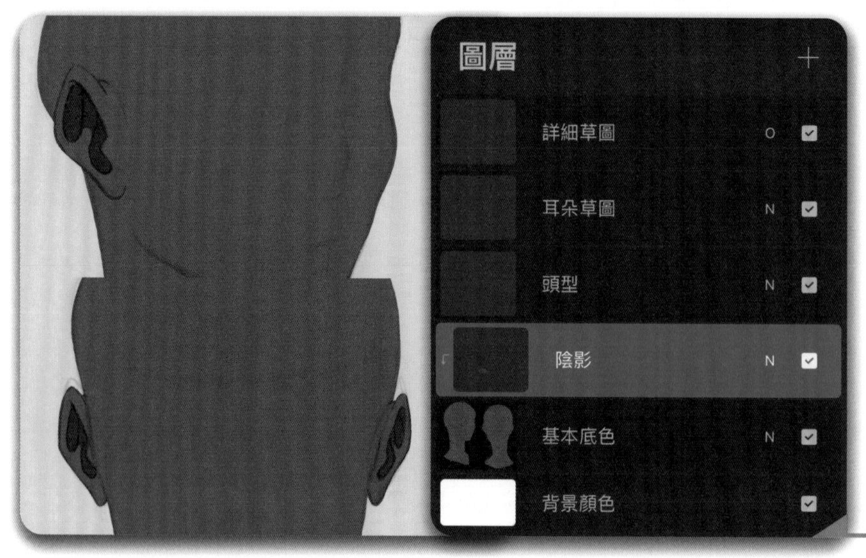


用較深的顏色填滿耳朵內部當作陰影

## 04

現在加上一道更深的陰影。這個階段的重點是進一步繪製耳朵的中心和上軟骨的深度。你可以使用你認為適合此照明情況的最深顏色。使用硬筆刷或「選取」工具，在上軟骨的下方和耳朵凹陷處繪製陰影，製作一個類似剪下的形狀。如果你想讓角色的耳朵具有更簡化的漫畫感，你可以使用更深的顏色來加深這道陰影。

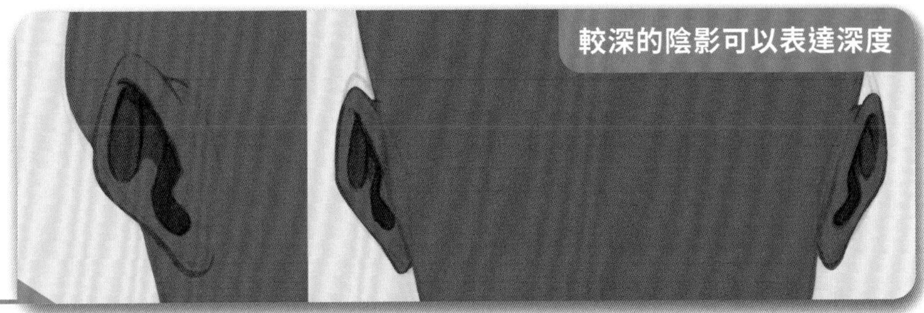


在耳朵的凹陷處添加較深的陰影

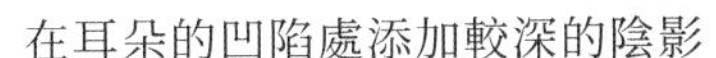

## 05

由於耳朵的軟骨相對較薄，通常可以看到光線穿過它。這種稱為「表面下散射」的效果會造成皮膚略帶紅色。若將此效果加到到你的角色上，會使他們看起來更溫暖、更有活力。要製作此效果，請使用「選取」工具選擇耳朵，將圖層混合模式設定為「添加」，然後繪製淡淡的紅色漸層。你可以透過降低圖層的不透明度來調整光暈的強度。

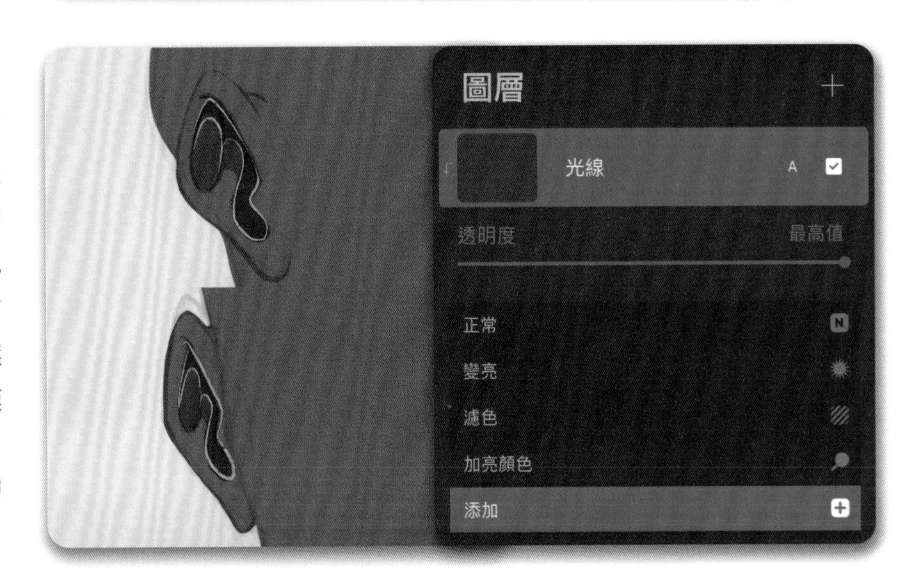


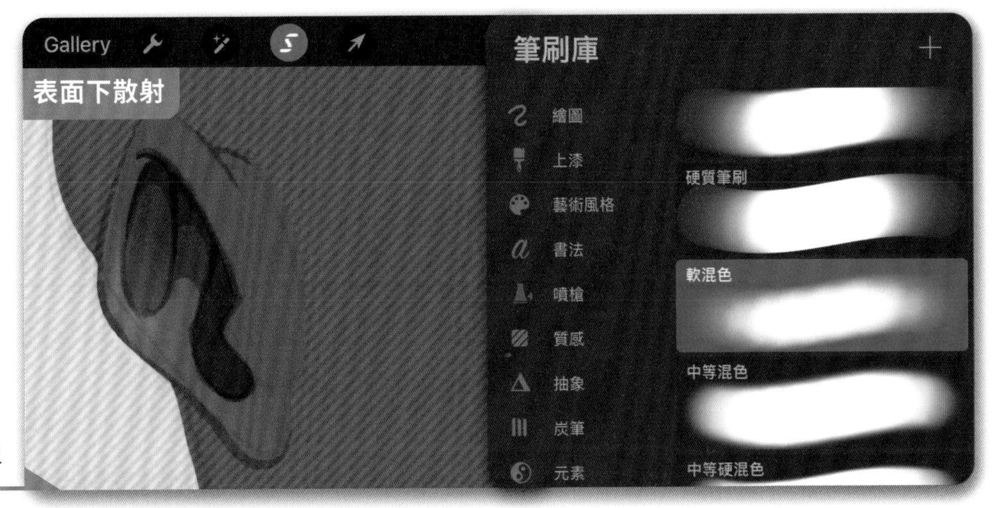


在耳朵上加一點紅色，
給人一種光線穿過軟骨的印象

## 06

最後一步是添加細節，讓耳朵看起來更逼真。在耳垂的後面或下面畫一道陰影，讓人感覺耳朵從頭部突出來。要帶出耳朵內部的陰影，請使用溫和、細緻的噴槍在側面和上半部的軟骨畫一些較明亮的筆觸。

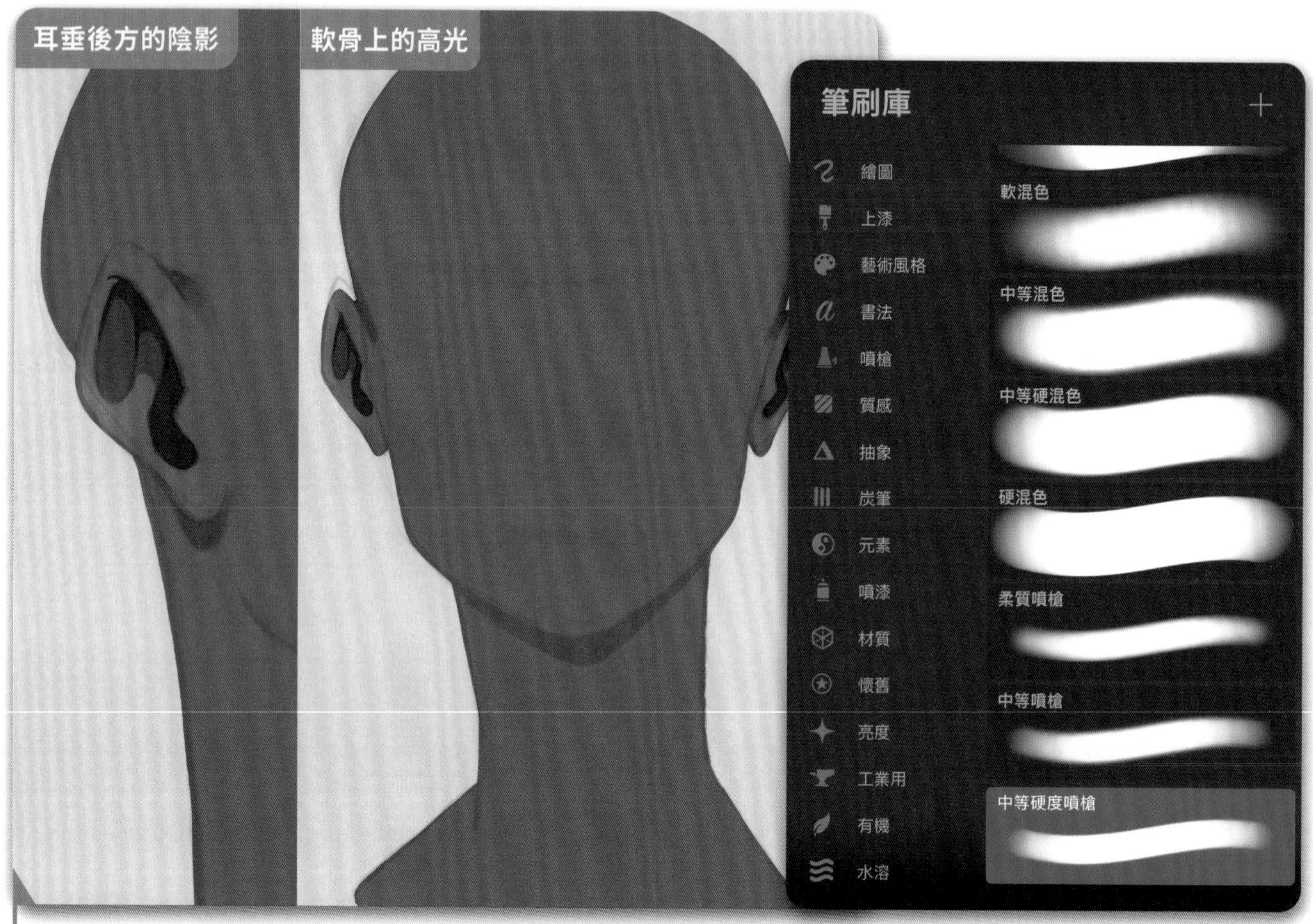


在側面和上半部軟骨添加一些高光，
並在耳後和耳下繪製陰影

### 藝術家秘訣

思考一下是否要加上一些疤痕、斑點或穿洞。無論是時尚的大耳圈還是單顆耳釘或寶石，耳環等配飾都有助於傳達角色的個性和故事。

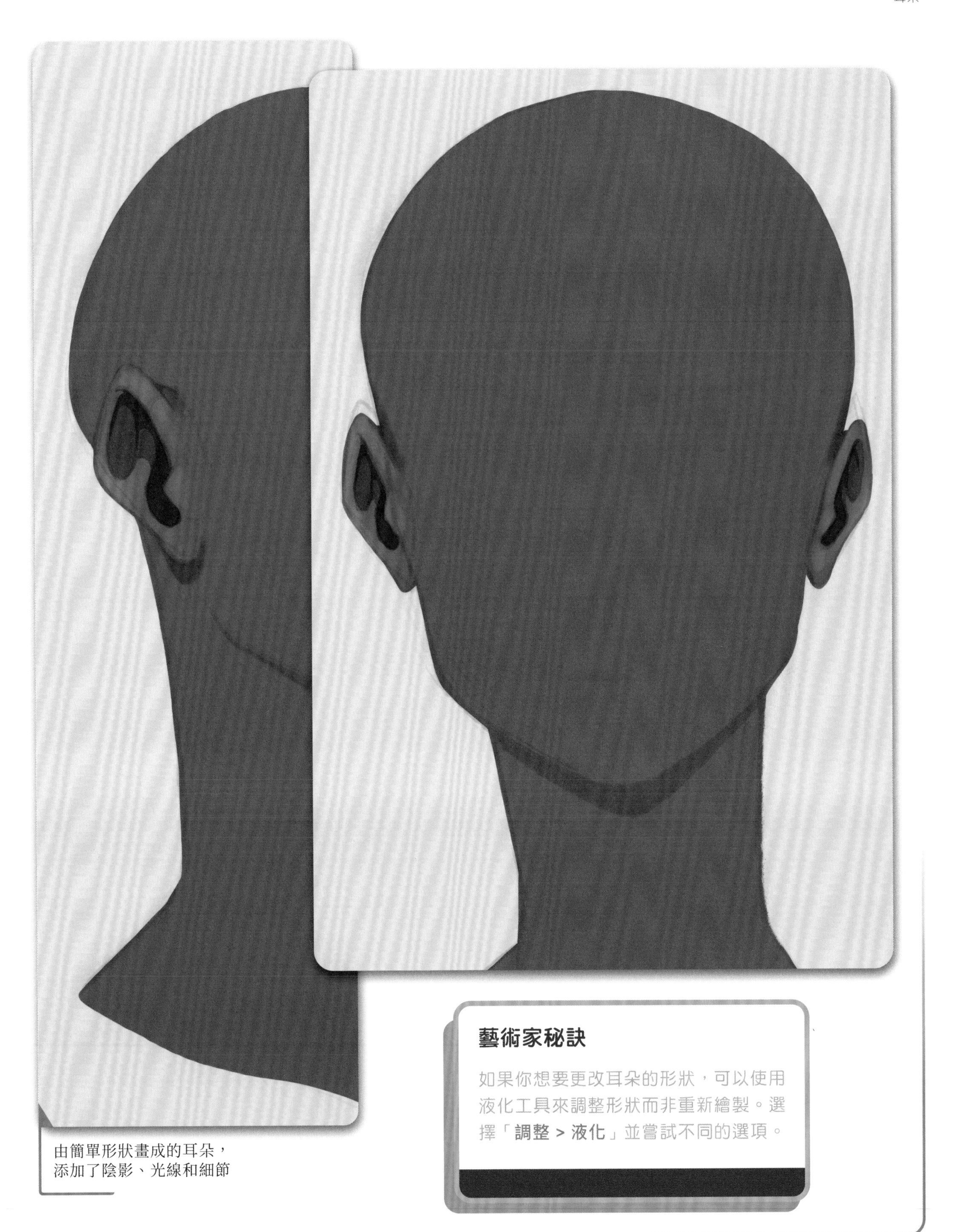

由簡單形狀畫成的耳朵，
添加了陰影、光線和細節

### 藝術家秘訣

如果你想要更改耳朵的形狀，可以使用液化工具來調整形狀而非重新繪製。選擇「**調整 > 液化**」並嘗試不同的選項。

# 鼻 子

## 學習目標

**了解如何：**

- 畫出鼻子的基本形狀。
- 細修鼻子並使用顏色來增加份量。
- 添加細節和紋理來增加真實感。

## 01

從形狀開始思考。使用適合角色整體形狀和個性的形狀。圓形、橢圓形會營造出較柔和的外表，而三角形可以提供更具表現力或與眾不同的外觀。如果角色年輕，請考慮使用向上曲線結尾的線條來暗示活力和活力。畫老年角色的鼻子時，將它向下彎曲，讓它下垂並擴大鼻孔，因為皮膚通常會隨著年齡的增長而伸展。你也可以在皮膚上添加凹痕或腫塊、斑點或疤痕。

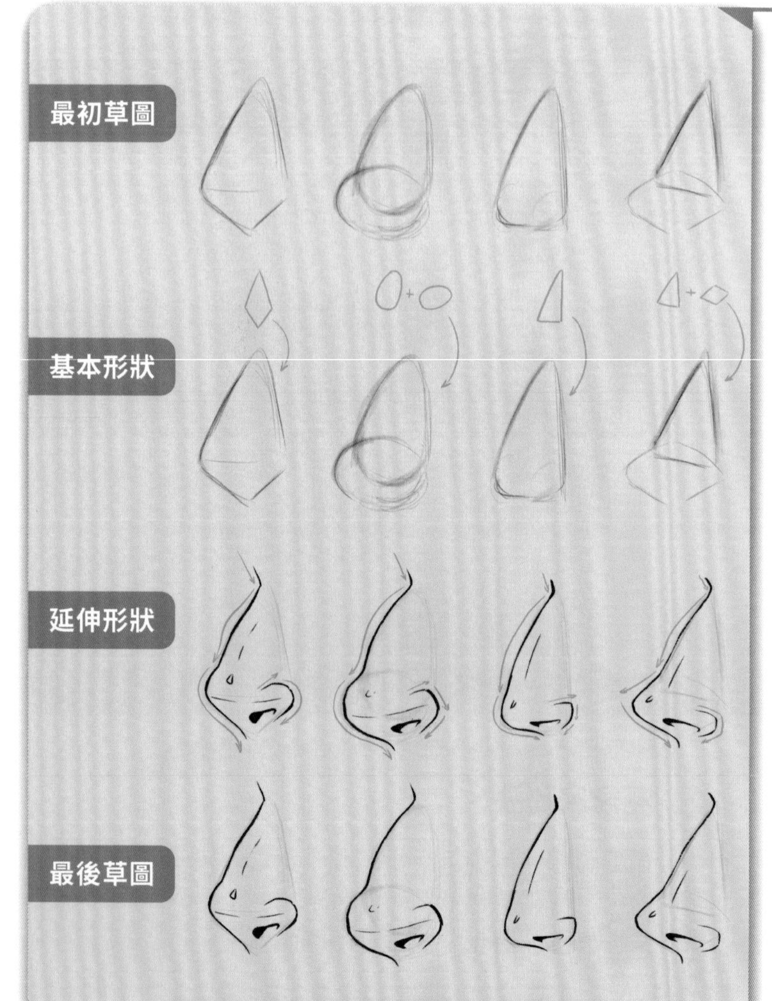


角色鼻子的形狀應與整體設計的形狀相輔相成

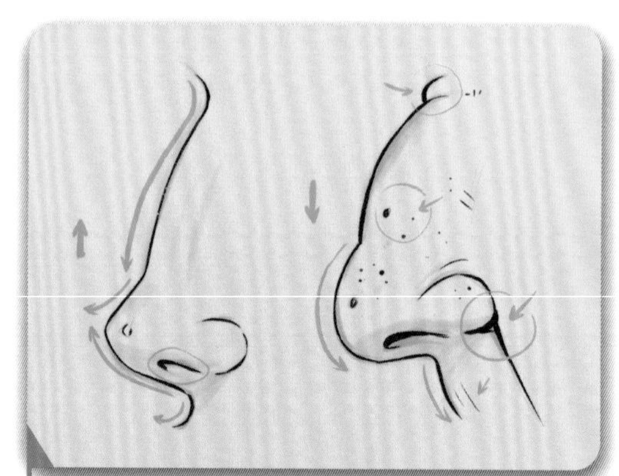

年輕角色的尖鼻子暗示精力和活力，而下垂或鷹鉤鼻可以傳達角色較長的年紀

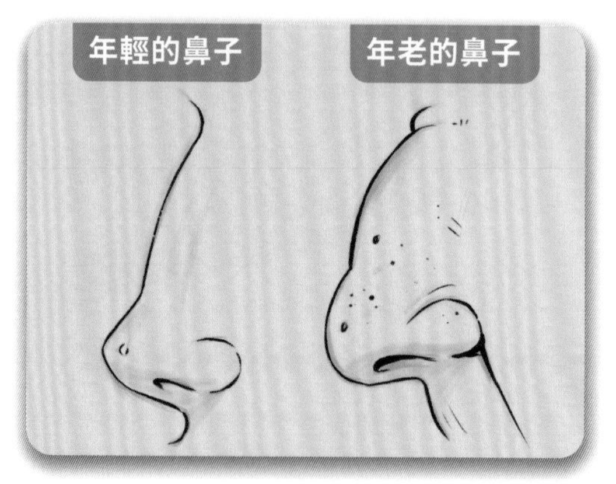

## 02

在角色臉上畫出鼻子所在的線條。首先畫一條穿過頭部中心的垂直線和耳朵高度的兩條水平線。接下來，在鼻子的整體形狀上標記出一個菱形，在鼻樑上標記一個三角形。如果你想讓鼻子更寬，只需將菱形加寬，如果你想讓鼻子更窄，就畫一個更長、更窄的菱形。

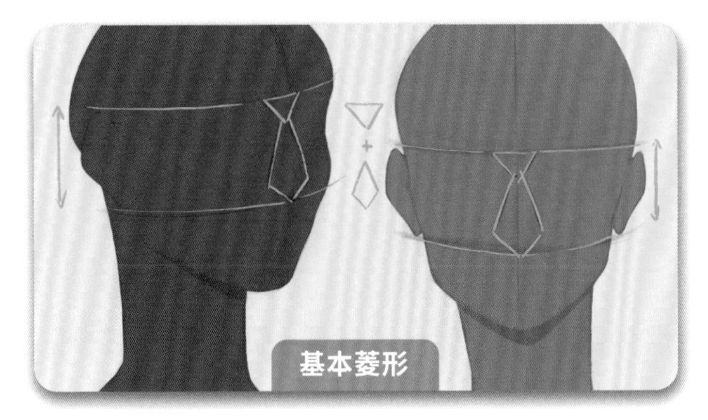


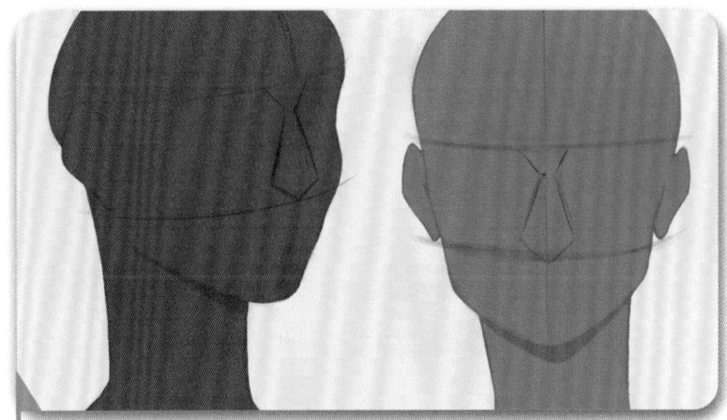

在角色的臉上畫出鼻子的基本形狀

## 03

降低圖層的不透明度，然後在它的上方製作一個新圖層以便更詳細地繪製鼻子。從鼻樑開始向下畫一條線，然後到了鼻尖稍微向上彎曲。如果要繪製老年角色的鼻子，請在末端繪製一個微微的向下彎曲。接下來，為鼻孔繪製略圓的鼻翼。將鼻子的繪製維持在剛剛的草圖的菱形形狀內。

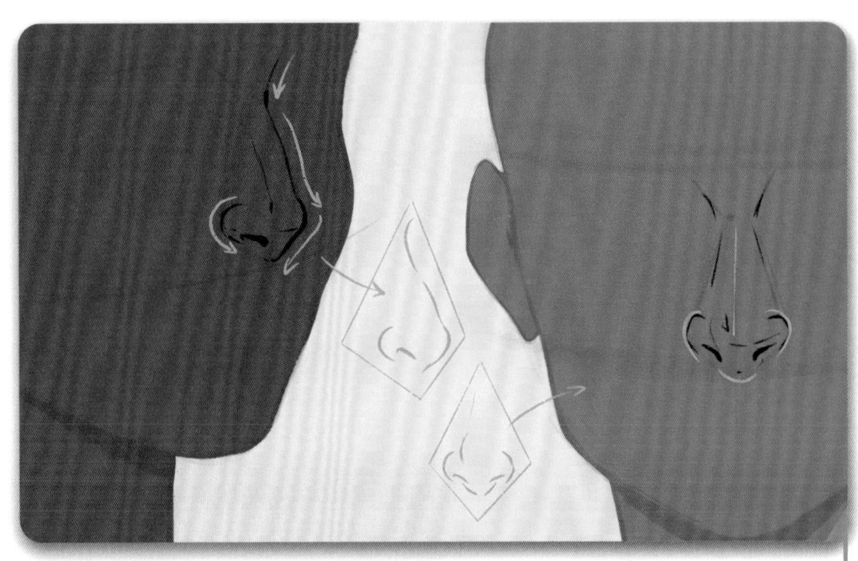

在草圖上方的新圖層中
更仔細地勾勒鼻子

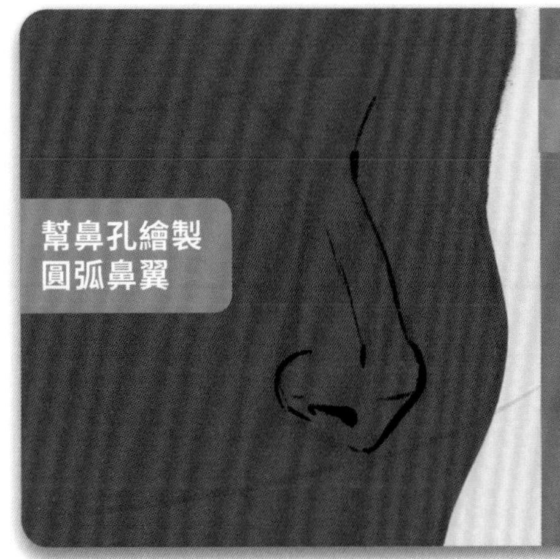


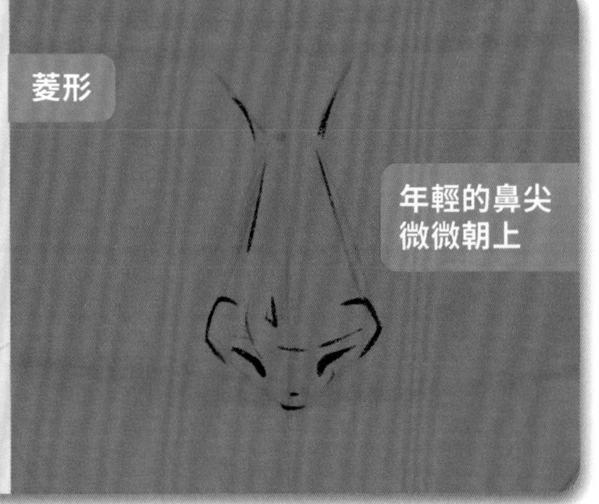

## 04

下一步是開始上色。鼻子通常會比臉部其他部分更紅，所以選擇比皮膚其他部分稍深的陰影，並使用「噴槍 > 硬混合」筆刷來繪製鼻子的形狀。接下來，使用橡皮擦輕輕擦除鼻子的頂端來製作漸層形狀。這有助於將它與臉部的其他部分區分開來，並讓它具有立體感。將鼻子底部微微加深，以更清楚地強調其形狀並傳達其穩固性。

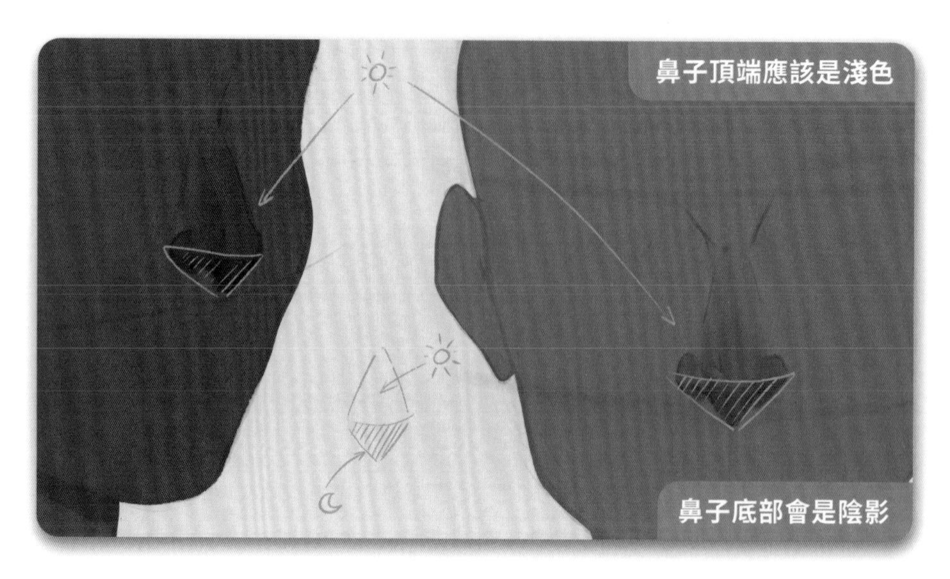


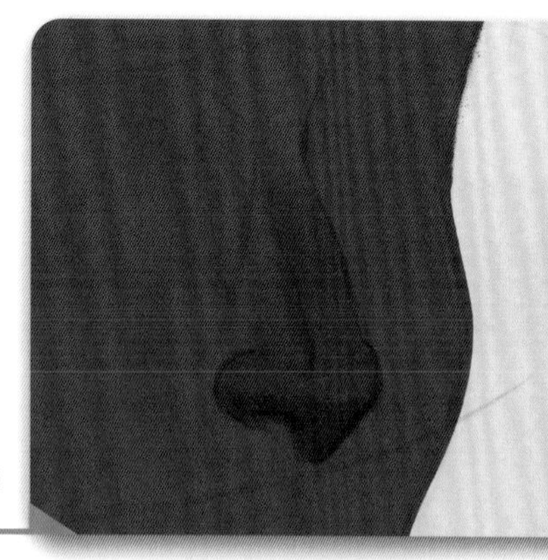
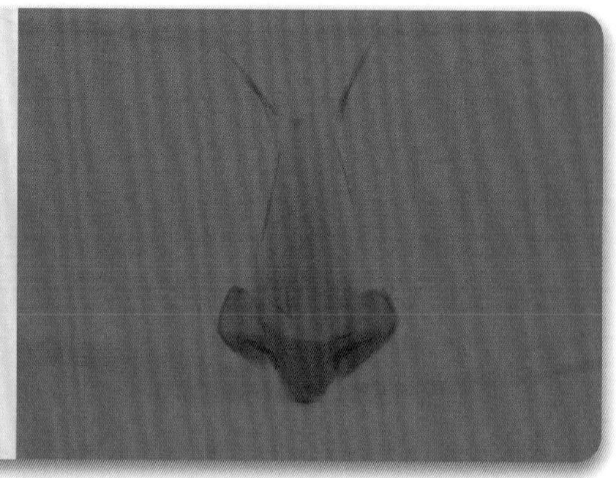

畫鼻子時，
使用比臉部其他部分略深的陰影

## 05

標出鼻子的大致形狀並加上陰影後，就可以開始繪製光線和細節了。在鼻尖添加高光以增加體積，並強調它位於臉部前方。在臉頰和鼻孔周圍塗上較淺的斑點會使它們看起來更突出。接下來，使用深色加深鼻孔。

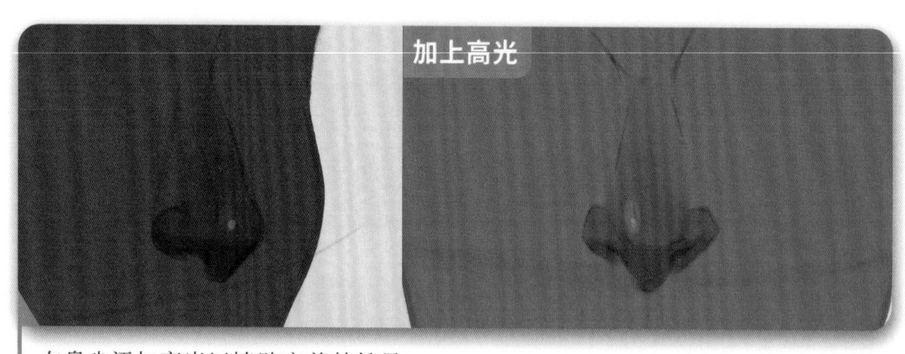


在鼻尖添加高光以協助定義其份量

## 06

添加陰影和光線後，你可以考慮添加紋理，例如斑點、疤痕、痣或雀斑。這樣的細節會讓你的角色更加真實和獨特。在這個角色的鼻子和臉頰上添加雀斑以表現他的年輕感。要添加雀斑，請製作一個新圖層，選擇比皮膚更深的顏色，然後使用「噴槍 > 潑濺」在其上進行繪製。使用帶有「噴槍 > 中等筆刷」和「素描 > 6B 鉛筆」的橡皮擦，畫上一些額外的點，使效果看起來更自然。

最後畫上角色臉部的細節，如雀斑、斑點或痣，使它們看起來更逼真

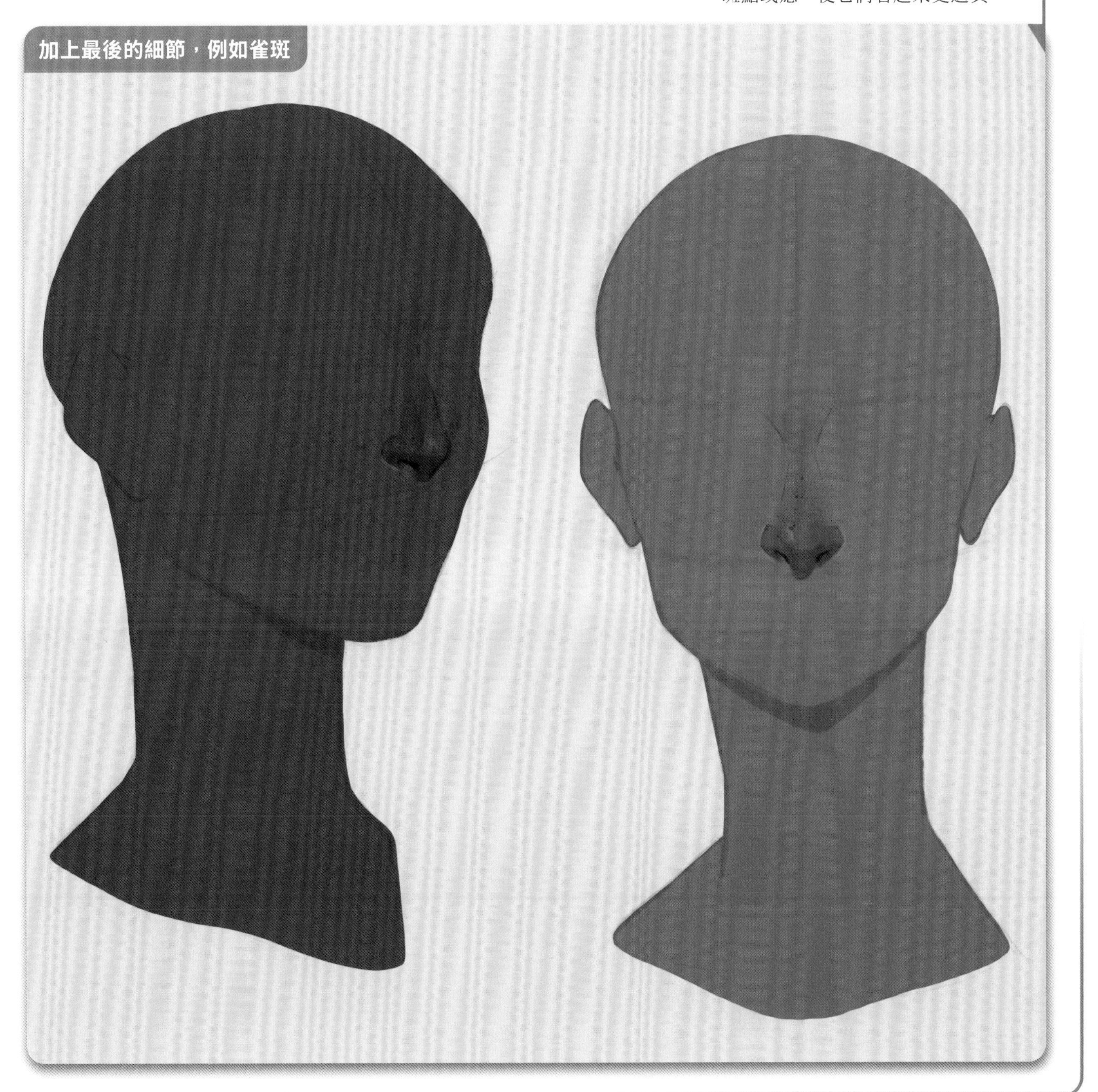

# 眼 睛

## 學習目標

了解如何：

- 畫出鼻子的基本形狀。
- 添加顏色、陰影和光線。
- 畫眉毛並塑造它們的形狀。

## 01

要在角色上畫眼睛時，先為第一顆眼球畫一個圓圈，接著是上下眼瞼。眼瞼的形狀和它們的位置可以表現出角色的年齡或情緒。這裡的目標是將上下眼瞼繪製為眼球圓圈內的一個形狀，可以是橢圓形、葉狀、水滴形或半橢圓形。使用較粗的線來標示上眼線。

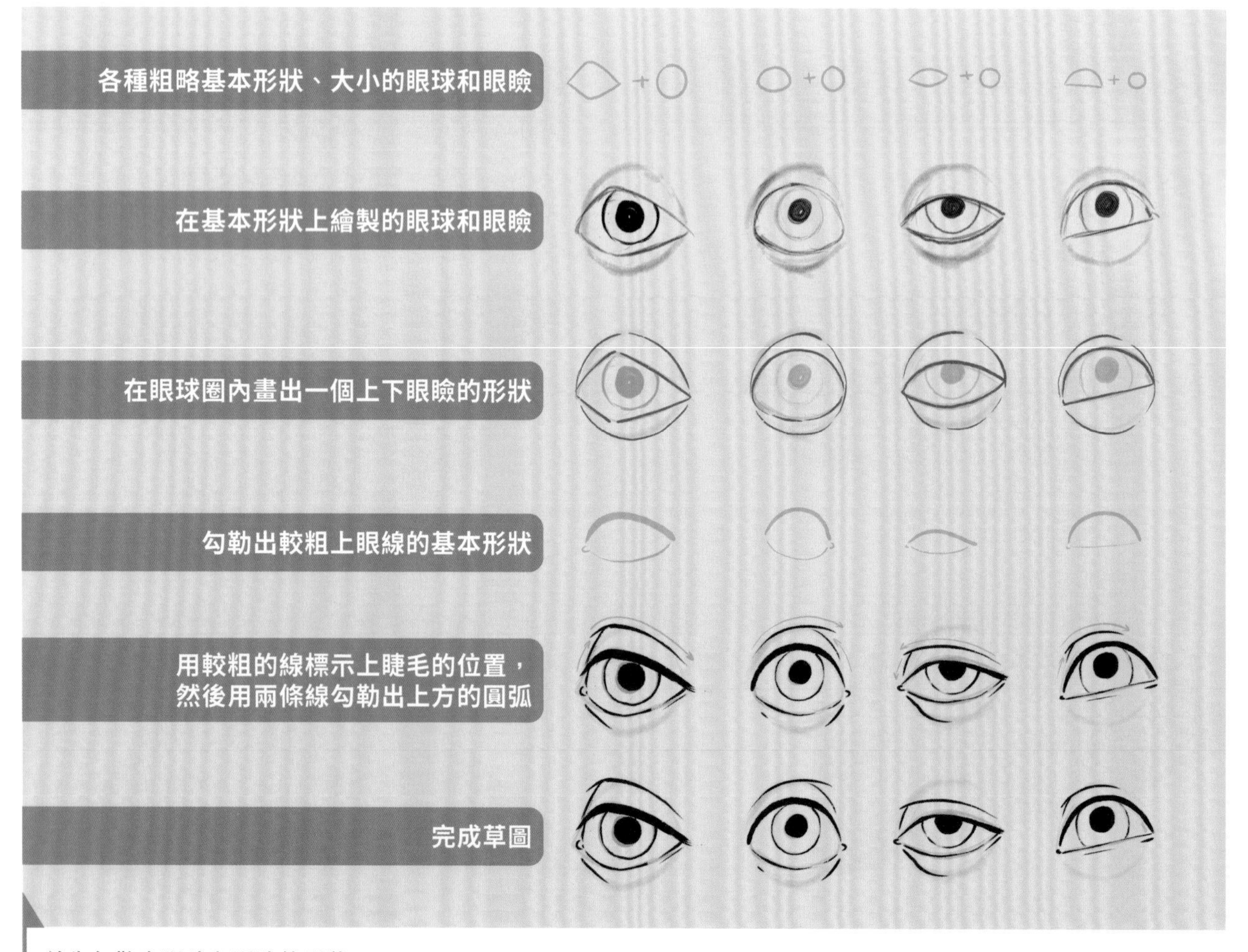


首先勾勒出眼球和眼瞼的形狀

## 02

在繪製年輕或年長的角色時要記住，隨著年齡的增長，皮膚的樣貌會有所不同。老年人的眼瞼通常會顯得下垂，使得眼睛看起來更小並且半閉。年輕人只有在微笑或表達強烈情緒時才會在眼睛周圍出現皺紋，但對於老年人來說，這些皺紋是永久性的。另外要強調的是下眼瞼下方由於疲勞或年齡所導致的皺紋。在眉骨下畫一些老人斑，或添加更多突出的眉毛，可以為年長角色增添真實感。

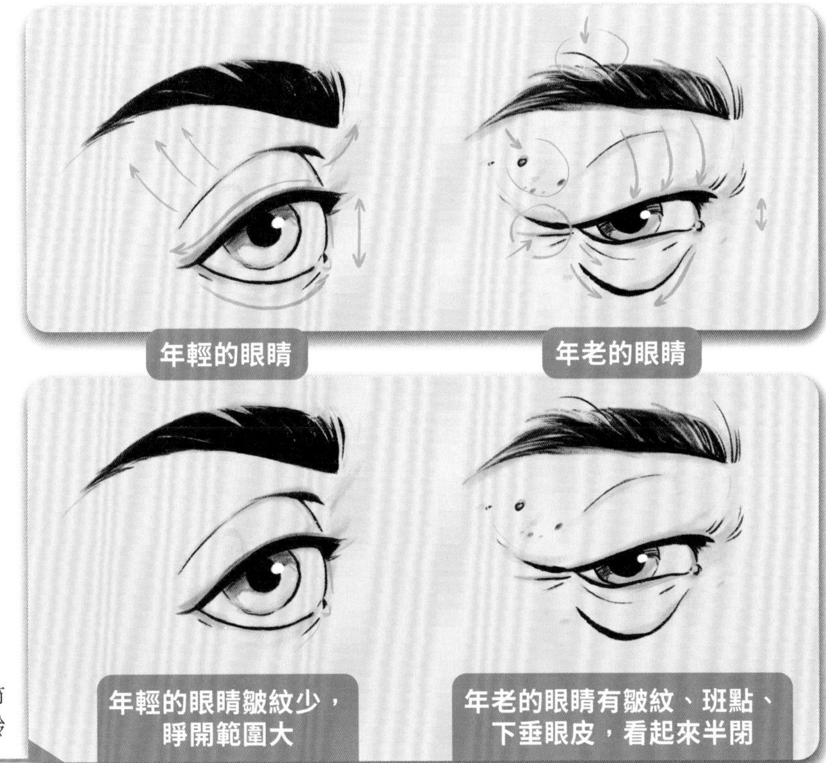


添加皺紋和下垂等細節有助於傳達角色的年齡

## 03

現在讓我們將這些橢圓形基礎形狀加到角色的頭部。將眼睛大致放在鼻樑所在的位置。橢圓形應該呈現水平的葉子形狀，眼瞼在上面。如果你繪製角色的正面並希望他們的臉對稱，選擇「**操作 > 繪圖參考 > 對稱 > 垂直**」可以加快流程。在臉部的一側畫一隻眼睛，它就會被鏡像到另一側。

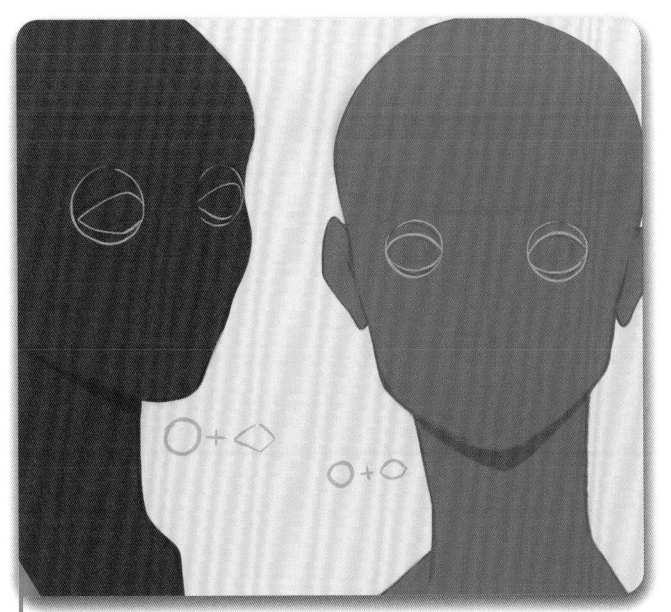

在角色的臉上畫出基本的眼睛形狀

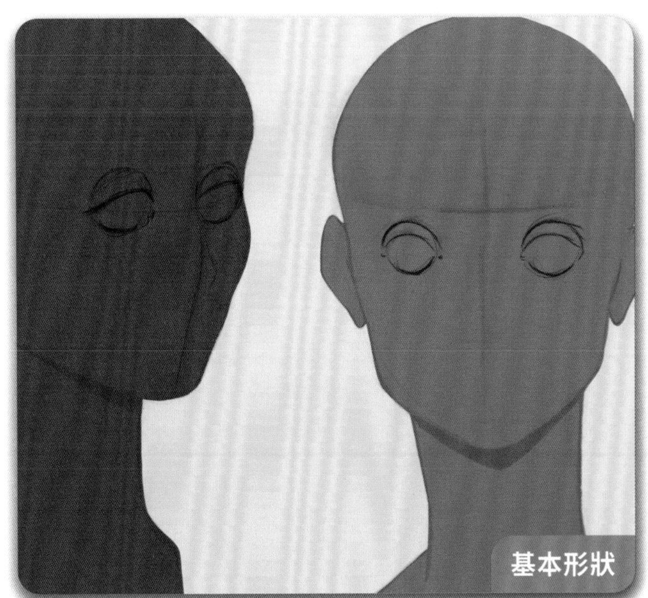

## 04

草圖繪製完成後，下一步是製作更準確的繪圖。使用深色和銳利的筆刷，畫出眼瞼的摺痕，並區分出上眼瞼和下眼瞼。試試使用一條粗線來標出上睫毛線，而不是畫出每一根睫毛。睫毛通常會在上眼瞼上形成一條黑線，試著在角色上呈現這一點。在瞳孔上畫一個黑點，然後在周圍用一條細線標出虹膜的形狀。眼瞼應蓋過虹膜，除非眼睛睜得非常大。

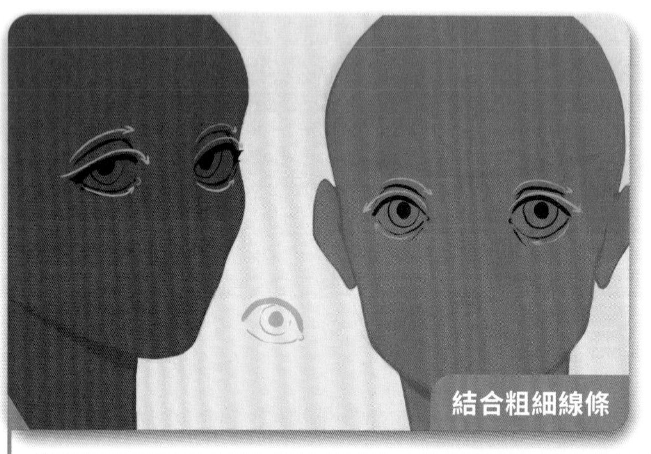


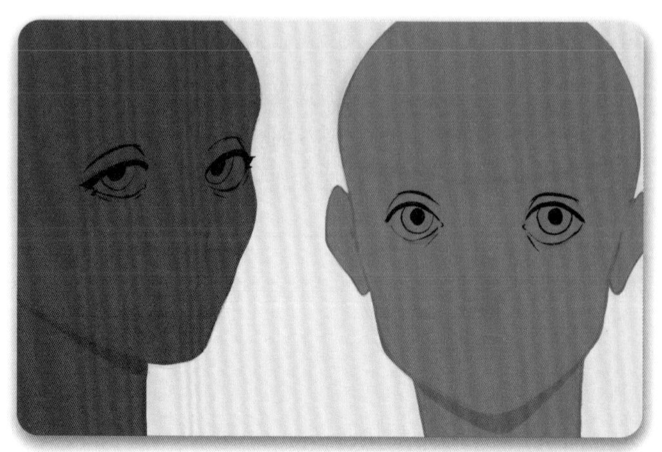

使用銳利的筆刷來細化眼睛的輪廓，添加睫毛、瞳孔和虹膜

## 05

要上色時，請為眼球製作一個新圖層，為眼瞼製作另一個新圖層。在眼球上塗淺色，然後將虹膜上色，瞳孔在中心。在瞳孔周圍繪製較淺的虹膜顏色來強調瞳孔。將睫毛塗成一條較粗的線以簡化外觀。接下來，將眼瞼塗上較深的膚色，在中間添加略淺的陰影以強調下方眼球的體積。為了使眼睛更生動，在瞳孔旁邊的眼球上加一個高光亮點。

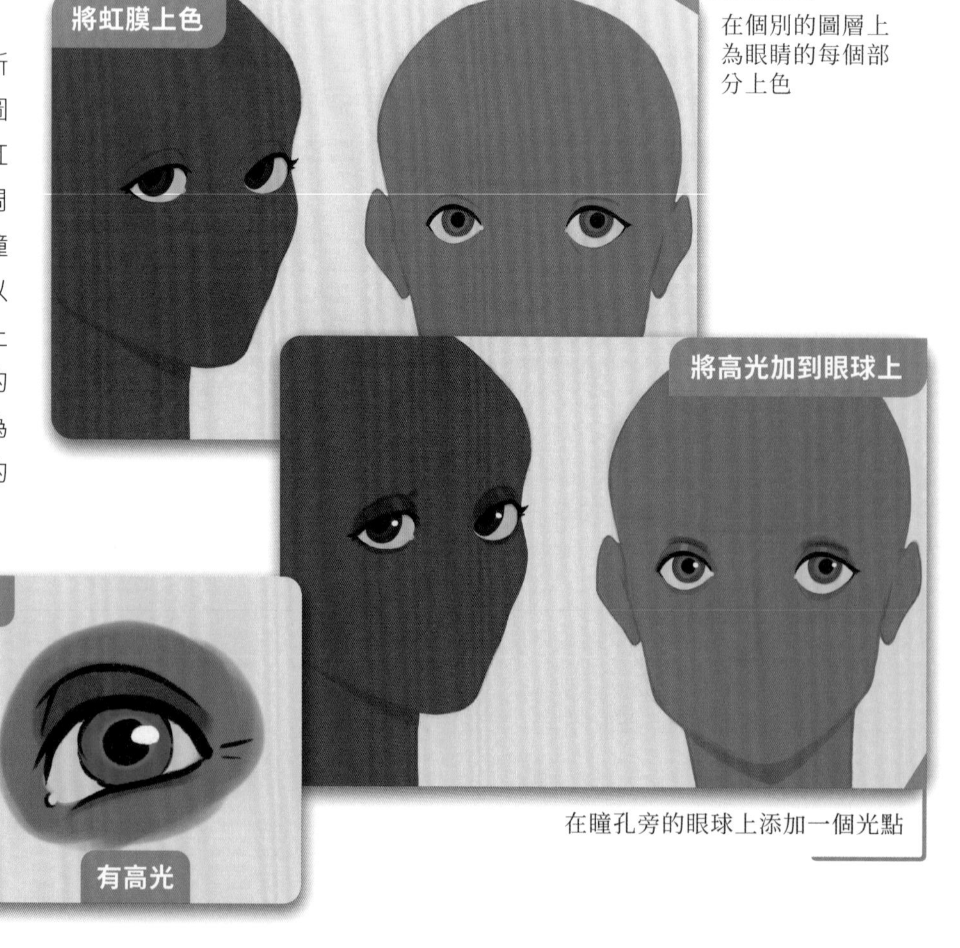


在個別的圖層上為眼睛的每個部分上色

在瞳孔旁的眼球上添加一個光點

特寫

無高光

有高光

## 06

眉毛對於表達角色的情緒至關重要。它們的形狀或者厚薄，可以突出角色的個性和感受。眉毛通常內側開始較低，然後沿著眉骨向上彎曲。在眼睛上方畫出眉毛的線條，然後透過添加更多線條來增加粗細。使用橡皮擦做幾條凹痕來表現每根眉毛。嘗試不同的形狀和厚度，直到找到最適合角色的形狀。

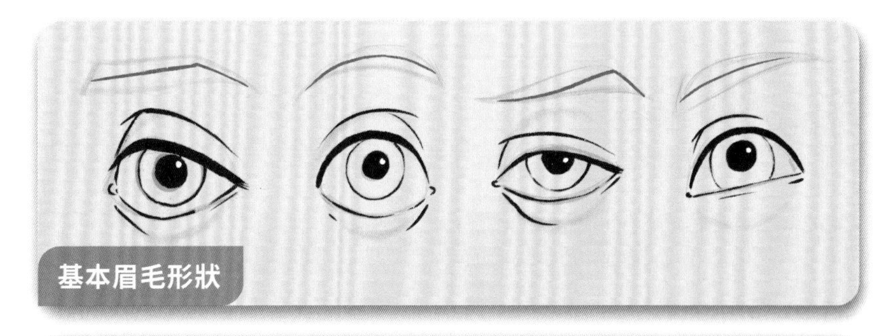


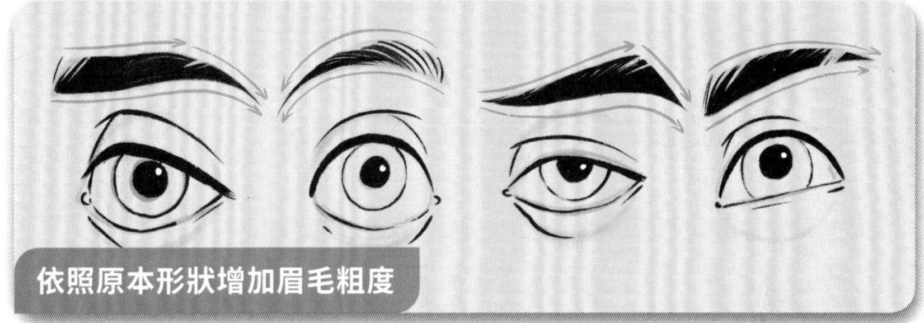


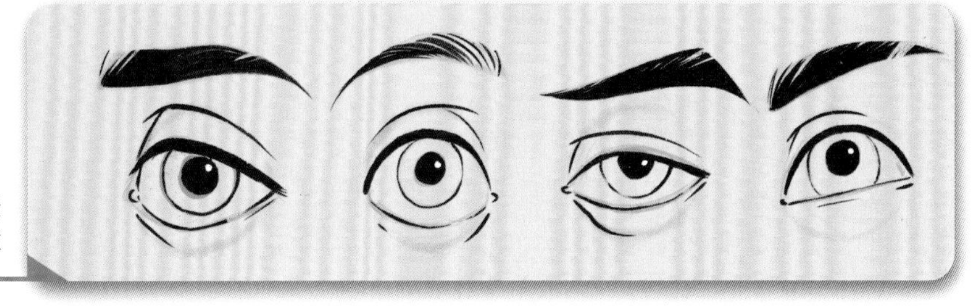

畫出眉毛的線條，然後
增加粗細和形狀

最後在眼睛上方添加眉毛，將眉毛的顏色與角色的髮色互相搭配

# 頭　髮

## 學習目標

**了解如何：**

- 將髮型畫成一個整體的立體形狀。
- 為頭髮上色，增添高光和漸層。
- 加上細節和髮絲提高真實感。

頭髮有許多不同類型：閃亮的或無光的，直的或捲的，濃密的或稀薄的，天然色或染色的。頭髮是一個極其重要的元素，不僅可以傳達和強調角色的個性，也可以表達他們的種族背景或文化歸屬。獨特的髮型可以使角色圖稿更加有趣並令人難忘，為頭髮添加動感也可以傳達真實感和活力。本章將示範如何繪製四種不同類型的頭髮 —— 請根據需求調整以配合你的角色，嘗試不同的風格、形狀和長度。

## 01

在新圖層上，勾勒出四種髮型：波浪捲髮、短髮、瀏海直髮和辮子。試著把頭髮想像成一個完整的實體形狀，而不是畫出很多髮絲。使用每個髮型的輪廓來強調頭髮的體積和方向。標出凹入處，例如在角色的太陽穴或瀏海處。

將頭髮畫成一個整體而非許多獨立的髮絲

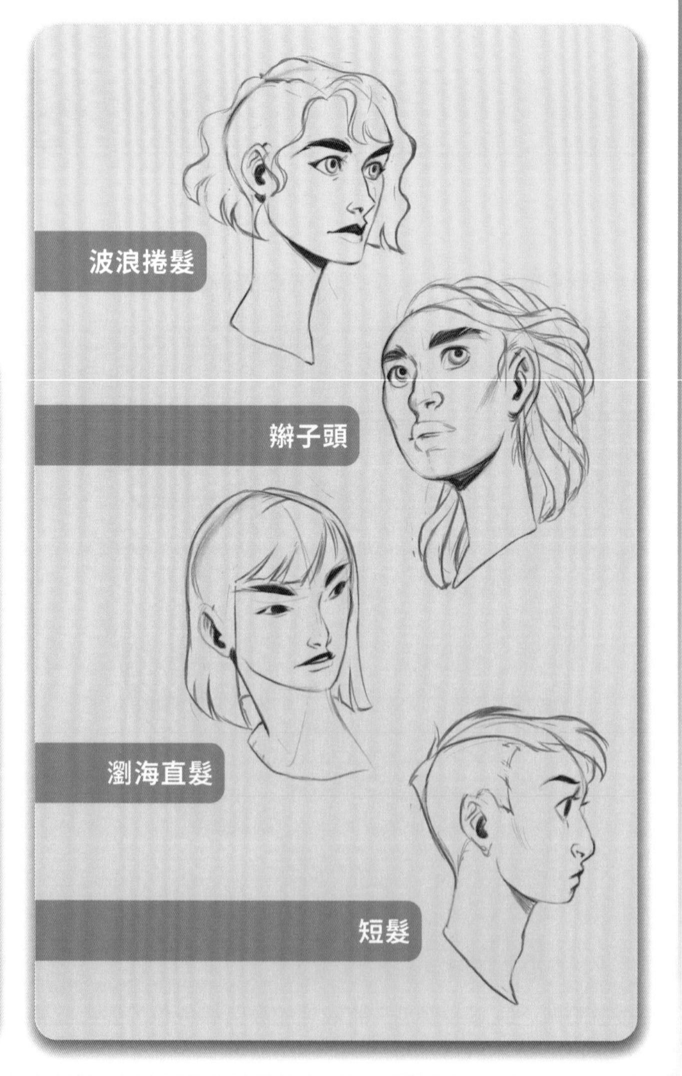

## 02

草圖繪製好之後，在草圖上方的新圖層上，為髮型繪製一個稍微詳細一點的圖。在波浪髮型上，添加一些超出主要形狀的飛散頭髮，並嘗試強調頭髮的體積和彈性。帶有瀏海的直髮是髮量少或細髮的一個例子，因此請將瀏海平貼在前額上，使之看起來幾乎沒有厚度。若是辮子頭，可以將這種髮型想像成能夠自由彎曲的軟管。提高髮量體積，添加線條來傳達它們的圓弧形狀。

將你的髮型草圖細化成更詳細的圖稿

## 03

準確的圖稿完成後，就該開始上色了。為顏色製作一個新圖層，然後使用「噴槍 > 硬質筆刷」等銳利的筆刷勾勒出每個髮型的形狀，然後拖曳一個顏色來填滿它。或者，你可以用「選取」工具來選取要填色的每個區域。用基本底色填滿髮型後，使用軟筆刷（例如「噴槍 > 軟筆刷」）來製作漸層，以產生更亮和更暗的部分，並為每個髮型製作一個基本色調色板。

使用「色彩快填」
將顏色拖曳到每個髮型中

使用軟筆刷
製作從深到淺的漸層

## 04

使用較淺的顏色在頭髮上創造光澤。對於捲髮或蓬鬆的頭髮，在最凸出的位置添加亮點。嘗試使用一兩個快速筆觸突顯較亮的區域。為了讓光澤看起來不那麼假，使用較深的原始髮色和波浪形筆觸稍微遮蓋一些光澤。這會使高光有更生動、多變、有機的形狀。接下來，使用較小的筆刷增加幾條線來模擬單綹的髮絲。

使用較淺的顏色
在頭髮上創造光澤或亮點

## 05

最後階段是渲染，添加細節和髮絲。選擇質感細膩的細筆刷，例如「**素描 >6B 鉛筆**」、「**素描 > 德溫特** 」或「**著墨 > 火絨盒**」。使用「取色滴管」工具檢出你髮型中已有的顏色，然後強調出較淺和較深的頭髮。嘗試根據髮型和髮質使用不同的筆觸。例如，在波浪捲髮上使用曲線。在直髮上，確認線條與頭髮垂墜的方向相同。

最後使用精細的筆刷
添加細節和一些獨立的髮絲

# 材　質

## 學習目標

**了解如何：**

- **在角色身上繪製各種質感的服裝和道具，包括皮革、金屬、玻璃和毛皮。**

### 質感

質感可以區分各種材料、衣物和物體。Procreate 有許多可以模仿某些類型質感的筆刷，例如皮革或纖維。其他筆刷也可用來製作和模擬不同材料的質感。

這是尚未添加任何質感的角色圖稿

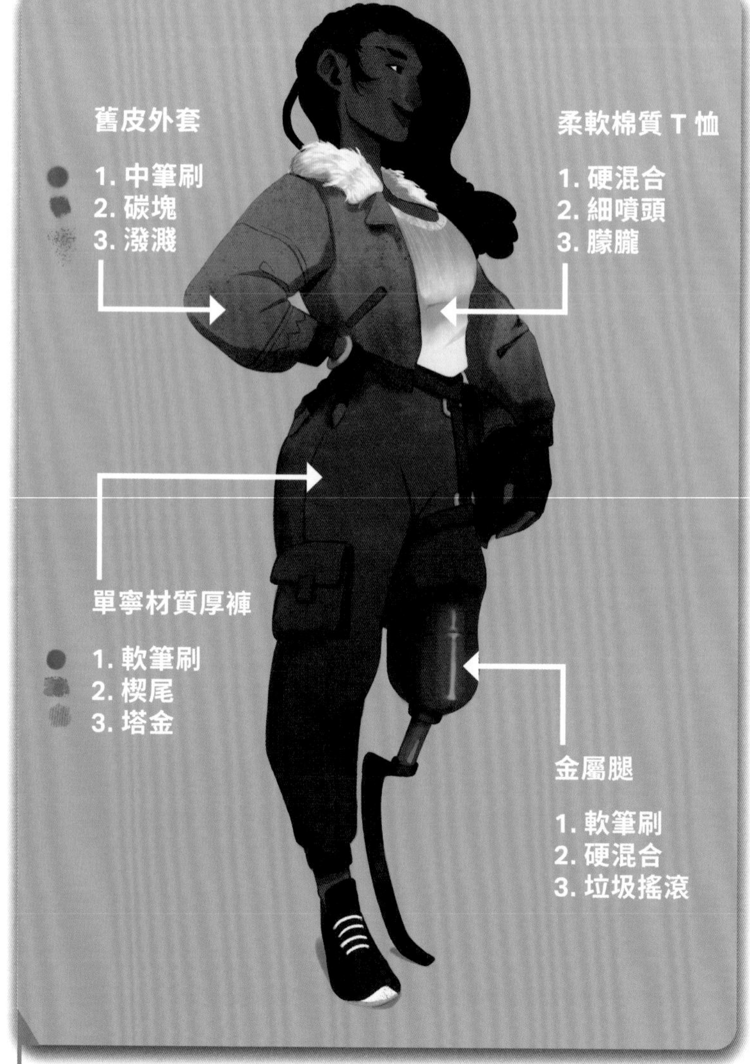


相同的角色圖稿，但加上質感來展示不同的材料，包括皮外套、棉質 T 和金屬義肢

未加質感

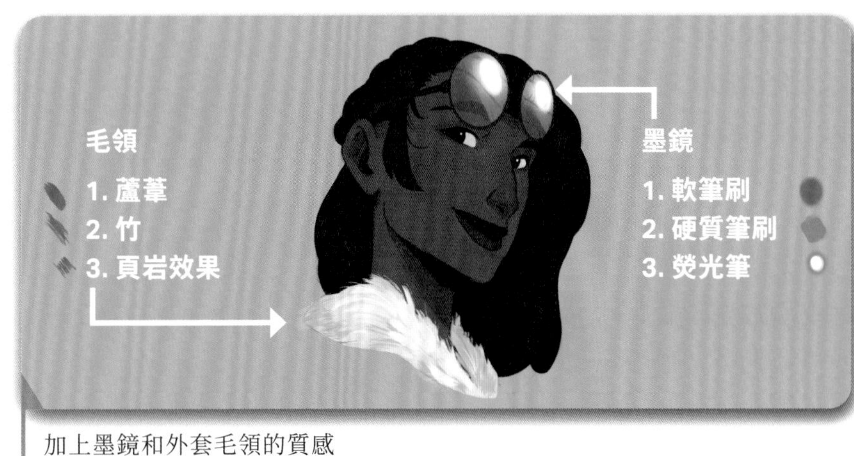


加上墨鏡和外套毛領的質感

不同類型的材料需要不同的創作方法。有些織物比其他的厚，例如牛仔褲比普通的棉質 T 恤稍厚。皮革也有一定的厚度。你可以透過在設計中增加幾毫米的厚度來呈現這些材料的厚度。

此外，光線在無光材質和光滑表面上的表現也不同。繪製金屬時要使用硬邊筆刷，例如「噴槍 > 中等筆刷」，然後使用較軟的筆刷（例如「噴槍 > 軟筆刷」）來渲染平滑的材料。

最小的紋理　中等質地　最終紋理

你可以透過材質反射光線的方式以及繪製的厚度，來顯示你的角色所穿的材質類型

## 軟的 vs. 厚的

無論是繪製柔軟還是厚實的織物，首先要製作一個平坦的顏色表面，然後使用筆刷輕輕著色，例如「噴槍 > 中等硬混色」或「噴槍 > 軟筆刷」。接下來是為織物添加輕質紋理。使用「噴漆 > 超細噴嘴」來繪製柔軟織物的外觀，並使用「懷舊 > 楔尾」來表現較厚材質。接下來，使用一支 Procreate 的圖樣筆刷來添加細節，例如「懷舊 > 發燒」。最後，你可以決定是否要加上花紋。要強調像牛仔布這樣的厚材料，可以製作一個設定為「色彩增值」的 新圖層，然後使用「質感 > 塔金」。

使用超細噴嘴和發燒筆刷加上紋理和圖樣

使用楔尾筆刷為厚織物增添紋理

## 皮革

你可能會需要為角色的腰帶或外套製作皮革外觀。皮革是一種很厚的材料，所以你應該試著在物體的邊緣畫幾毫米的厚度來傳達它的厚實感。要製作皮革外觀，首先使用「噴槍 > 中等筆刷」添加較亮的區域。皮革材料通常會有磨損跡象，例如污漬或斑點。嘗試使用像「炭筆 > 碳塊」這樣的筆刷稍微表現出皺皺的紋理。你希望皮革製品看起來越舊，就要越強調這些磨損的特徵。嘗試使用「材質 > 老人皮膚」讓皮革效果更生動。在個別的圖層上執行此操作，以方便增減效果到你滿意為止。

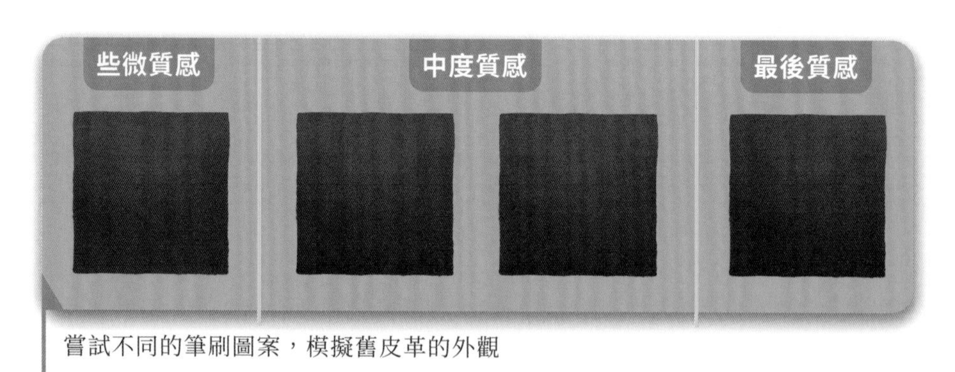


嘗試不同的筆刷圖案，模擬舊皮革的外觀

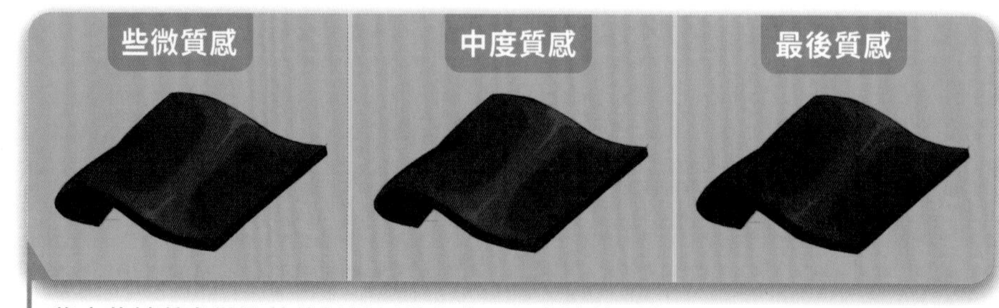


將皮革材質畫得比其他材料厚幾毫米，以表達其厚度

## 金屬

在繪製金屬製的材質，例如眼鏡架、珠寶、耳環、武器，或者這個角色中的義肢時，不要害怕提高對比度。使用軟筆刷繪製最開始的顏色，然後換到邊緣銳利的筆刷。使用「噴槍 > 中度混合」可以混合顏色，在金屬表面上製作出反射感。如果你希望金屬表面看起來舊舊的，請使用筆刷增加一些紋理，例如「紋理 > 垃圾搖滾」。加上一些高光以收畫龍點睛之效，呈現光滑材質反射光線的效果。

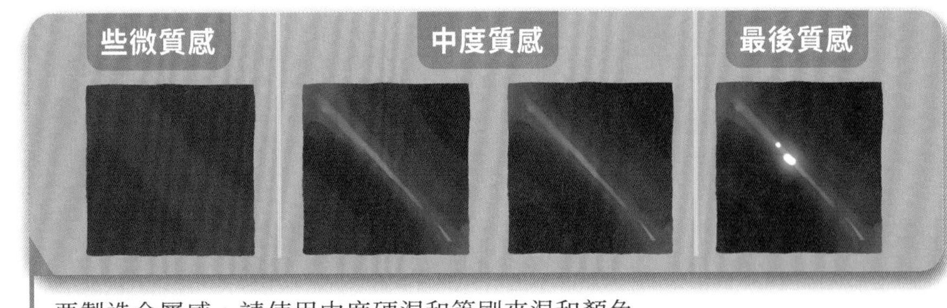


要製造金屬感，請使用中度硬混和筆刷來混和顏色

加上強烈高光來呈現金屬反光的平滑感

## 玻璃

玻璃可能會出現在角色的眼鏡、頭盔面罩或珠寶上。此材質透明並會反射光線，因此請將它繪製在角色圖稿上方的單獨圖層上。先畫出相關形狀，然後啟用阿爾法鎖定來著色會更容易。首先使用軟筆刷和淺色來製作漫射。接下來，使用邊緣銳利的筆刷，例如「著墨 > 畫室畫筆」，繪製一些模仿玻璃反射的筆觸。最後，使用「亮度 > 熒光筆」加上白色高光。如果你想透出玻璃下方的內容，請降低玻璃圖層的不透明度，或嘗試一些圖層混合模式。

降低玻璃層的不透明度以微微顯示其下方的內容

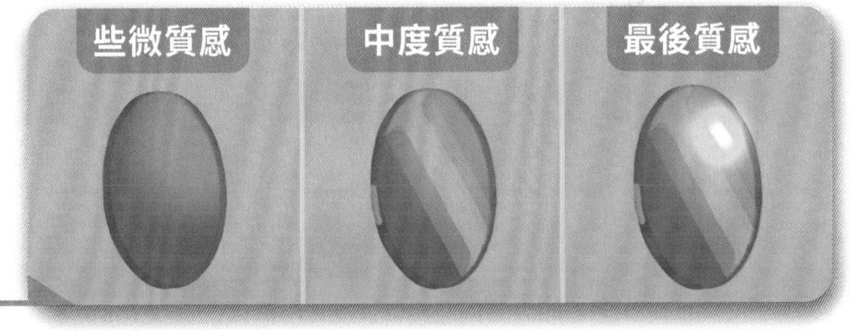


為玻璃增添光澤可以傳達其反射特性

## 毛皮

在服裝或生物上繪製毛皮時，首先使用「著墨 > 乾式墨粉」或「著墨 > 畫室畫筆」繪出整體形狀。盡量保持它外觀自然，有幾根毛冒出來。接著使用「有機 > 蘆葦」加上較暗的區域。要在顏色之間達到更平順的轉換，請使用「有機 > 竹」。這些筆刷具有略微毛茸茸的結構，非常適合模仿毛皮般的質地。最後使用「書法 > 頁岩」為最亮的區域添加輕微的光澤或突出顯示。

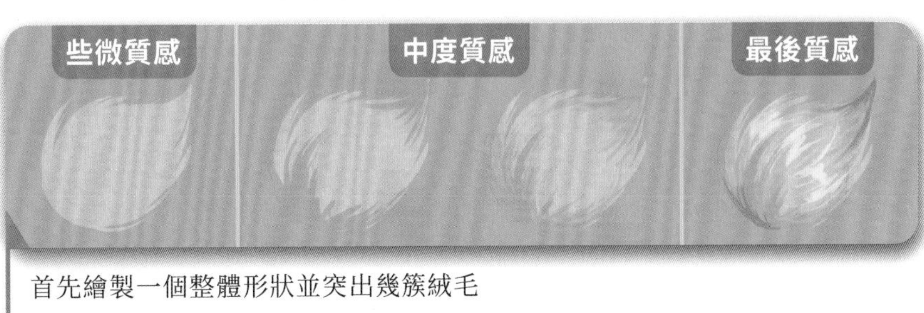


首先繪製一個整體形狀並突出幾簇絨毛

帶紋理的有機筆刷
非常適合製作毛皮

# 液　化

## 學習目標

**了解如何：**

- **使用眾多液化選項來調整和改善角色圖稿。**

在「調整」選單中找到的液化工具，可以透過筆刷來扭曲和變形作品，並提供壓力和大小選項。它有多個選項可用來改善角色圖稿，包括「推離」、「順時針扭曲」、「逆時針扭曲」、「捏合」、「膨脹」和「邊緣」。你無需將圖稿扁平化即可使用「液化」工具。

你可以選擇一個圖層、多個圖層或檔案中的所有圖層，然後對它們套用液化。如果你有將圖層分組的習慣，那麼選擇一個圖層群組進行液化也可以。但是液化不能用於啟用了阿爾法鎖定的圖層。

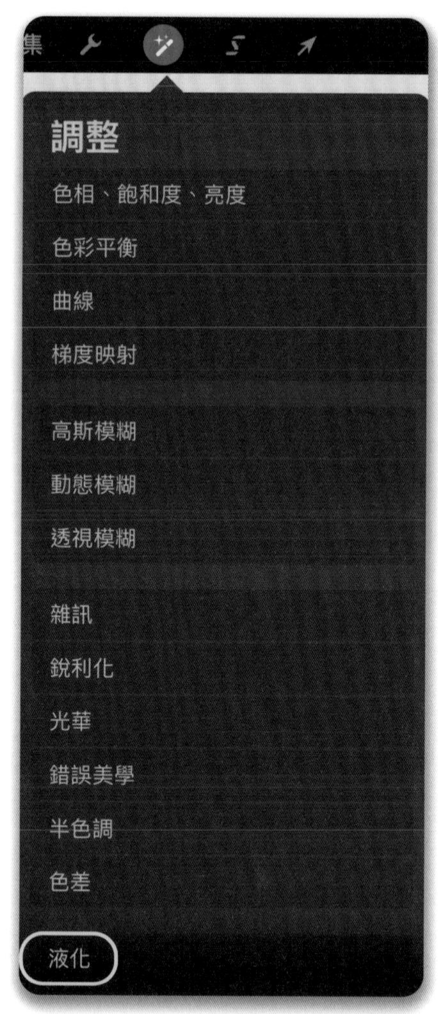

液化可套用到單一圖層、多個選定圖層或圖層群組

## 推離和膨脹

當你想為角色圖稿稍微增加一些形狀時，請使用「液化 > 推離」或「液化 > 膨脹」，例如，增加角色肌肉或頭髮的髮量。「推離」也可以用於縮小人物或角色身體的某些部位，例如腳踝或手腕，或為頭髮增加動感。此外，你也可以使用它來拉長身體的某些部位。「膨脹」將突出圖稿的選定區域，因此非常適合添加更圓的形狀。當你想放大角色的眼睛來添加一些風格化的魅力時，請使用「膨脹」。

使用推離和膨脹來改變角色的身體形狀，例如增加頭髮的髮量、放大眼睛或使腿部肌肉變圓

### 藝術家秘訣

如果你想在使用液化時快速比較圖稿的前後，請選擇「調整」，然後從左向右滑動滑桿來查看前後的差異。這可以幫助你決定是否維持目前的液化選項，或者將它更改得稍微柔和一些。

## 捏合

當你想讓角色的形狀變窄時，「液化 > 捏合」很實用，可讓你選擇某些區域並縮小它們。舉例來說，如果你想縮小角色的腰部，可以選擇腹部中間的區域。你也可以用它來縮小脖子或鼻子等區域。

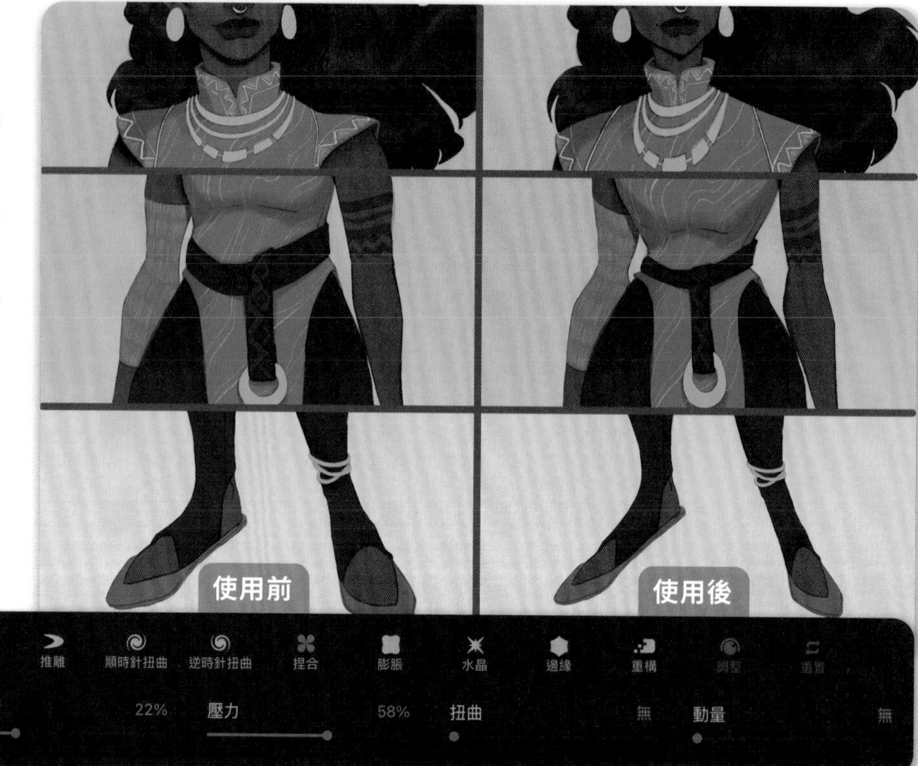


用捏合來縮小角色的腰部、腳踝和頸部，使她看起來更有風格

## 邊緣

「液化 > 邊緣」可能是液化選單中最靈活的工具，可讓你擴展、收縮和增減體積。用來簡化角色的線條時，效果很好，可以使線條更平順流暢。如果在靠近角色圖稿的邊緣使用它，會使形狀更柔和、更圓潤。舉例來說，此處使用了「邊緣」來調整角色的頭髮，使造型更加簡單流暢。也可用來為她的手臂增加肌肉，並使她的腿達到更簡單、更柔軟的曲線。

此處使用了「邊緣」讓角色的頭髮和腿部線條更平順

## 扭曲

在「液化 > 扭曲」上，你有兩個選項：「逆時針扭曲」或「順時針扭曲」。此工具會製作扭曲的漩渦，而且依據所需的效果，將觸控筆更用力或更長時間地按住螢幕，可以改變效果的強度。調整「扭曲」滑桿將增加效果的隨機性。當你想要強調角色的捲髮時，此工具非常實用。

此處使用了順時針扭曲和逆時針扭曲來增加角色頭髮的波浪度

## 重構和調整

最實用的選項之一是「液化 > 重構」。如果你不喜歡液化所製作的效果，或者不想將它套用到圖像的某些區域，這個功能可讓你撤銷更改。「液化 > 調整」選項也是一個值得注意的選項，因為它可以讓你設定套用液化工具的強度。

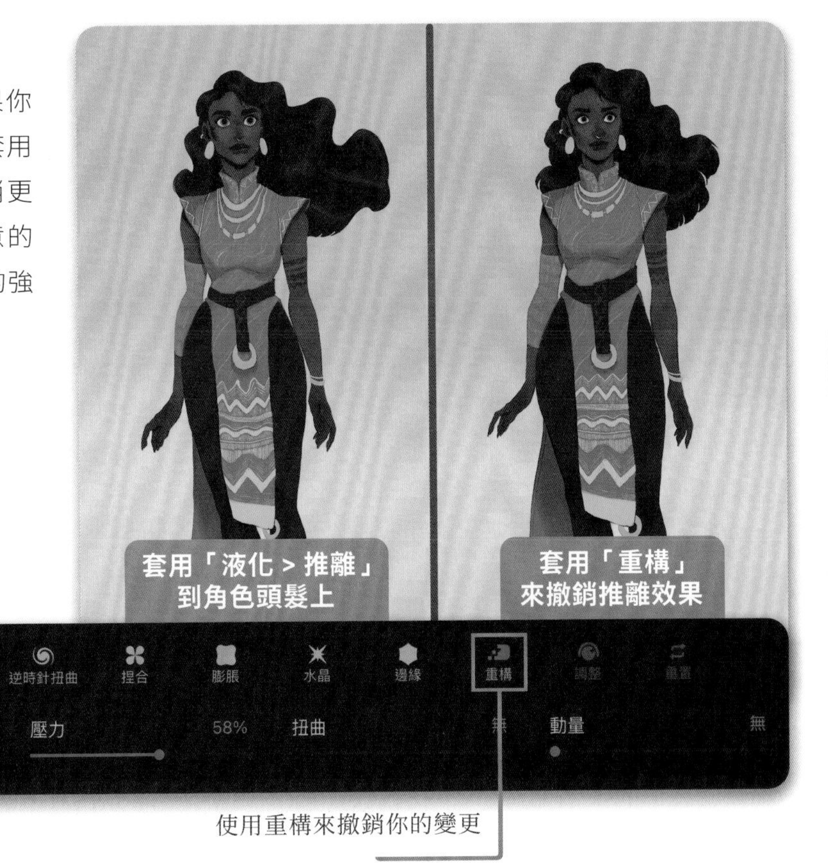


液化調整有一個選項選單，可以調整套用到圖像的方式

使用重構來撤銷你的變更

# 範例教學

# 太陽龐克女孩

OLGA “AsuROCKS” ANDRIYENKO

每個角色都有自己獨特的個性、故事和他們生活的世界。作為一名藝術家，你的工作是在不使用語言的情況下向觀眾傳達這些東西。構成角色圖稿的各種元素可以幫助你做到這一點。本教學中的女孩生活在一個未來的太陽龐克宇宙中。雖然她的生活可能與我們不同，但在這個陽光明媚的場景中，這幅畫作邀請我們進入她的世界，一睹她的興奮和冒險精神。

在接下來的幾頁中，你將學習如何尋找靈感、激發你的創造力並將你的想法轉化為完成的角色圖稿。本教學將教你思考哪些細節可以幫助你講述角色的故事。你還會從中觀察到簡單的素描技巧，找到完美的姿勢和構圖以準確描繪你的角色。此外，本教學還將探索 Procreate 在繪製精美線稿和輕鬆填滿底色的實用工具。你將看到如何使用圖層混合模式和「調整」來實現迷人的光線效果。最後，你將擁有所有能夠製作引人入勝的角色畫作的工具。

DOWNLOADABLE RESOURCES
PAGE 208

## 學習目標

**了解如何：**

- 使用 Procreate 工具讓繪圖過程更快速更容易。
- 管理圖層以保持工作流程的靈活性。
- 使用剪切遮罩來製作容易調整的底色。
- 使用圖層混合模式製作不同的光線效果。
- 添加效果，讓你的角色畫作更上一層樓。

## 藝術家秘訣

在開始繪畫之前，請花一些時間進入角色的世界。運用你的想像力和啟發靈感的圖片來想像畫面。開始尋找靈感，無論是來自線上圖片搜尋引擎、你欣賞的其他藝術家，還是你曾去過並拍攝過的地點。太陽朋克是一種科幻小說，探索對未來的積極願景，在其中，人類透過使用可再生能源與自然和諧相處。你可以研究未來主義的建築和服裝，還有過去或現有的、以自然為本的文化，來為這樣的世界找到想法。進行此類調查會使你的角色創作更容易，並會為你帶來意想不到的點子。

## 01

製作一張新畫布，並開始草擬你想要如何定位角色。她在做什麼？她的姿勢要告訴觀眾哪些關於她的個性的資訊？你會選擇什麼視角來畫？從下方繪製角色可以使他們看起來更加英勇，甚至具有威脅性。或者，從上方俯視的視角可以使角色看起來很小，或者能夠畫出屋頂上的絕美景色。另一種選擇是以視線高度繪製角色，這會使觀眾對角色更有共鳴。

草擬概略的想法，
但不要深入細節 ——
這樣會更容易快速探索大量想法

## 02

使用「長方形選取」工具選擇你最喜歡的縮圖，然後用三指向上滑動將它剪下並貼上到新圖層上。使用「均勻變形」工具將它放大，為你的角色草圖製作基礎。無論你的縮圖草圖多麼粗糙，用它當作基礎都會比從空白畫布開始容易許多。

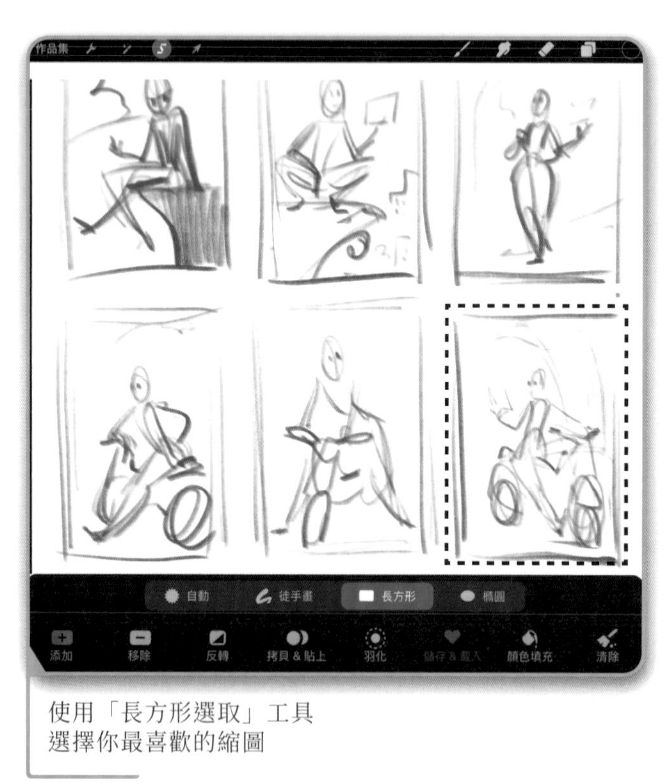


使用「長方形選取」工具
選擇你最喜歡的縮圖

將縮圖貼到新圖層上，然後使用均勻變形將它放大

## 03

降低縮圖圖層的不透明度，並在草圖的頂端製作一張新圖層。使用簡單的形狀來定義角色的姿勢，嘗試不同的頭部角度和手臂位置。如果你的草圖太亂，請將它與下面的圖層合併，降低不透明度，並在上面的圖層上畫一張更乾淨的草圖。「**素描 >HB 鉛筆**」非常適合營造自然的繪畫感覺。嘗試在繪製草圖時傾斜 Apple Pencil，觀察筆觸的變化。

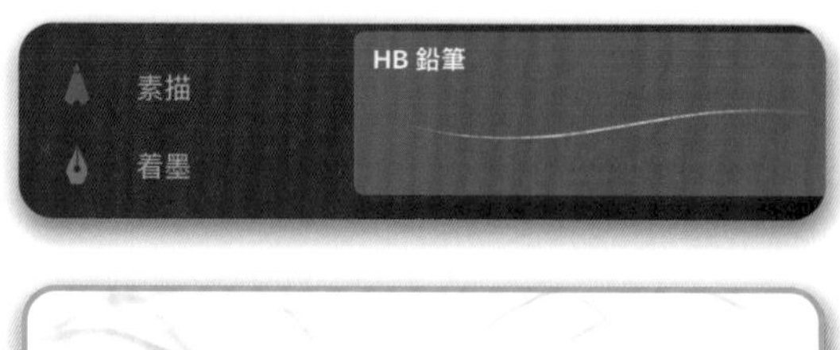

雖然還很粗糙，
但每個步驟都會讓草圖變得更清晰

## 04

利用不同的變形選項為你的角色找到合適的比例。「扭曲」和「翹曲」對於調整繪圖中不同元素的透視和大小關係尤其實用。在這裡，在不同的圖層上繪製角色和自行車是有幫助的，以便分別進行變形。坐在物體上的角色可能很難變形得正確，因為你需要考慮人物和環境的角度，因此能夠獨立移動是很有幫助的。你也可以選擇多個圖層將它們一起變形。

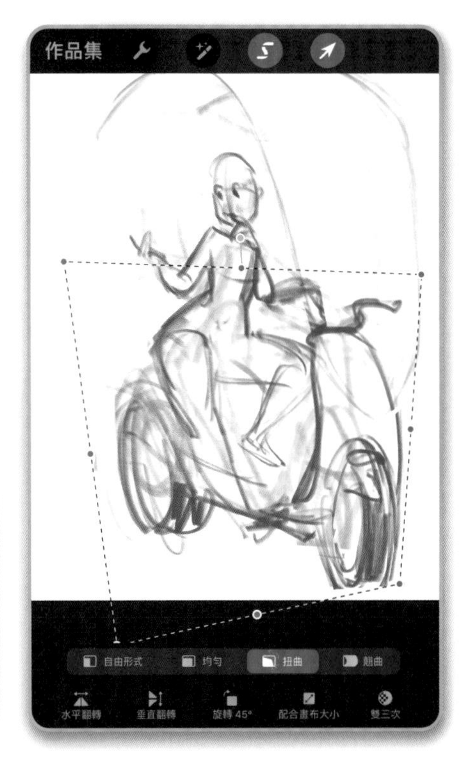


嘗試使用不同的變形工具
來改變角色的大小和視角

## 05

一旦確定好姿勢，你就可以開始將重點放在角色的服裝和自行車的細節。以太陽龐克風格來說，試試結合傳統和未來元素。波希米亞風格的服裝元素和紋身，以及她的仿生手臂，展示了這個角色如何結合了她的文化和未來科技。想想如何在她的衣著和自行車上安裝太陽能電池板的創意方法，並且不要忘記她在旅途中可能想要攜帶的包包和其他物品。

開始添加細節，
將太陽龐克主題融入她的設計中

## 06

降低草圖圖層的不透明度（如果你有多個草圖圖層，此時將它們合併為一個），並開始在頂端的新圖層上確定線條。與草圖一樣，你可以根據需要使用任意數量的線稿圖層，然後再合併它們。「書法 > 粉筆」是繪製粗細變化的線條和帶有質感的線稿的絕佳筆刷。你也可以將背景顏色圖層更改為陽光黃色調，以設定場景的氛圍。

在繪圖時改變 Apple Pencil 的壓力，使線條充滿變化

## 07

完成的線稿應該具有適度的細節，方便開始上色，但細節也不要過多，以免插圖看起來太重。並非所有線條都必須封閉；留一些空白會有喘息空間。此時，你可以將所有線條圖層群組在一起以保持圖層整潔。在這裡，角色、自行車和擋風玻璃都儲存在不同的圖層上，這樣後續處理會很方便。

將你的線條圖層分群組，以保持圖層整潔

線稿完成並準備上色

### 藝術家秘訣

「快速形狀」是用來繪製圓形和橢圓形的實用工具。畫一個橢圓，然後將筆尖放在螢幕上，直到出現實用的工具來平滑和調整你的徒手畫。這功能對自行車的車輪來說很實用。

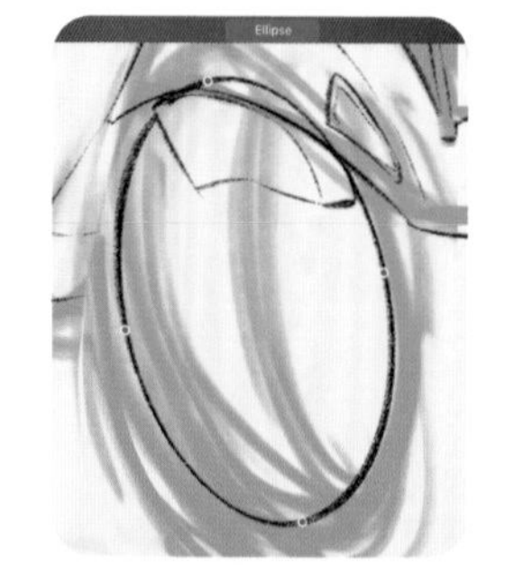

## 08

選擇一支邊緣清晰的筆刷，例如「著墨 > 糖漿」，為你的繪圖畫上底色。圍繞著整張畫作的內緣繪製，直到形成一個封閉形狀。使用與背景對比的顏色會幫助你畫得更加精確。

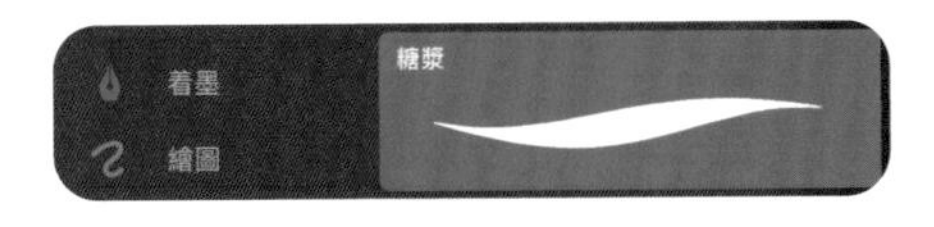

明亮的青色在黃色背景下清晰可見，稍後會用來繪製自行車

## 09

圍繞整個形狀繪製好之後，點按住剛剛繪製的顏色並將它拖曳到繪圖上。這個動作會以此顏色填滿整個封閉空間。在執行此操作之前，請確認形狀邊框沒有空隙。在新圖層上重複相同的步驟，用白色填滿自行車的擋風玻璃，然後降低該圖層的不透明度，讓它呈現半透明。

保持草圖圖層的可見度在過程中很有幫助，不過現在可以將它關閉了

## 10

在你的底色上製作新圖層，並將它們設定為下面圖層的剪切遮罩。這將確保你繪製的所有內容都會待在基本形狀的邊界內。使用溫暖的棕色和淺灰色為女孩和貓的形狀上色，與自行車區隔開。將每個元素放在自己的圖層上，會使之後的顏色調整更加容易，因為你將可以使用這些元素進行快速選取以幫助進行上色處理。依照需要繼續製作剪切遮罩圖層，填滿圖稿的所有顏色區域。如果達到層數限制，你可以稍後將這些圖層合併在一起。

如果你改變主意的話，
底色後續可以進行調整

使用溫暖的棕色和淺灰色來為
女孩和貓的形狀上色，
與自行車區隔開

使用剪切遮罩圖層
為角色的不同部分上色

## 11

現在讓我們來繪製角色手裡握著的全息圖。首先，在新圖層上製作一個長方形選取範圍並用明亮的顏色填滿它。擦掉邊角，讓它具有更有趣的形狀。接下來，稍微降低此一圖層的不透明度，並使用變形工具將它彎曲成你想要的形狀。使用「扭曲」將達到良好的透視效果，而「翹曲」將使地圖看起來彎曲。

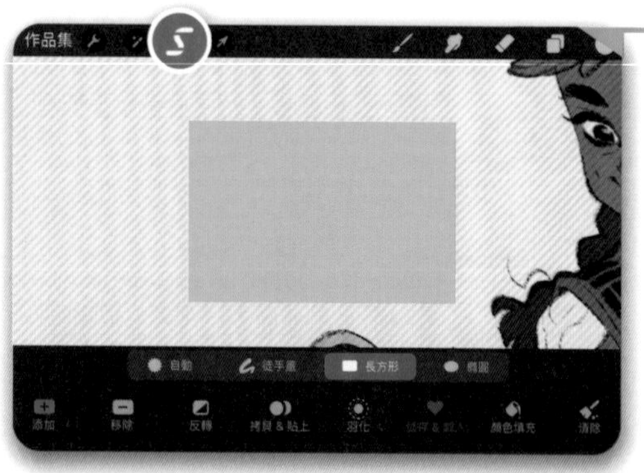


製作一個長方形選取範圍
並用顏色填滿它

擦除角落

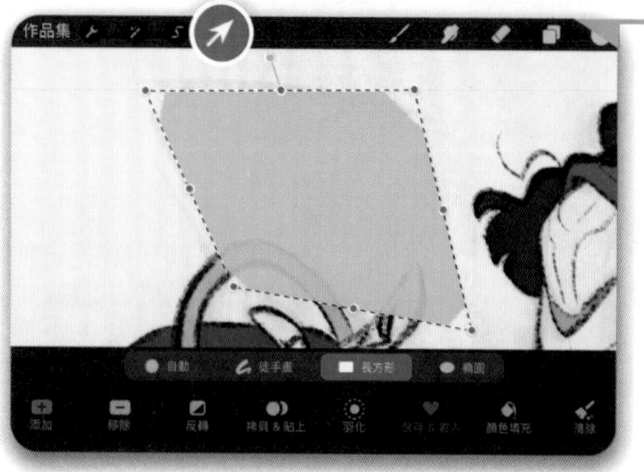


降低不透明度，然後使用
「變形」來變形形狀

「**變形 > 翹曲**」
可以彎曲形狀

## 12

在角色圖層下繪製概略的背景，為你的插圖設定氛圍。使用大的塊狀筆刷，例如「**上漆 > 扁平筆刷**」，可以防止你過早地迷失在細節中。這個步驟的重點是在找出形狀和顏色。瞇起眼睛觀察天氣晴朗的參考照片，看看丟掉所有細節後會顯示出哪些顏色。

使用大的塊狀筆刷製作概略的背景，將重點放在形狀和顏色上

雖然這張不能作為獨立的插圖作品，但它非常適合當作背景

## 13

背景顏色填上之後，你可以對角色進行一些最終的顏色調整和細修。在要調整的圖層上使用「色相、飽和度、亮度」工具。這就是將所有元素放在個別的圖層上的用處。使用滑桿嘗試不同的顏色，因為有時最初的選擇不一定是最好的。要繪製細節，例如貓的斑點，請向右滑動以鎖定圖層的透明度，這樣你就可以在形狀內部進行繪製而不會畫出界外。

使用色相、飽和度、亮度等調整滑桿，會比重新繪製圖層更快

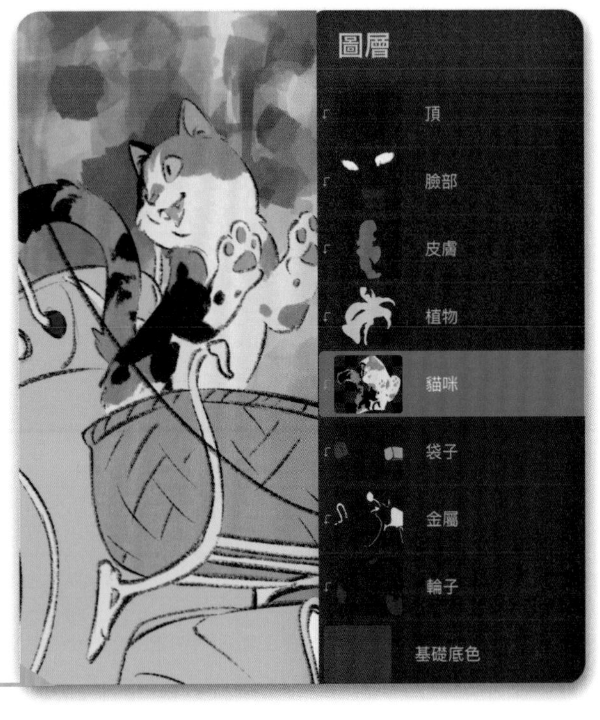


塗上細節，包括貓身上的斑點

## 14

線條若帶有一絲色彩，效果會截然不同。目前所有圖層都設定為「正常」，圖層名稱旁邊的字母顯示為 N。複製你的線稿圖層，然後點按 N，將混合模式更改為「覆蓋」，讓角色的顏色透出來。降低原始線稿圖層的不透明度，直到完成你覺得滿意的效果。

「覆蓋」模式的黑色線條會產生更深、更飽和的下方顏色

## 15

在圖層清單的最頂端製作一個新圖層，並將它設定為「色彩增值」。這種混合模式非常適合繪製陰影。現在點按你的底色圖層，並選擇「選取」來製作此形狀的活躍選取範圍。回到新的陰影圖層，點按它，然後選擇「遮罩」。這可確保你在圖層上繪製的任何內容僅會出現在所選的遮罩形狀內。用白色塗繪會顯示內容，黑色則隱藏內容。就像你對底色圖層所做的一樣，在線稿圖層上選取範圍，將它塗成白色來添加到遮罩中。現在你有一個涵蓋了角色顏色和輪廓的圖層遮罩。

## 16

考慮光源的位置並開始繪製陰影。如果你想在繪畫中添加一些紋理，有一支很棒的筆刷是「**素描 >6B 鉛筆**」。當你垂直握住 Apple Pencil 時，它會產生強烈的色彩，但當你握筆傾斜時，就會創造出更半透明的質感範圍。這可讓你變化軟硬陰影邊緣。用手指在螢幕上塗抹顏料，或用筆刷（例如「**素描 > 油蠟筆**」）使用「塗抹」工具來進一步強調它們的差異。在陰影中繪圖時，使用你的顏色圖層作為選取範圍，例如當你只想專注在女孩或自行車上時。

在開始繪畫之前，請確認你是畫在遮罩上還是在圖層上

形狀越圓，陰影邊緣就要越柔和

### 藝術家秘訣

不知道該選擇什麼陰影顏色時？簡單地思考一下你的光的反面是什麼！對於沐浴在暖黃色陽光下的場景，適合的陰影會是色環對面的藍紫色調。嘗試稍暖或稍冷的色調，選擇看起來效果最好的那個。

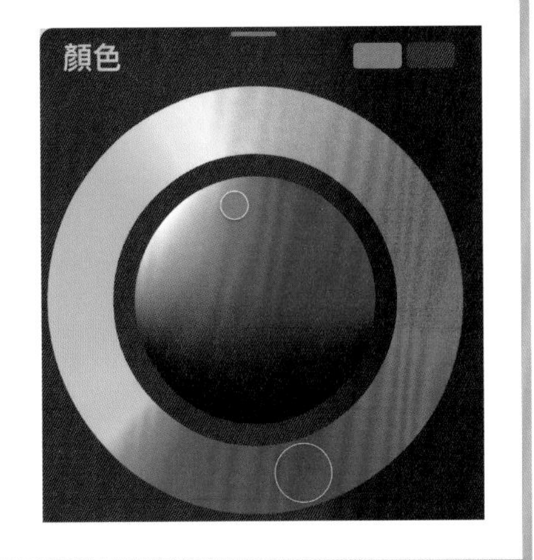


## 17

製作一個陰影圖層的選取範圍，反轉它，並在其他圖層上製作一個設為「添加」模式的新圖層，以使用帶黃的深灰色來繪製光線的部分。當明亮的光線照射到人體皮膚上時，由於血管的照射，你經常可以在陰影中看到發光的微紅色邊緣。透過鎖定陰影圖層的透明度並用明亮的橙紅色繪製邊緣來複製這種效果。接下來，在陰影圖層上方製作一個設為「濾色」模式的新圖層，讓光線從地面反射回角色上。使用深棕色，為朝向地面的陰影區域提供來自底部的些微暖光。

用明亮的邊緣和反射光使陰影區域更加生動

## 18

這樣設定圖層的好處在於它可以在需要時進行更改。透明擋風玻璃圖層在陰影圖層的下方看起來不太對，所以將它移動到上方。將擋風玻璃線稿也移動到那裡，然後為整片擋風玻璃製作一個新圖層群組。與角色底色一樣，你可以使用擋風玻璃圖層製作圖層遮罩，以便為擋風玻璃的透明度添加變化。例如，在貓爪接觸玻璃的地方應該看起來更透明。在新圖層上，在玻璃頂端添加明亮的光線反射，並畫上太陽能板。

使用圖層遮罩為擋風玻璃的透明度增加變化

畫上太陽能板

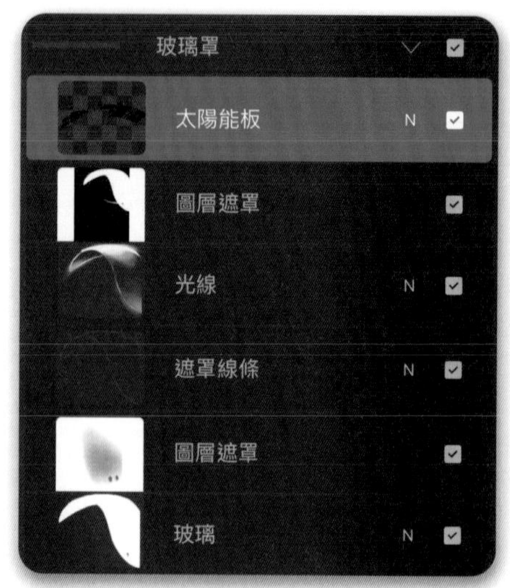


## 19

下一步是在角色的全息圖上增加更多細節。複製你的地圖圖層然後使用「**調整 > 光華**」讓它發光。使用圖層遮罩確保地圖不會遮蓋住角色的手指頭。在頂端的新圖層上繪製地圖線條。

接下來，使用「**調整 > 錯誤美學**」在發光層上增加一些技術魔法。錯誤美學濾鏡的實際運作原理是個謎，多嘗試不同的設定，看看會發生什麼事。實驗這些圖層的透明度，直到找到你喜歡的效果。

Procreate 的錯誤美學濾鏡非常適合為全息地圖帶來高科技的外觀

## 20

手繪圖騰是呈現角色與她的文化連結的絕佳方式。搜尋參考資料來幫助你準確地繪製圖樣。使用透明參考線幫助圖案沿著織物的形狀流動，然後在完成圖騰繪製之後將參考線刪除。由於圖案圖層位在陰影圖層和光線圖層下方，因此會以自然的方式受到它們的影響。

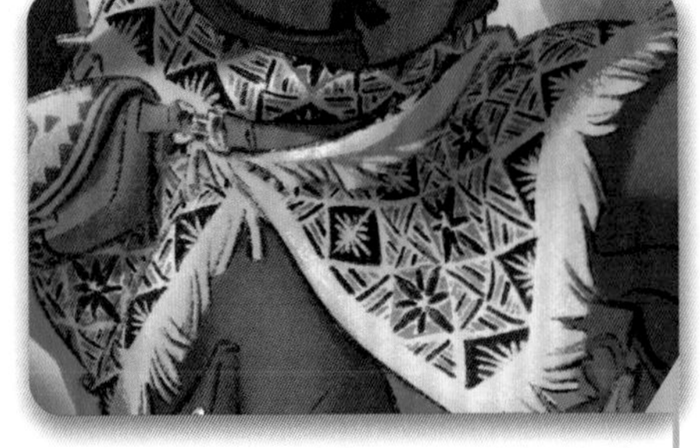

織物上逐步畫上圖案細節

使用參考線來加上文化圖樣和細節

## 21

在頂端新增幾個圖層來進行細節和細化。增加倒影，例如地圖在女孩眼中的倒影。添加精細的細節也能讓仿生手臂和太陽能電池板元件顯得更豐富。在自行車上加上一些貼紙來賦予自行車更多個性，並在貓臉上畫一些鬍鬚。

盡可能添加許多細節，
讓角色栩栩如生

## 22

要完成環境場景，請在靠近角色的前景區域添加更多細節。背景中較遠的所有東西都可以保持鬆散，將注意力集中在女孩身上。特別注意角色邊緣周圍的區域，確認它們清晰可讀。使用「自由形式」選取模式來概略選取最遠區域，然後調整「羽化」設定來柔化選取邊緣。接下來，使用「**調整 > 高斯模糊**」和「**調整 > 雜訊**」來強調景深。

失焦的背景有助於展示
角色所在的世界，但不
會分散注意力

在前景中添加小細節，
確保角色仍然是視覺
焦點

## 23

最後的完稿動作，將所有關於角色的圖層都加到一個群組中。現在你可以輕鬆地分別處理角色和背景。如果隱藏背景圖層和初始背景顏色，就可以在透明背景上查看角色。用三指向上輕掃，點按「拷貝全部」，再點按「貼上」，這會在新圖層上製作一個角色的副本。接下來，重新開啟背景並在背景上套用「調整 > 色差」。這會在邊緣產生有趣的彩色毛邊，類似光學攝影的效果。在角色副本圖層上套用相同的效果，但遮罩此圖層，使毛邊出現在靠近插圖邊緣的某些區域中。

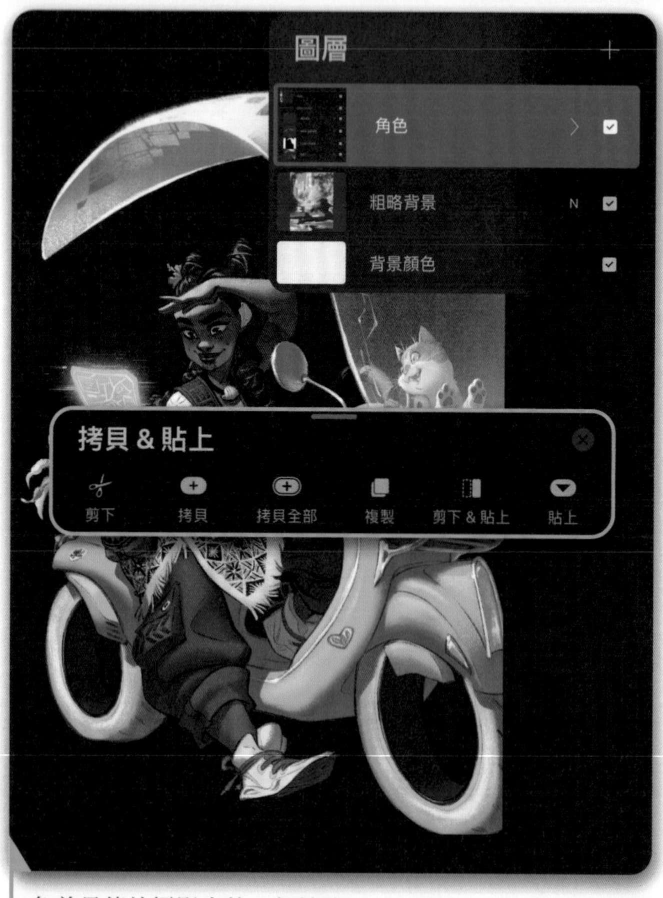


色差是傳統攝影中的一個缺陷，
但現在是數位繪畫中的流行效果

隱藏背景圖層和初始背景顏色圖層，
方便在透明背景上檢視角色

### 藝術家秘訣

創作一個生活在不同世界中的角色，可能頗具挑戰性，但也非常有趣！花點時間尋找靈感並探索新想法，然後使用本教學中學到的流程將你的想法變為現實。

### 結語

完成的畫作描繪了未來主義太陽龐克宇宙中的冒險角色。跟著本教學操作之後，你已經了解設計、顏色和光線的選擇，如何協助你營造積極和溫暖的感覺以及科幻感的外觀。你現在知道如何添加有意義的效果和細節，以加強你的故事，也知道如何安排靈活的圖層設定，以用在各種以角色為主題的插圖上。嘗試不同的光線狀況，看看你能創造出什麼！

Final image © Olga "AsuROCKS" Andriyenko

# 幽靈樂手

LISANNE KOETEEUW

線稿通常不是繪畫的焦點？現在該是改變的時候了！在本教學中，你將學習如何將線稿融入插圖中，讓它與作品的其餘部分和諧並進。專注於圖畫本身而不是繪畫技巧，就會看到如何快速產生對角色姿態的想法，以及如何繪製這些草圖並將它細化為能夠提升最終設計的線稿。本教學將一路指導你，從最初概念到最終的角色畫作，並講解如何透過考慮前景、中景和背景來建構你的插圖，也會教你如何使用有限的調色板，以及定期檢查明暗和水平翻轉如何為你省下後續的麻煩。

本教學將引導你製作一個英國攝政時代的幽靈提琴手。首先要做一些調查，你對這個時期的了解有多少？你需要多了解什麼？當時流行什麼？小提琴要怎麼拿？查看照片，甚至觀看小提琴家表演的影片，整理一個參考圖庫以供參考。研究攝政時代的時尚，並思考如何將它轉化為鬼魅角色。攝政時期的男士有一頭秀麗的長髮，留著奇特的鬢角，這些都很適合轉化為幽靈般的豐盈髮絲。

**DOWNLOADABLE RESOURCES**

## 學習目標

**了解如何：**

- 使用有限的調色板來製作引人注目的角色圖稿。
- 使用你的線稿來提升你的畫作，將線稿整合為完稿的一部分。
- 為你的作品添加前景、中景和背景。
- 使用明暗來確認你的作品表達良好。

## 01

製作一張大小 280×215 mm 的新畫布。別忘了，畫布越大，可用的圖層就越少，但你可以使用多張畫布來繪製一個大型作品，就可以解決此問題。接下來，選擇你的背景顏色。與預設的白色相比，柔軟的、羊皮紙般的顏色會降低眼睛疲勞。

更改畫布的顏色以減少對眼睛的壓力，將你的收藏儲存在調色板中以供未來使用

## 02

決定要用來繪製草圖的筆刷。這個角色將使用預設筆刷和自訂筆刷（包含在可下載資源中，參見第 208 頁）的組合來製作。要繪製最初草圖時，請從可下載資源中選擇「Sketchy Soft Pencil／素描軟鉛筆」筆刷，或依照下一頁的說明自行製作筆刷。這是一支素描感的筆刷，它模仿了帶有一些質感的傳統鉛筆，並且比 Procreate 預設集中的筆刷更柔軟。Procreate 有許多很棒的預設筆刷，但如果你喜歡冒險，可以嘗試自己製作或編輯現有筆刷的滑桿，直到它符合你的喜好。

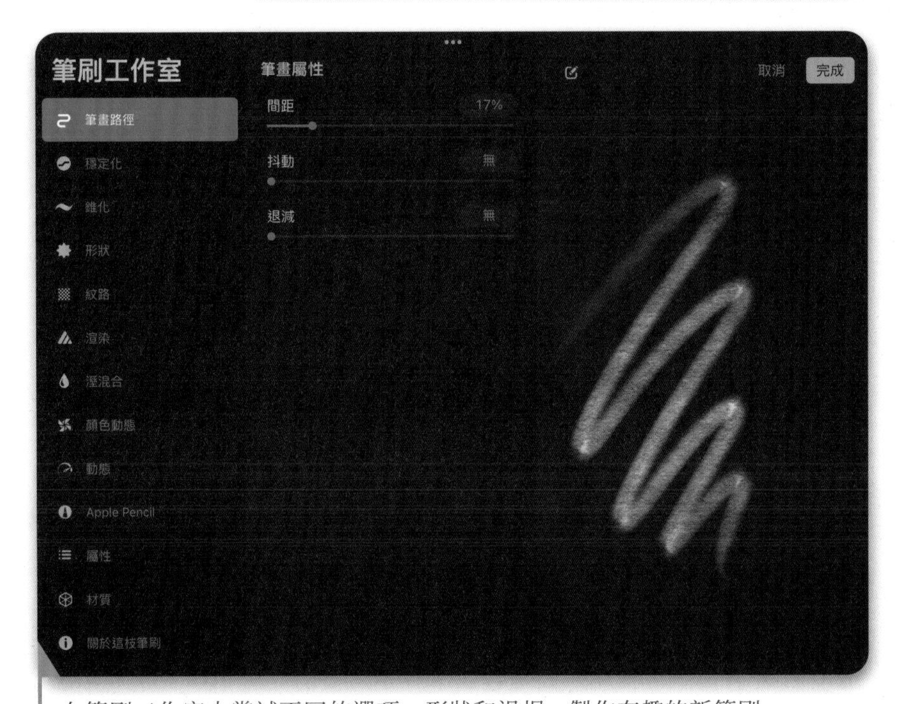


在筆刷工作室中嘗試不同的選項、形狀和滑桿，製作有趣的新筆刷

### 藝術家秘訣

Procreate 可讓你製作並儲存自己的調色板以供未來使用。你可以製作一個調色板，由你喜歡的背景顏色（例如灰白色）以及你喜歡的草圖顏色組成。使用不同的顏色進行草圖有時非常實用，例如在角色的身體上勾勒衣服。

# 筆刷製作過程：素描感軟鉛筆筆刷

雖然可下載資源中提供了 Sketchy Soft Pencil 筆刷（請參見 208 頁），但你也可以自己製作。點按「筆刷庫」中的 + 圖示，開啟「筆刷工作室」。Procreate 會提供一支預設筆刷讓你進行自訂。Sketchy Soft Pencil 筆刷是一支用於素描的銳利筆刷，因此它要有柔軟感，並模仿真正鉛筆的質地。

在「筆畫路徑」標籤中，將間距設定為 17%。保持低的百分比會製作出較流暢的筆觸。

此數字越高，你會看到構成筆觸的單一形狀就越多。在「錐化」標籤下，將兩個「壓力錐化」滑桿拖曳到中心。這會使每個筆觸的開頭和結尾都具有很強的錐形，製作出更清晰的筆觸。將「尺寸」和「壓力」滑桿拖曳到「最大值」，將「透明度」滑桿拖曳到「無」，將「筆尖」滑桿拖曳到「尖銳」。這些都會影響你的錐化設定，使每個筆觸呈現不透明、尖銳的錐形。

在「形狀」標籤下，選擇「形狀來源 > 匯入 > Source Library > Chinese Ink」。這會改變筆刷的整體形狀。將圓形滑桿調整為 -63%。這會使筆刷的尖端傾斜。

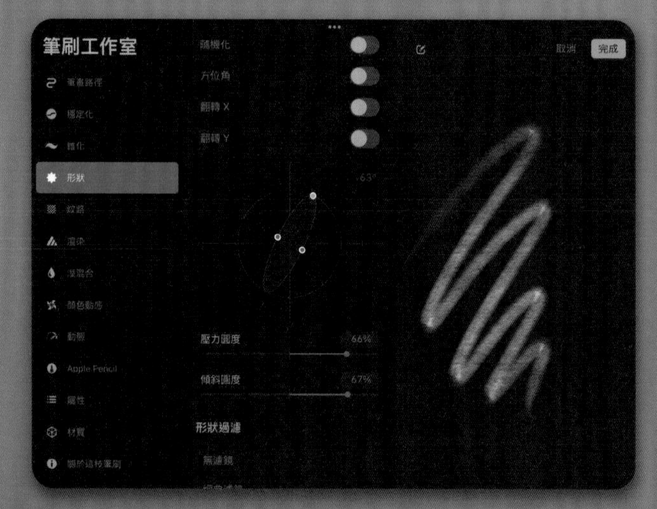


在「紋路」標籤下，選擇「紋路來源 > 匯入 > Source Library > Sketch Paper」。這會為筆觸添加紋理。選擇「關於這枝筆刷」標籤並將筆刷重新命名為「素描感軟鉛筆」，完成此設定。

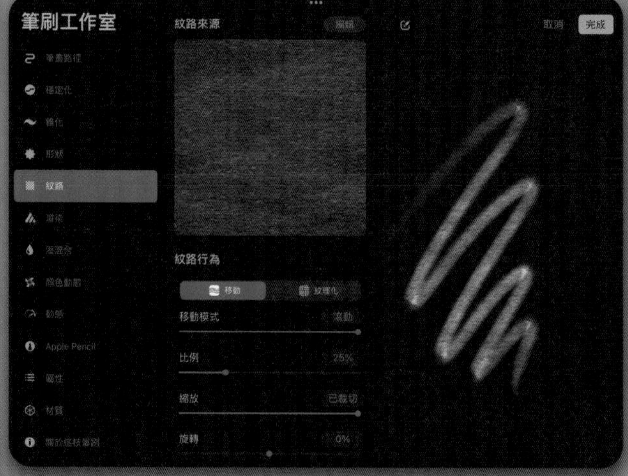

## 03

在背景圖層上方製作一個新圖層並將它命名為「縮圖」，然後開始嘗試繪製各種縮圖，以便找到角色的大致方向。在這個階段，你的圖稿不需要看起來完美，甚至不需要很漂亮；這一步只是為了把你的想法放在畫布上。將你的參考圖像放在手邊並記著最後的概念圖，因為這些都是你的指南。將縮圖探索的重點放在靜態姿勢中的形狀、角度和運動感，這個角色要既修長又優雅。

畫出各種不同姿勢來傳達相同想法，看看哪一個最吸引你

### 藝術家秘訣

繪製草圖以製作柔和的線條時，請輕觸螢幕。看看當你不使用橡皮擦、只製作一個新圖層並降低先前圖層的不透明度時，會發生什麼事。使用「選取」工具移動繪圖的各個部分，複製或縮放它們。

## 04

選擇你喜歡的縮圖，並使用選擇和變形工具將它放大以填滿畫布。降低它的不透明度，然後製作一個新圖層，用它在縮圖上方繪製更大的草圖。保持你的繪圖鬆散且概略，避免繪製太多細節。思考構成角色的形狀，以及它們如何相互流動，嘗試找到圖稿的節奏。

在縮圖中，角色將小提琴拿得離身體太近，遮住了他的手臂。將小提琴從身體上移開，角色的左臂就有空間找到更自然的姿勢，讓他的輪廓更開闊。

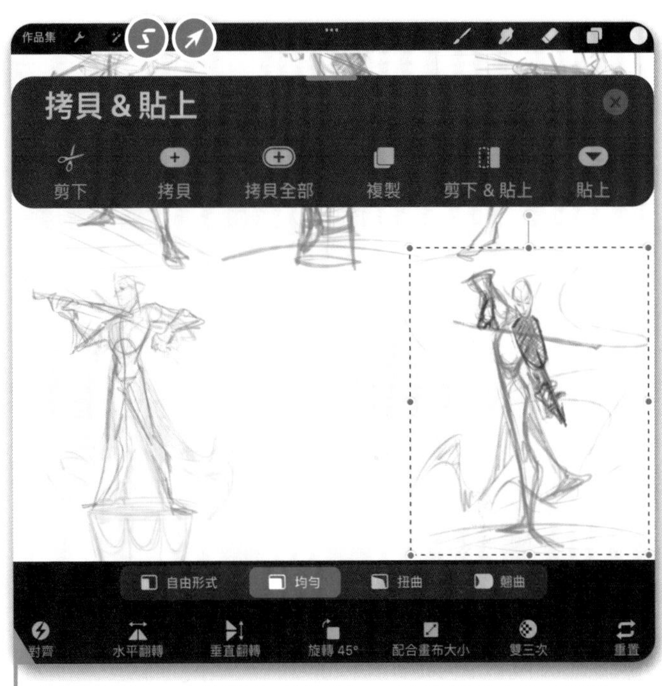


使用「選取」來選擇你要的縮圖，然後使用「均勻變形」將它放大並填滿畫布

## 05

此設計是由許多直線組成：角色的胸部挺起，脊椎和腿是直的，而他的手臂、小提琴和弓則形成 X 形。為他的頭髮和燕尾服增加體積和弧度，可與直線形成鮮明對比，同時也營造空靈的感覺。不時地水平翻轉畫布，可以協助你發現錯誤以及可以改進的元素。

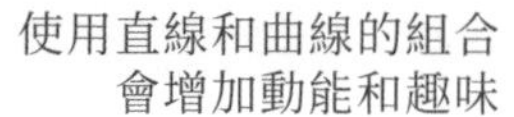

使用直線和曲線的組合
會增加動能和趣味

### 藝術家秘訣

長時間盯著螢幕時，你的眼睛很容易疲勞，從而錯過可以改進的部分。可以在預設的「速選功能表」或在「操作 > 畫布」下找到水平翻轉。這可以讓你查看插圖的鏡像，立刻顯示出你需要調整和修正之繪圖元素的位置。

## 06

用輕柔鬆散的筆觸，開始幫形狀增加體積，並探索角色的服裝。將縮圖草圖的圖層扁平化，並將不透明度降到 50% 左右，然後在上面為你的服裝草圖製作一個新圖層。經常查閱你的參考資料，保持形狀簡單並隨時添加細節。角色的各種元素可以使用多個圖層和顏色：舉例來說，藍色的整體形狀和身體，粉紅色的衣服，以及完成設計所需的其他顏色和圖層。以這樣的方式繪圖可以更輕鬆地區分設計的不同元素，並且更容易刪除效果不佳的圖層，不會因為整個繪圖都在同一個圖層上而必須小心翼翼地擦除某個部分。

不斷修改草圖，在設計中的不同元素上
使用不同的顏色

## 07

如果你對繪圖中的細節感到滿意，可以跳過此步驟並開始上墨。將所有的彩色圖層群組在一起然後降低不透明度，並以純黑色在草圖上方重描一次會很有幫助。不要忘記水平翻轉畫布，檢查是否有任何錯誤。

使用「快速形狀」製作弓弦的直線：畫一條線，
將觸控筆放在螢幕上，它就會變成一條完美的直線

## 08

如前所述，使用多張畫布可不受限於 Procreate 圖層數限制的簡單方法——尤其適用於尺寸較小或機種較舊的 iPad。現在就讓我們來試試。製作一張新畫布並將它設定為原始大小的兩倍：560 × 430 mm。在畫布資訊中，你會注意到圖層數減少了。你的原始畫布中應該有兩層：扁平化的彩色草圖群組和黑色的完成草圖。不要將它們扁平化，將它們都匯入新畫布中，然後使用「選取」工具將它們放大以填滿螢幕。

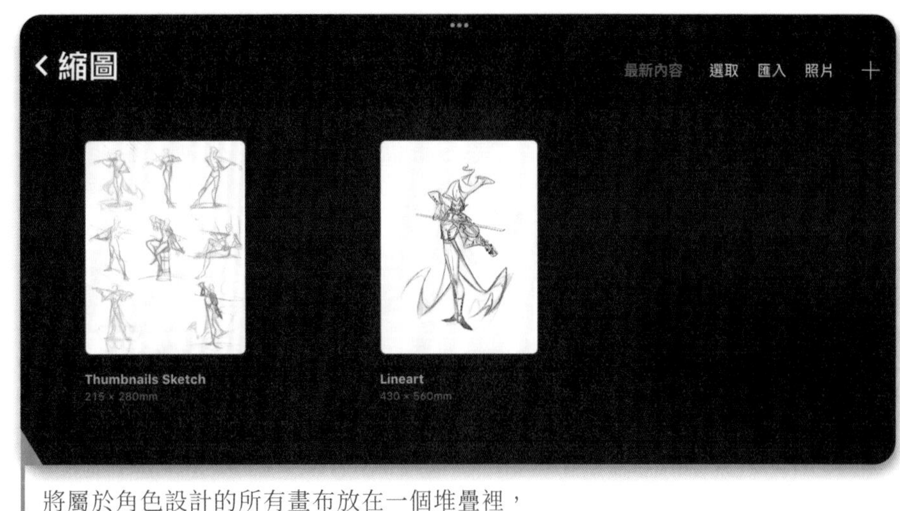


將屬於角色設計的所有畫布放在一個堆疊裡，可保持圖層井然有序

## 09

接下來是幫線稿上墨。如果找不到可以畫出所需結果的筆刷，請修改現有筆刷來變成你自己的筆刷。Sketchy Soft Pencil Ink 筆刷（請參閱第 208 頁的可下載資源）在某些方面類似素描筆刷，但有更精細的筆尖形狀，適合更精細的細節。原始的素描筆刷呈圓形，而這款自訂的著墨筆刷筆尖更長方，精度更高。此筆刷用途廣泛；輕柔的觸感會畫出柔和的細線，而壓力則會產生較硬的線條，而不失去那種粗獷的感覺。墨線不一定要是銳利、乾淨的漫畫風格；它們仍然可以保有一些質感。

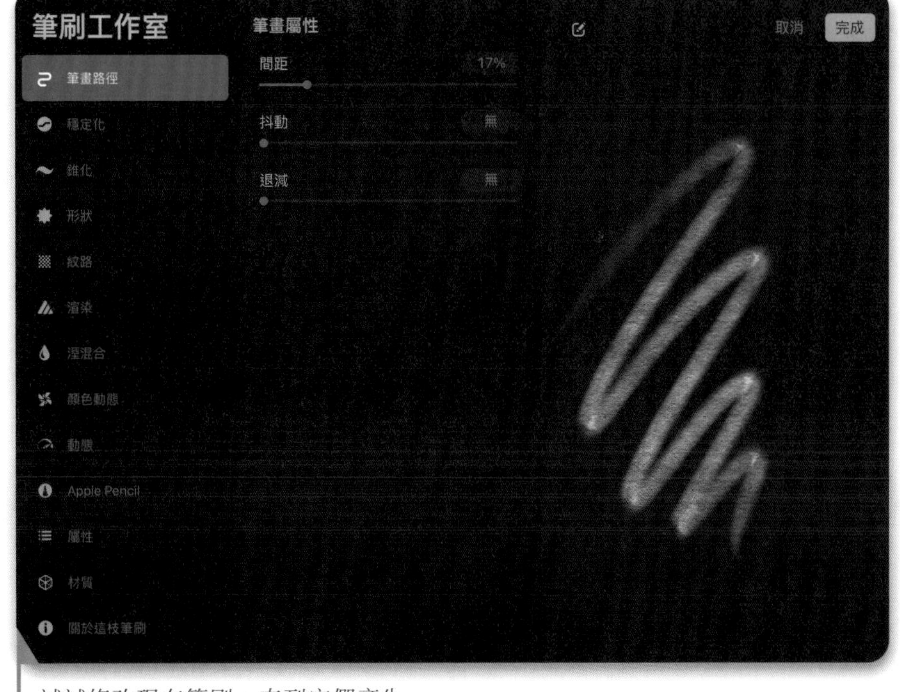


試試修改現有筆刷，直到它們產生你需要的上墨效果

## 10

與草圖一樣，保持上墨手法鬆散——比上一張圖更清晰，但也不要太乾淨。嘗試使用筆刷大小和壓力來改變線條寬度，使你的圖畫更具動感。筆觸可以自由一點。不要強迫使用乾淨的線來畫所有東西——用幾筆畫一條線可以增加繪圖的重量和紋理。由於角色的臉應該是焦點，所以你可以在上面多花點時間。這位樂手的臉有非常多的細節和線條變化，會吸引觀眾的注意力。相較之下，衣服是用相當簡單的線條繪成的；它們的用意是支援設計，但不是主要焦點。

臉部要特別小心，保持線條鬆散輕盈

## 11

上墨時請注意你的形狀。你的素描中製作的流動和節奏還在嗎？這部分的過程無法有一步步的指引；它非常直覺，依據適合你角色的感覺而定。盡量讓形狀以自然和吸引人的方式相互流動，並在直線和曲線之間保持平衡。此外，在繪製織物和表面時請注意線寬。例如，外套由比背心更厚的材質製成，因此需要更大膽的筆觸。畫大線條時，比如他的外套所用的線條，要從肩膀來帶動而非從手腕。讓整隻手臂都參與進來，可以讓動作更自由。

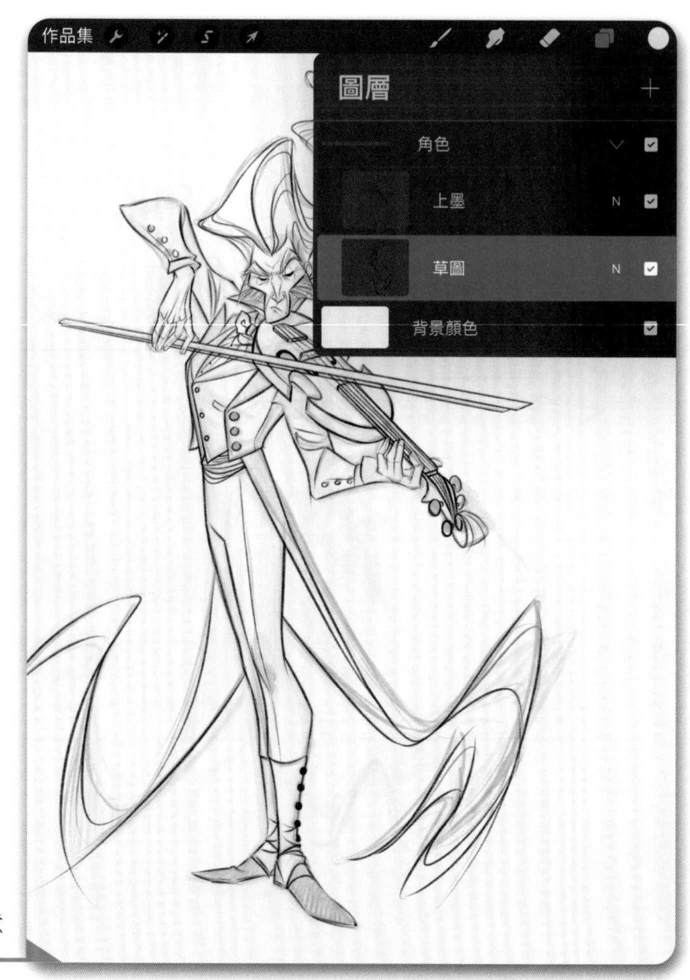


繼續上墨直到你對線條感到滿意

## 12

對線稿圖層滿意後，在線稿圖層下方的單獨圖層上為畫作添加一些紋理。例如，在西裝背心上添加刺繡，在褲子和外套上添加小織物線條，在角色的臉部、小提琴和蝴蝶結上添加一些柔和的陰影。使用相同的墨水筆刷，但尺寸更小，筆觸要細膩、精緻和輕盈，讓它們為你的繪圖增添細節和深度。

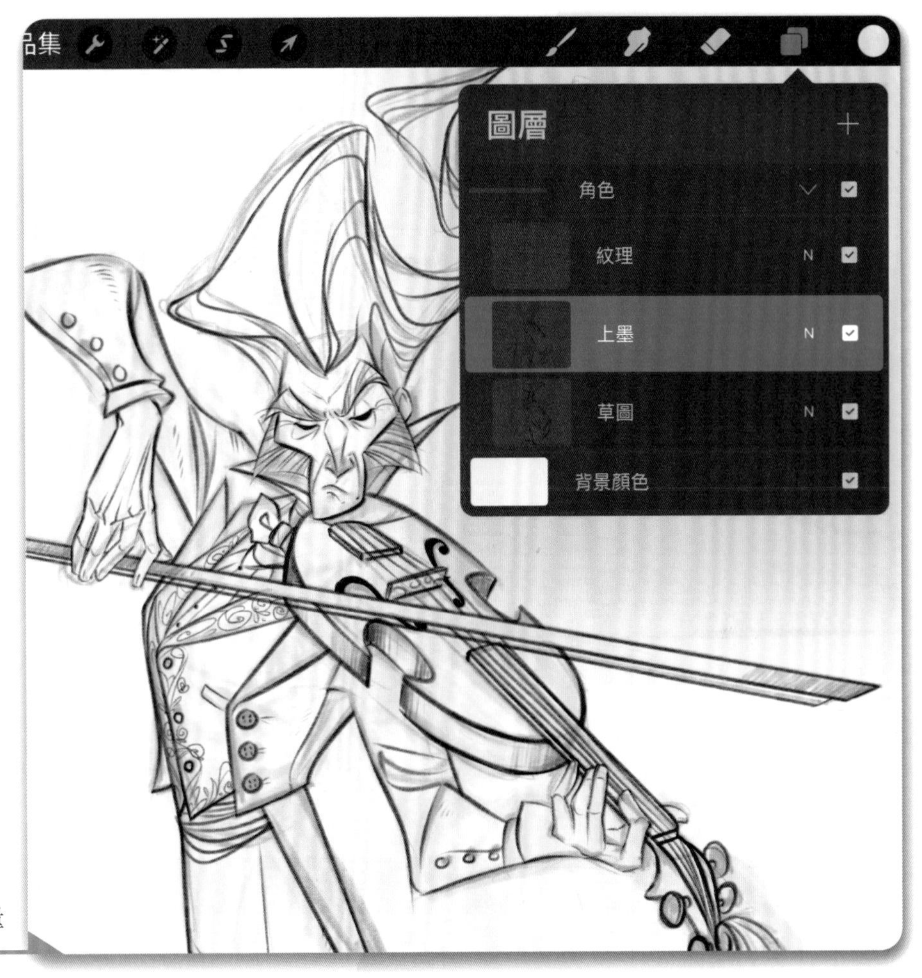


添加紋理和刺繡細節：
永遠不要低估精緻優雅線條的力量

## 13

對線稿感到滿意後，就該上色了。在線稿圖層下方製作一個新圖層並選擇中性色。這會是角色的基本底色，也可以讓你最後一次檢查輪廓。有許多方法可以填滿角色的形狀，但手動繪製和擦除能提供你更多的掌控度，並讓你再次近距離查看作品，找出需要重畫或擦除的任何雜線。

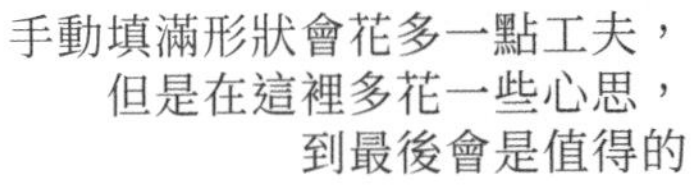
手動填滿形狀會花多一點工夫，
但是在這裡多花一些心思，
到最後會是值得的

完成的線稿和底色

## 14

填好底色之後，你可能會注意到線條和底色邊緣沒完美對齊。要解決此問題，請複製你的線稿圖層，將它以阿爾法鎖定，然後使用底色上色。將此彩色線稿與底色圖層合併，並將它放置在原始線稿下方。你就擁有了完美的底色外輪廓了。這將有助於後續步驟，因為它消除了線稿和底色之間任何空隙和不對齊的區域。

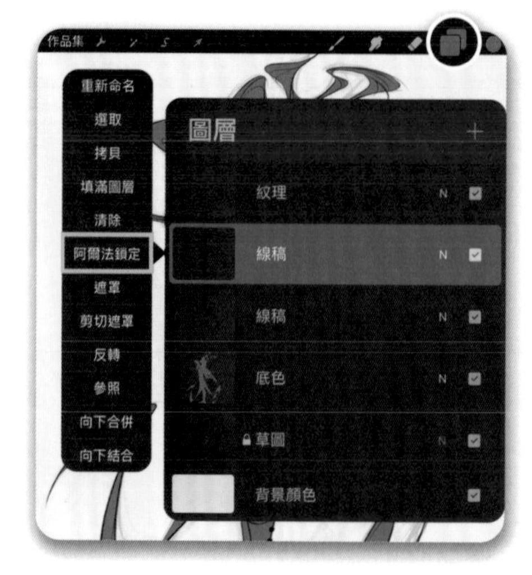

將線稿的副本上色並合併，以消除底色之間的空隙

### 藝術家秘訣

觀看別人的縮時影片或影片教學可能會讓你感到挫折，覺得自己的工作速度不夠快，或者誤以為這些藝術家在極短的時間內做出了所有正確的決定。請記住，沒有人畫得這麼快！在流程的每一步都花點時間是很重要的；繪畫的速度真的無關緊要。

## 15

接著要開始使用 Sketchy Soft Pencil 筆刷來勾勒背景。嘗試以繪製角色縮圖時的相同方式進行。將你的參考資料放在手邊，並嘗試幾種不同的選項，概略地畫出形狀。這階段不需要整潔，它只是功能性的。專注於你想要創造什麼樣的整體構圖，目標是一個清晰的前景、中景和背景。

幽靈樂手站在墓地裡，人物、草、墓碑和柵欄創造了一個中景；樹木構成背景；離觀看者最近的植物構成了前景。

這個步驟粗略簡要，但它傳達了對環境的整體想法

## 16

現在你可以使用和角色相同的過程來細修場景。降低基礎草圖的不透明度，並在它的上方製作一個新圖層，在上面繪製更明確的版本。思考一下形狀，如果你覺得它效果不好，請不要害怕回頭重畫；這是解決問題的階段。對草圖感到滿意後，就該為線條上墨了。使用 Sketchy Soft Pencil 著墨筆刷為繪圖中的不同元素上墨，每個元素都有獨立的圖層。背景不應該像角色一樣詳細，否則會分散注意力。上墨後，你就可以丟掉草圖圖層，因為已經不需要了。

在新圖層上細修背景草圖

在草圖上方的新圖層中繪製線稿

## 17

在開始上色之前，這個省時的技巧將幫助你評估作品。在所有圖層上方製作一個新圖層，將它重新命名為「明暗」，並用黑色填滿。將混合模式設定為「顏色」。現在當你開啟此圖層時，圖稿將以黑白顯示，因此你可以看到畫作的明暗互動。為了得到最大效果，請縮小畫布，直到它的大小和你的拇指大致相同，然後開啟「明暗」圖層。以這種小尺寸查看你的作品，就可以立即看出哪些明暗混在一起，需要在何處進行一些調整，讓所有元素都清晰可見。(檢查畫作明暗的另一種方法是開啟和關閉線稿圖層，查看各種形狀的輪廓是否保持良好。)

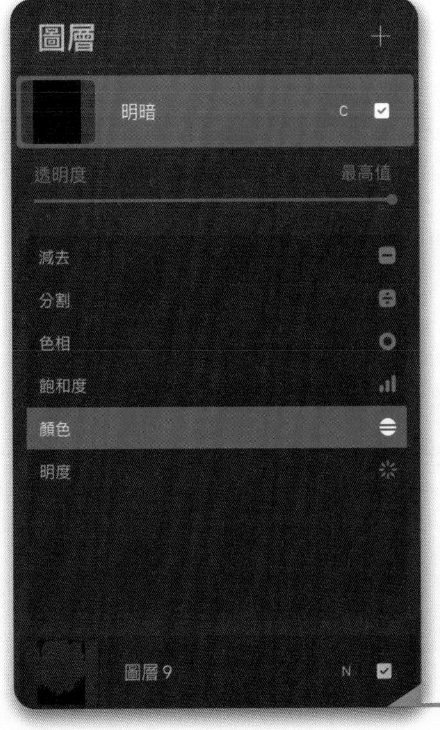


在所有圖層之上設定明暗圖層，以評估圖稿中使用的明暗

## 18

下一步是為背景的不同元素上底色。採用由後到前的方式，首先用青色填滿畫布，慢慢向前推進到前景，同時將新增的內容放在個別圖層上，以便在需要時輕鬆進行調整。接下來，選擇「噴槍 > 軟筆刷」並使用輕觸的方式在背景中製作柔和的漸層，以提供顏色變化。以同樣的方式使用「有機 > 棉」筆刷繪製一些細微的紋理。

在樹木和其他背景元素上，將每個元素都設好自己的圖層群組，將線稿圖層維持在頂端。使用「繪畫 > 圓形筆刷」在新圖層上著色，並且不要忘記定期檢查你的明暗。在背景中的樹葉和高草上，使用「選取」工具勾勒出尖尖的形狀，並用任何筆刷為它們上色。製作兩層草來添加一些顏色變化。完成後，以阿爾法鎖定線稿圖層，並將純黑色更改為與背景色更融合的色調。

背景鋪色和一些底色構成了基礎

## 19

現在回到角色。雖然樂手會是插圖中最明亮的元素，但是仍然要將他的顏色維持在已設定好的調色板內。使用「繪畫 > 圓筆刷」來為角色上底色，並使用你之前製作的「明暗」圖層來檢查灰階。完成此操作後，將角色線稿和紋理線稿圖層設為「色彩增值」，使它們與下方的顏色融合得更好。

使用你先前製作的「明暗」圖層定期檢查設計稿的灰階

### 藝術家秘訣

對於「配色」，許多人可能不知從何著手，因此在開始之前，先花點時間思考一下你的調色板，這樣會使整個過程變得容易得多。研究參考照片中出現的顏色，你可能會希望用它們當作主要調色板。你甚至可使用「取色滴管」工具直接從照片中選取顏色，或將顏色儲存在你的調色板，以方便取用。

開關線稿，檢查角色的明暗以查看整體圖像

## 20

雖然角色是鬼魂，但這不代表他不佔體積。要為角色製作立體感，請在底色圖層上方製作一個剪切遮罩圖層，並將圖層混合模式設定為「色彩增值」。選擇淺藍色，確認你希望光線來自何處，然後開始在快速模型中放置陰影。這步驟可能非常粗略，因為你要在添加細節之前先打好底。細修陰影圖層可能非常耗時，但不要急；努力終將得到回報。

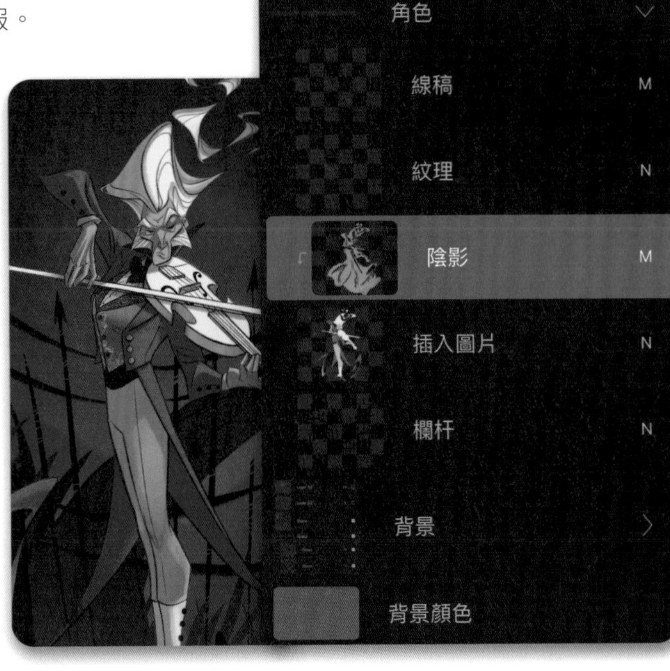


在正常模式下（右），你可以清楚地看到你正在建構的陰影造型；而在色彩增值模式下（最右邊），它會與圖稿巧妙地溶合在一起。

## 21

前景是離觀眾最近的圖層。在這件作品中，它的作用如同框架，與角色的明暗形成對比。使用「徒手畫選取」工具選擇樹梢上的葉子，並沿著底部為那裡的植物塗上一些橢圓形的底色。接下來，使用 Sketchy Soft Pencil 著墨筆刷繪製灌木的葉子和藤蔓。由於這是一個對比度較高的區域，容易吸引瀏覽者目光，因此比起框架頂端的樹梢，你要更注意這一區的細節。接下來，使用「**調整 > 高斯模糊**」來模糊這些元素。這將增加影像景深。

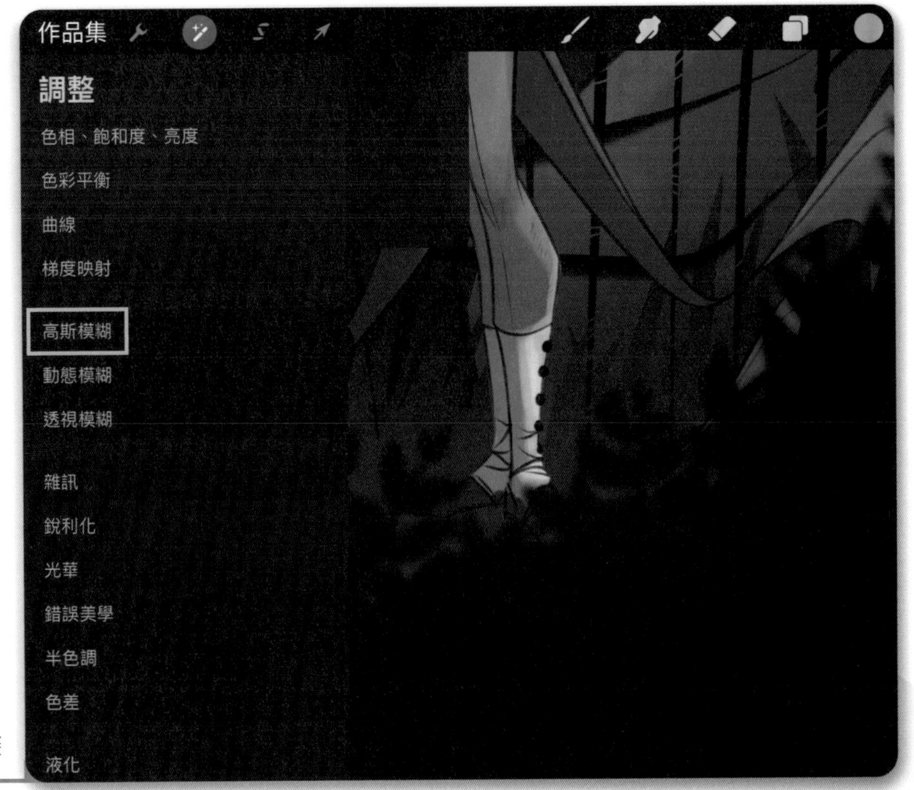


使用高斯模糊來創造更大的景深

## 22

在進一步詳細介紹背景之前，請回到角色身上。在被剪切的陰影圖層上，為陰影增加更多的色調變化，讓陰影不是完全相同的純色。首先確認圖層已用阿爾法鎖定，這樣你只需要處理上一步繪製的陰影。為了保持和諧的調色板，在光線無法到達的區域（例如衣服的褶皺處）添加藍色和少量柔和紫色的變化。接下來，在角色眼睛周圍的臉部添加一些趣味，並提高外套領子的對比度。保持你的筆觸柔軟，你要在這個階段巧妙地逐漸疊上顏色。若要以相同的方法處理頭髮，請結合使用「徒手畫」和「選取」工具。

為陰影添加更多色調變化，包括光線無法到達之區域藍色和微妙的紫色陰影

在臉部、頭髮和外套領子周圍添加更多細節和趣味

## 23

回到你的背景元素群組。使用相同的剪切遮罩和「色彩增值」方法，為每個元素畫上淡藍色的陰影，並像剛剛為角色所做的方式，製作相似的顏色變化。

接下來就是加上光線的時候了。這個階段需要運用大量的「感覺」。你希望角色是最亮的，以便脫穎而出，但仍需要光線以一致的方式與背景互動以便融入畫作中。選擇一個淺藍色，製作一個新圖層，並將它的混合模式設定為「濾色」。使用「選取」工具，添加一些較輕的草。在另一個「濾色」圖層上，使用相同顏色的「**噴槍 > 軟筆刷**」為角色腳部周圍的地面添加柔和的光暈。接下來，為樹木、墓碑和柵欄新增冷藍光的圖層。

使用「濾色」模式畫上一些基本的光線

## 24

複製角色圖層群組。保留其中一個群組作為備份，將另一個扁平化。在扁平化的角色圖層群組上，選擇「噴槍 > 柔質噴槍」並輕輕擦除角色的腿的一部分，製作一個淡淡的漸層，使角色看起來像幽靈般半透明。接下來，在扁平化的角色群組上方新增一個圖層。使用「徒手畫」選取工具，用淡藍色繪製一些鬼魂般的青煙，營造形狀的動態感，就像是角色散發出的幽靈漩渦。根據需要加上任意數量的青煙，每一條都在獨立的圖層上。阿爾法鎖定這些圖層並增加一些顏色變化。接下來，小心地將「調整 > 動態模糊」套用到每個青煙圖層，為它們創造更多的靈動感。使用「橡皮擦 > 柔質噴槍」擦掉看起來依然過於銳利的形狀，營造煙霧瀰漫的效果。

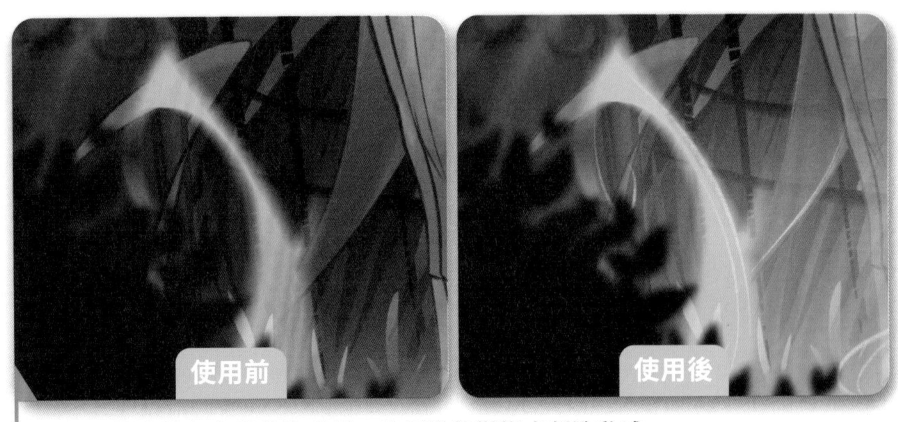


繪製一些淡藍色幽靈般的青煙，使用動態模糊來創造動感

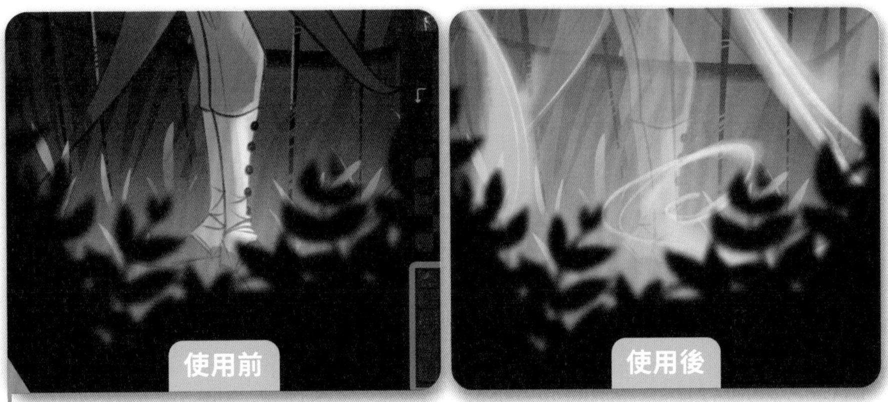


使用噴槍輕輕擦除一部分的腿，形成半透明的幽靈

使用動態模糊製作幽靈效果

## 25

在角色群組上方的新圖層上，選擇更淺的藍色（更接近白色）和 Sketchy Soft Pencil 著墨筆刷。沿著青煙和頭髮徒手畫一些細線，專注於創造更多的動感並保持筆觸鬆散和輕盈。接下來製作一個新圖層，將它設定為「濾色」模式，並在他的腳周圍塗上藍綠色。重複在他的臉和小提琴周圍噴上柔和的藍色光芒。在此圖層上製作一個遮罩來遮住臉上的陰影區域，以便製作更強烈的對比。

現在光線已完成，先將畫作暫時擱置一旁，然後再回頭以全新的眼光重新審視它。檢查一下，看看哪裡可以增加一些趣味。回到背景，使用例如「噴槍 > 噴濺」之類的飛濺筆刷，加上更多紋理，並且新增一個藍色光暈圖層，設為「加亮顏色」。

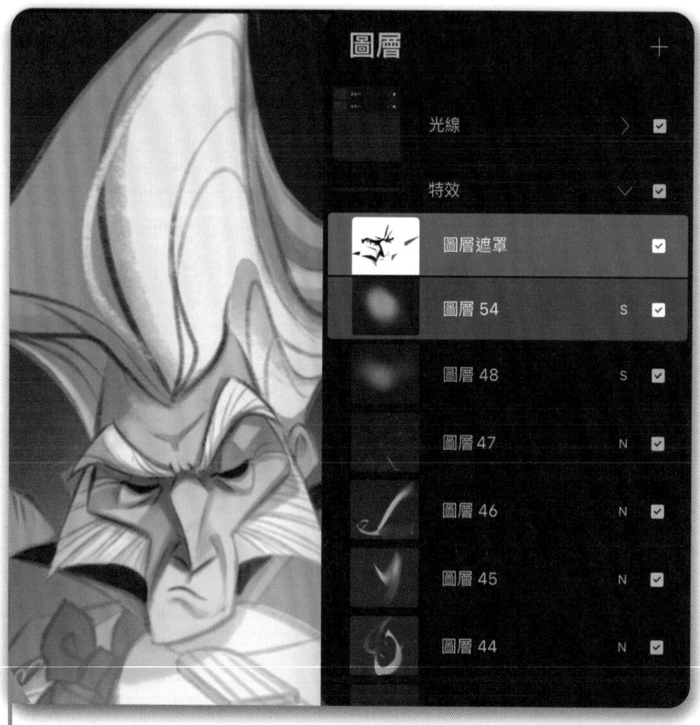


遮掉臉上的陰影區域以製作更多清晰度

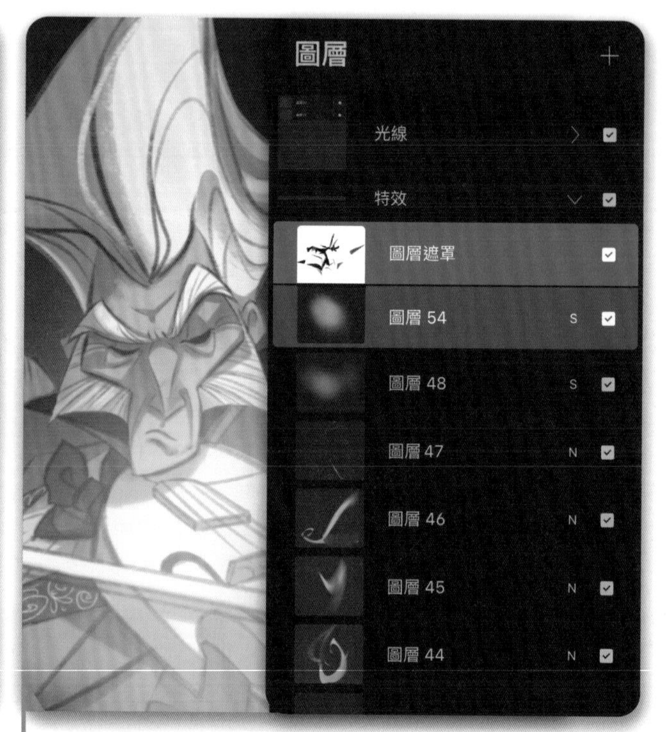


在臉部和小提琴周圍塗上柔和的藍色光芒

### 結語

恭喜你創造了一位幽靈樂手！你已經學會了如何在素描階段專注於形狀，選擇適合此主題的調色板，並將角色放在一個營造出空靈氣氛的背景中。此教學涵蓋了為線稿上墨的重要性，讓它足以撐起整幅插畫，並設定畫作來讓線稿和色彩一起合作。在未來的角色圖稿中，嘗試不同的筆刷、紋理和顏色。一步一步地進行角色設計，保持過程乾淨簡單，而且別忘了享受過程！

Final image © Lisanne Koeteeuw

# 神秘女巫

AMAGOIA AGIRRE

漫畫製作需要盡可能地以最乾淨的方式快速畫出大量的圖。繪製漫畫的過程通常有四個階段：鉛筆或素描、上墨、上底色和最後顏色。將圖稿的每個階段放在個別的圖層上非常實用，這樣你就可以在發現錯誤或改變對顏色的想法時，對設計的不同元素進行編輯，而無需回頭重複每一步。

本教學將讓你學會非破壞性的分階段工作流程，設計出漫畫風格的神秘女巫角色。它還會教你如何使用 Procreate 工具和功能來提升畫作的氛圍。但請記住，本教學只是一個參考。嘗試新方法並根據你的需要調整流程，當然，也要從中獲得樂趣！

## 學習目標

了解如何：

- 在簡單的背景上製作漫畫風格的幻想角色。
- 使用圖層來遵循結構化、非破壞性的流程。
- 使用圖層混合模式來提升光影效果。

## 01

第一步是製作一張新畫布並繪製角色的粗略草圖。盡量嘗試不同的作法，不要害怕犯錯。在探索不同的想法時，你可以使用參考資料或從你的想像力中汲取靈感。在開始繪製角色草圖之前，選擇「素描 > 薄荷」筆刷，然後練習在畫布上繪製一些筆觸。留意一下，它的筆觸就如同真正的鉛筆一樣，可依下筆施壓的不同繪製較淺或較暗的線條，像真正的鉛筆一樣傾斜觸控筆時，線條也會變粗。用兩指輕敲螢幕會撤銷最後一筆。

使用像「薄荷」這樣柔軟的鉛筆狀筆刷來創造角色的粗略草圖

## 02

你可能會注意到一些需要在角色草圖中更改的小問題或比例。即使一切看起來都正確，你也可以水平翻轉畫布，從不同的角度查看它；你可能會注意到一個剛剛忽略的錯誤。Procreate 供了各種變形工具，可用來微調你的草圖。舉例來說，你可以放大或縮小區域，或稍微旋轉它們。使用「選取」工具選擇需要調整的草圖區域，然後依據所需，使用「變形」工具來調整它們。你也可以嘗試使用「調整 > 液化」來有機地改變形狀。

這裡使用了液化來微調她的腰部，讓姿勢看起來更自然

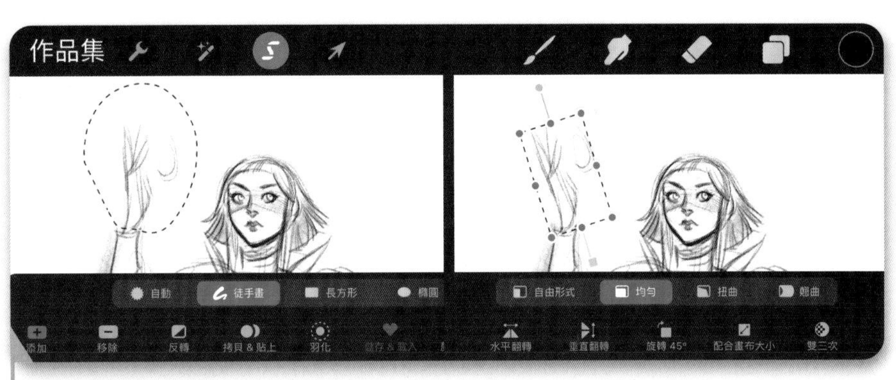


使用「選取 > 徒手畫」和「變形 > 均勻」來選擇並調整或旋轉部分圖稿，同時保持比例不變

使用「選取 > 徒手畫」來改變選取範圍的的比例，比如將腿拉長

完成的角色草圖，翻轉回原來的方向

## 03

下一步是在新圖層上繪製一個簡單的背景，與角色草圖分開。繪製前一定要選擇新圖層！啟用「操作 > 繪圖參考線」，然後選擇「編輯繪圖參考線」。這會在你的畫作後面加上一個透視引導網格。如果你啟用「輔助繪圖」，你繪製的筆劃就會與參考線對齊，製作完美的直線。對角色草圖和背景草圖都滿意之後，請用兩根手指將兩圖層捏在一起，進行合併。

繪製背景時，啟用「繪圖參考線」和「輔助繪圖」，讓線條與透視參考線對齊

將兩個草圖圖層合併在一起

## 04

現在可以為線稿上墨了。選擇帶有紋理的上墨筆刷，例如「著墨 > 乾式墨粉」，然後製作一個新圖層，以便將線稿與草圖分開。降低草圖圖層的不透明度當作參考，在其上方的新圖層上繪製更清晰的線稿。在這個圖層上只要為角色繪製線稿即可，稍後再為背景繪製線稿。

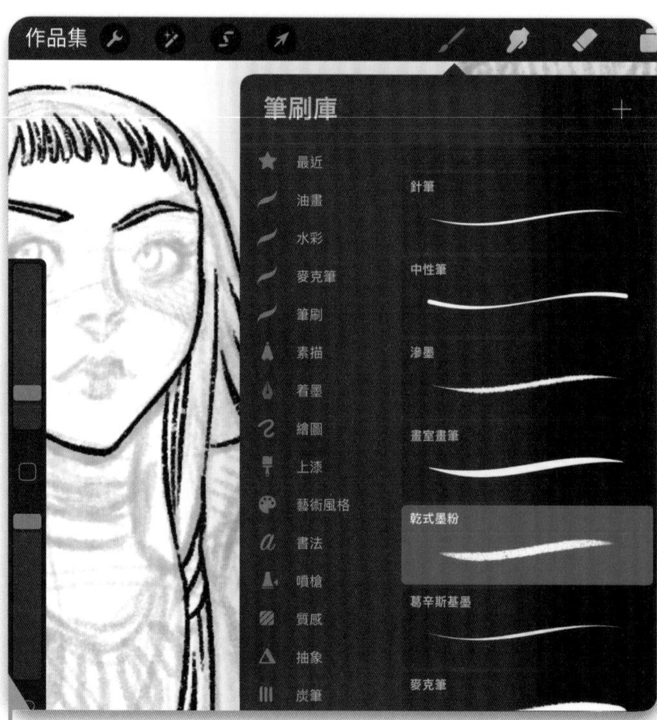


為背景線稿製作一個新圖層，與角色分開

## 05

現在角色的線稿有了，你可以思考一下線寬（線條粗細的變化）。「著墨 > 乾式墨粉」筆刷，除了具備對於觸控筆的傾斜和壓力的敏感度之外，在線條粗細上應該也形成了一些變化。在凹陷區域（例如下巴下方或衣服層之間）添加一些小陰影，將為畫作增添額外的吸引力。在剛剛的線稿圖層上，稍微加粗這些區域的線條，但不要太過度，否則線條會失去清晰度，看起來也會太粗糙。

在服裝層之間添加陰影，使用線條粗細來表現體積

不時地縮小畫面來確認線條粗細是否恰當

## 06

和先前的步驟相同，在背景上方製作一個新圖層來添加線稿。如果你的草圖中有幾何元素，你可以使用「快速形狀」。舉例來說，要製作月亮，請繪製一個圓，將觸控筆放在螢幕上，直到它自動跳成一個完美的圓，然後輕點「編輯」，根據需要來調整形狀。你可以使用「快速形狀」來製作背景所需的任何完美形狀。

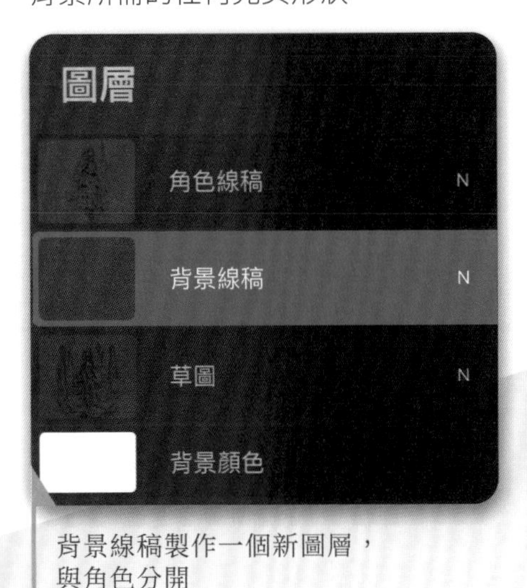


背景線稿製作一個新圖層，與角色分開

使用「快速形狀」輕鬆製作幾何形狀

## 07

到了這一步，你已經製作了多個圖層，因此請花一些時間整理你的檔案，確認圖層不會太亂。使用易懂的名稱重新命名圖層，以便輕鬆識別圖層上的內容，例如「草圖」、「背景線稿」和「角色線稿」。接下來，為底色製作一個新圖層並將角色線稿圖層移動到其上方。選擇角色線稿和角色底色圖層，並將它們群組在一起。對背景做同樣的事情；製作一個背景底色圖層，將它移動到背景線稿圖層下方，然後將它們群組在一起。

為角色和背景底色製作新圖層，然後將每個圖層放在各自的線稿圖層下方

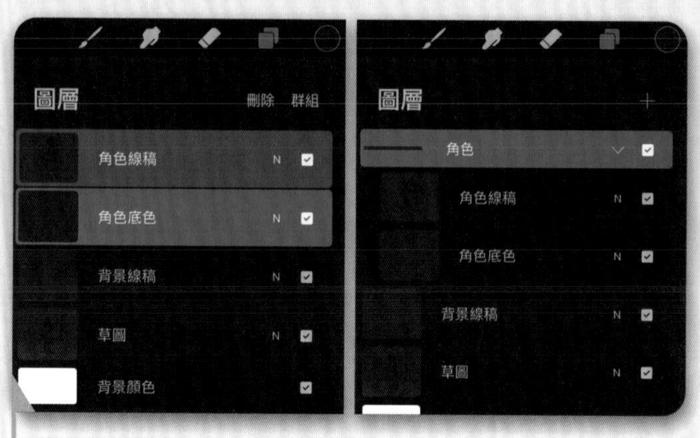


將角色線稿和角色底色圖層群組合在一起，然後對背景圖層執行相同操作

## 08

下一步是製作一個基本底色圖層，在此圖層為角色上色。選擇角色底色圖層並選擇沒有紋理的不透明筆刷，例如「著墨 > 畫室畫筆」，以製作均勻的填滿效果。使用它在你選擇的形狀周圍繪製一個封閉的輪廓，並維持在線稿內，然後使用「色彩快填」從右上角拖曳色票到形狀中以填滿它。強烈的顏色，如右圖使用的洋紅色，會很容易看出你是否畫到線外。

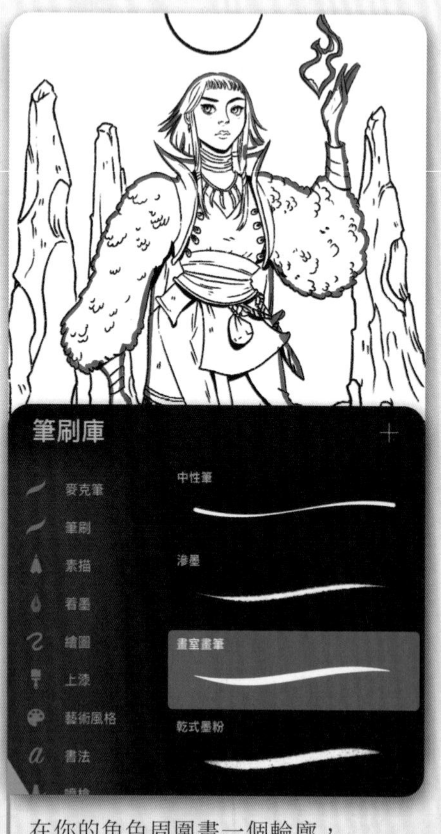


在你的角色周圍畫一個輪廓，確保沒有間隙

使用「色彩快填」將形狀填上顏色

## 09

對背景元素重複步驟 8 的流程，為地形、岩石和月亮填滿一個新的底色圖層，並將背景底色和線稿圖層加到一個新的圖層群組。將角色元素放在一組，背景元素放在另外一組，可以讓你分別處理它們，後續修改會更容易。將角色底色圖層和背景底色圖層啟用阿爾法鎖定，這會確保你只畫在之前填滿的形狀上，避免畫在新的新像素上。你現在可以在這些形狀上自由繪圖，而不必擔心偏離線條。

選擇背景底色圖層，然後沿著要填滿的背景區域四周繪製輪廓

使用「色彩快填」用你想要的顏色填滿形狀

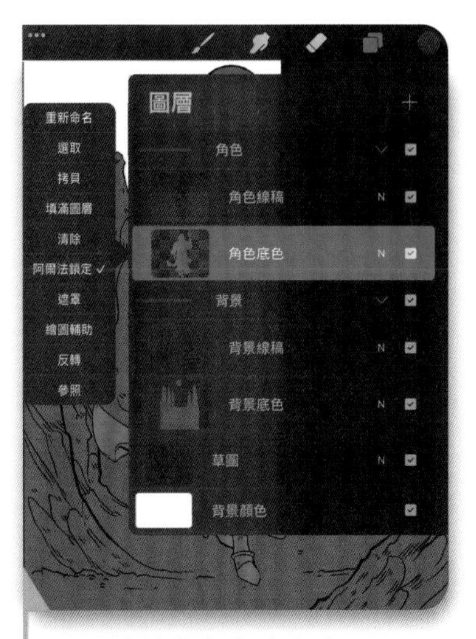


阿爾法鎖定角色底色和背景底色圖層

## 10

花一些時間來思考顏色。此角色圖稿的調色板由土耳其綠、藍色和大地色組成。如果你不確定要使用什麼顏色，製作調色板的一個簡單方法是用你喜歡的顏色照片作為參考。點按右上角的色票並開啟調色板標籤，然後點按「+ > 來自照片的新的」。選擇照片，Procreate 就會依照它產生一個調色板。選擇「設置為預設」，讓它出現在「調色板」選單中。這些顏色將幫助你為作品上色，不妨大膽的多多嘗試。

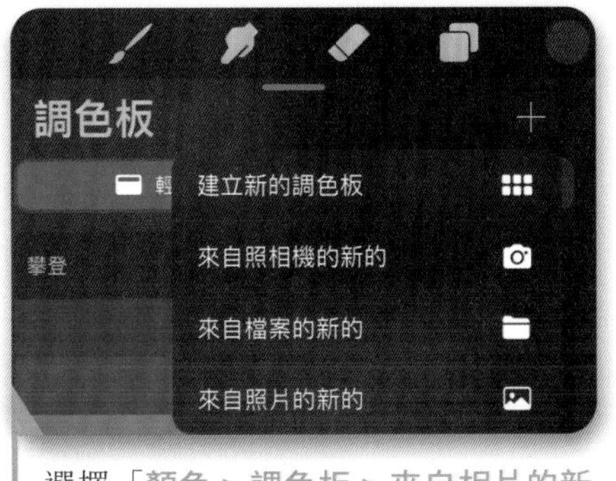


選擇「顏色 > 調色板 > 來自相片的新的」，從照片匯入調色板

### 藝術家秘訣

到了這個階段，你應該已經製作好角色和背景，準備上色了。你已經學到如何將角色圖稿的不同元素分類到不同的圖層群組中。你甚至可以為前景元素添加一個新群組，增添畫作的豐富度。下個階段是思考顏色和情緒。由於你是在個別的圖層上繪製這些元素，隨時都可依據需要調整任何細節。

## 11

選擇洋紅色圖層並修改「調整 > 色相、飽和度、亮度」中的設定，將亮粉紅改成較中性的顏色。如果剛剛不小心少畫一個小地方，現在就不明顯了。

使用「調整 > 色相、飽和度、亮度」將洋紅色改為可當作基礎底色的中性色

## 12

選擇你的角色底色圖層，並開始繪製不同的顏色區域。保持單色無陰影，後續修改會更容易。使用依據照片製作的調色板，或嘗試新的變化，只要確保顏色有一定的共通處。由於圖層已經被阿爾法鎖定，你可以在其上自由繪畫。勾勒出相同顏色的區域，例如角色的皮膚，並使用「色彩快填」來填色。將觸控筆放在螢幕上，並向左或向右滑動以調整「色彩快填」容許值。如果容許值太高，顏色將從輪廓溢出而填滿整個區域。

勾勒出顏色相同的區域，例如皮膚

如果「色彩快填」容許值太高，它會忽略你的輪廓

嘗試較低的容許值，直到它只填滿預期區域

重複相同的過程，為構成角色的不同區域上色

## 13

重複步驟 11 描述的的上色過程，但這次要為背景底色圖層上色。在圖稿的上半部保留較淺的顏色，以確保焦點落在月光下的角色臉上。將顏色限制為藍色和綠色，使角色中的紅色更加突出。選擇背景底色圖層，將預設的白色改為更合適的顏色；土耳其綠非常適合夜空。

將背景底色圖層的顏色從預設的白色改為夜空的深土耳其綠

使用同色調的變化版本在背景底色圖層中繪製背景元素

## 14

現在基礎底色有了，你就可以開始加入光影。首先將焦點放在角色上，思考光源相對於她的位置，以及如何使用光影來定義體積。在角色底色圖層上方，製作一個名為「光線」的新圖層，並將它設定為角色底色的剪切遮罩。將新的光線圖層的混合模式設定為「濾色」(或嘗試不同的混合模式以找到你最喜歡的混合模式)，並選擇一種淺色，例如月亮的黃色。使用此顏色將光線塗在角色上；因為月亮在她身後，所以一點邊緣光就足以讓主角跳出來。

製作一個設定為「濾色」模式的新圖層

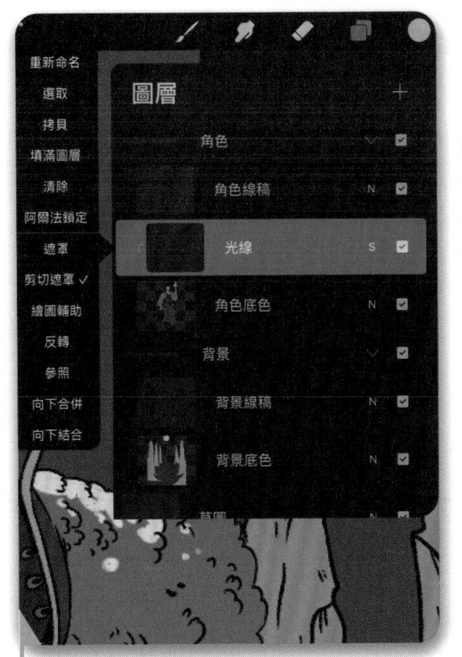


使用剪切遮罩將光線圖層剪下到角色底色圖層範圍內

在角色上繪製光線，考慮光源方向（月光）以及它如何落在角色上

## 15

為角色添加陰影時，要採取不同的手法。由於角色大部分都處於陰影中，因此你需要將剪切的圖層填滿深色，藉助遮罩來擦除非陰影的區域。首先在角色底色圖層上製作一個新圖層來繪製陰影。它應該會自動剪切到角色底色圖層，但如果沒有的話，請選擇「剪切遮罩」進行剪切。用深色填滿此陰影圖層，並將混合模式設定為「實光」。將圖層的不透明度降低到 50% 左右，然後點按圖層並選擇「遮罩」為它添加遮罩。接下來，在遮罩上塗上黑色來擦除不需要陰影的區域。使用「著墨 > 乾式墨粉」筆刷來得到銳利的邊緣，使用一支軟筆刷（如噴槍）讓較大區域（如角色臉部周圍）變亮。

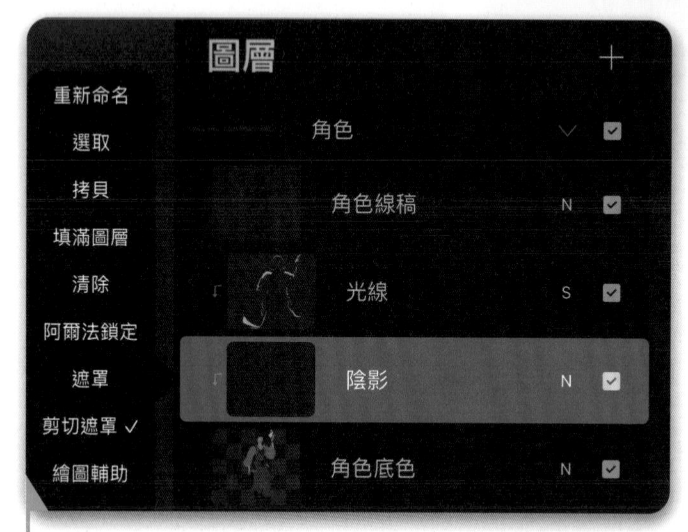


製作一個新的陰影圖層，並將它剪切到角色底色圖層

使用「色彩快填」以深藍色填滿陰影圖層

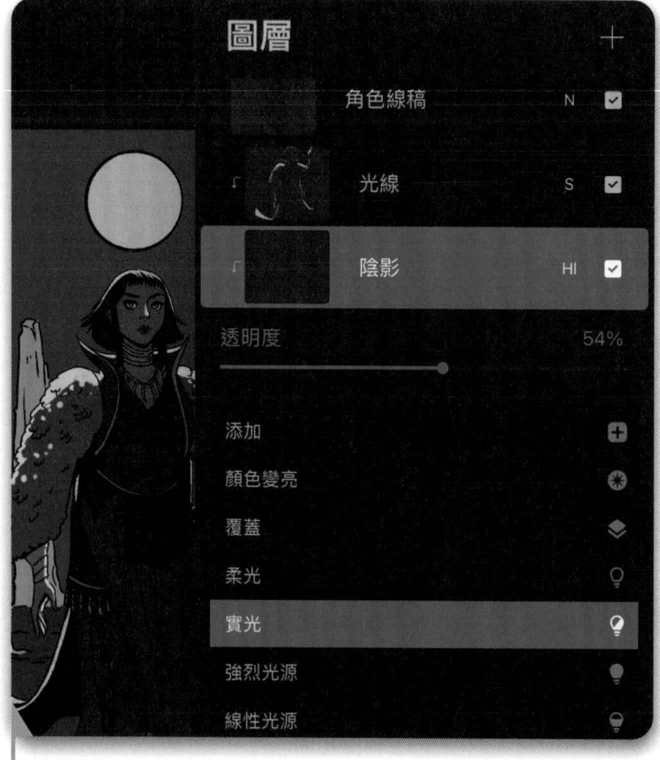


將圖層的混合模式設定為「實光」並降低其不透明度

製作一個遮罩，然後在遮罩層上塗上黑色，
擦除沒有陰影的區域

## 16

新增一個圖層，在上面繪製背景光線。將它剪切到背景底色圖層，並將它混合模式設定為「濾色」。與角色一樣，在將光線繪製到背景上時，請思考一下光源（月亮）。繪製各種岩石形態，使用光線為水晶岩石添加一些紋理質感。別忘了在地面上加一些光束以增加層次感，但不要過多。月亮暫時保持原樣即可。

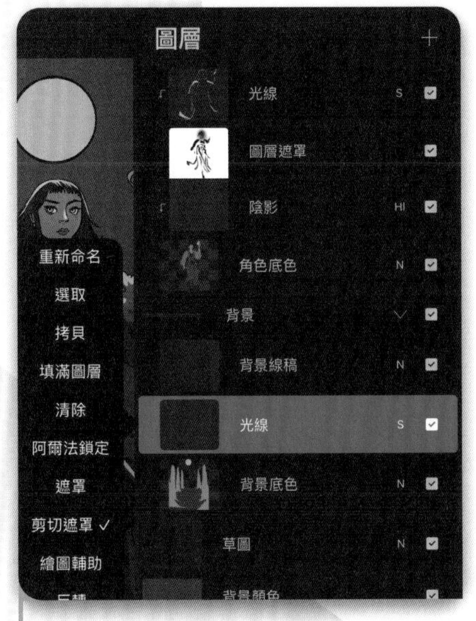


為背景光線製作一個新圖層，並將它剪切到基本底色圖層

將圖層的混合模式設定為「濾色」

在水晶岩石上塗上不同形狀的光以創造紋理

## 17

下一步是為背景添加陰影。在背景基礎底色和背景光線圖層之間製作一個新圖層，並仔細確認它是否已經被剪切到底色圖層。將此新圖層的混合模式設定為「實光」。與光線一樣，在繪製陰影時試著加入一些紋理和形狀。不要忘記畫上岩石和角色投射的陰影，這會幫助設計看起來有整體性，讓所有元素與場景都有密切關連。

將新的背景陰影圖層設定為「實光」模式，並根據你的喜好調整不透明度

在背景上繪製陰影，營造紋理和體積

## 18

接下來，添加一些手繪漸層來連結整幅圖稿。使用此步驟在底色上添加一些顏色變化。在背景底色圖層上製作一個新圖層，並確保剪切至背景底色圖層。選擇軟的噴槍筆刷，例如「噴槍 > 極細噴嘴」，在岩石底部塗上一些深藍色，讓它們與地面融合。

使用「取色滴管」工具選取月亮的黃色，然後在岩石和地面上塗上一些黃色讓光線漫射。對角色重複此過程，在角色底色圖層的頂端製作一個新圖層，對其進行剪切，並在細節上進行繪製，但要更加細膩。在角色的皮膚上添加一些紅色，讓她看起來更有活力。

為顏色細節製作兩個新圖層：一個在背景底色上方，一個在角色底色上方

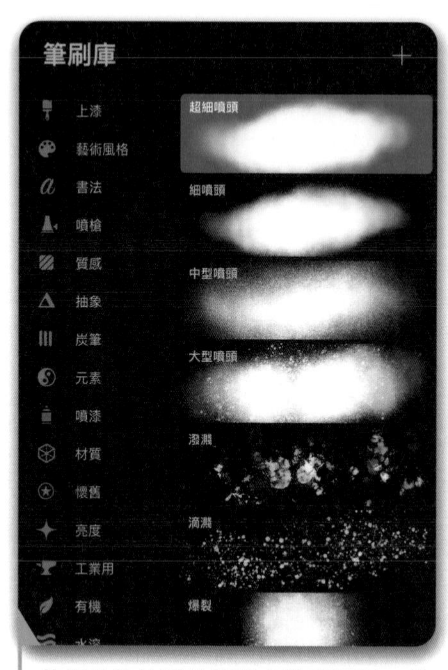


使用柔軟的噴槍筆刷來繪製漸層，並依次為背景和角色添加一些顏色變化

添加漸層會讓整個設計看起來更有整體感

## 19

雖然線稿可以維持黑色就好，但上色後更能提升設計效果。你可以阿爾法鎖定線稿圖層，使用新的顏色和色彩平衡滑桿來上色。保持角色深色，使用「調整 > 色彩平衡」將她的線稿更改為深紅紫色。選擇稍微淺一點的顏色來手繪眼睛下方和鼻子和嘴巴周圍的線條，以柔化她的五官。使用非常淺的藍色將神奇火焰上的線條重新上色。

依照相同的流程重新上色背景線稿，但這次使用藍色來搭配背景中的顏色。用淺藍色重新將岩石的線稿上色，可以讓它們顏色變淡，使角色凸顯出來。使用非常淺的黃色重新上色月亮的線稿。

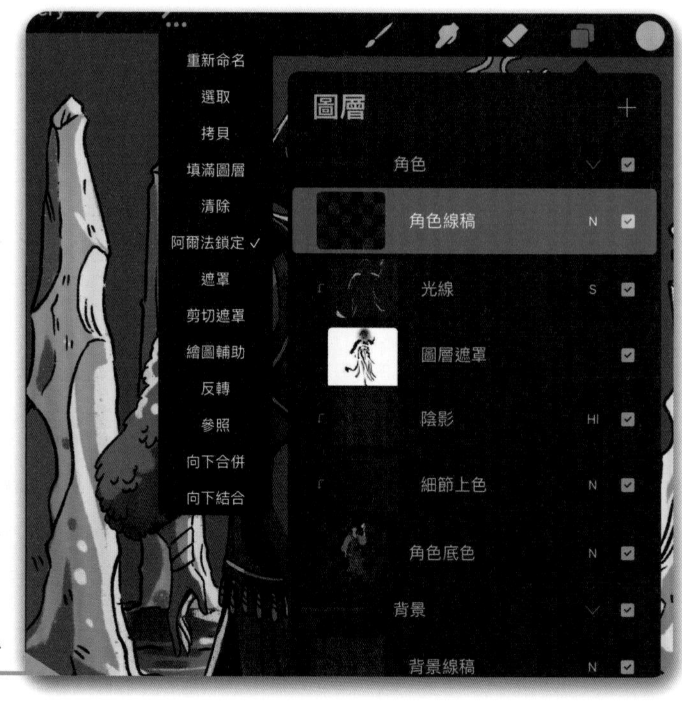


阿爾法鎖定線稿圖層，為它們重新繪製不同的顏色

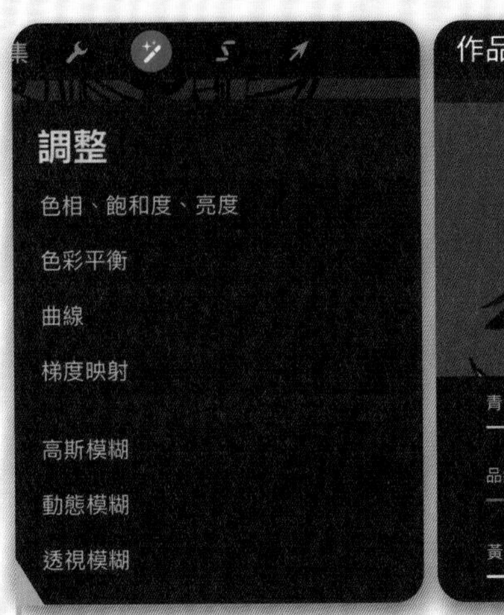

使用「調整 > 色彩平衡」將角色的線稿更改為暖色、深色

手工重新繪製火焰和五官的線稿顏色

使用較淺的顏色
重新繪製月亮和岩石的線稿

接著要為月球增添更多細節。繪製幾何形狀和線條來代表光線，看起來會十分顯眼也能改善構圖。雖然草圖中有畫出這些，但它們被排除在線稿之外，因為它們最好繪製在背景頂端的新圖層上。為月光製作一個圖層，然後使用「快速形狀」以月亮的黃色繪製幾道圓圈。複製這個圖層，選擇底部的副本，並套用「調整 > 高斯模糊」，設定為 15% 左右。將兩個圖層合併在一起，然後將圖層的混合模式設定為「添加」來營造發光效果。使用相同的黃色重新繪製月亮，讓它與發光的線條相同。

在背景上製作一個新圖層，
然後使用「快速形狀」在月球周圍繪製圓形月光線條

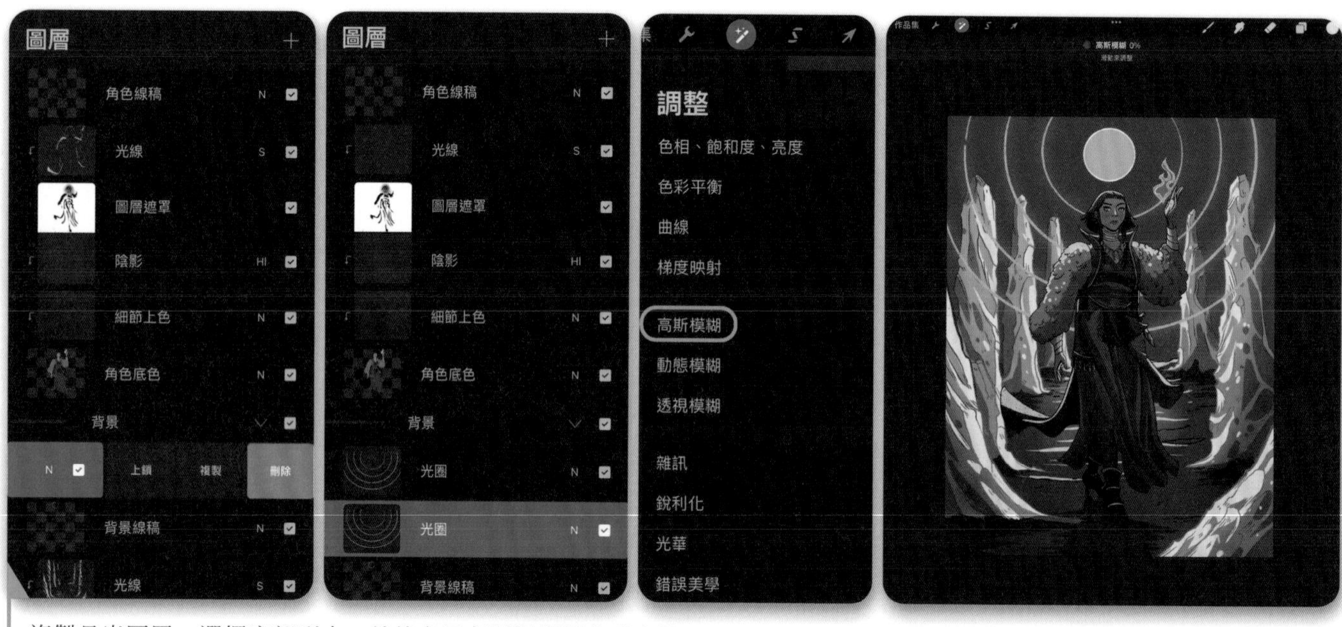


複製月光圖層，選擇底部副本，然後套用高斯模糊製作發光效果

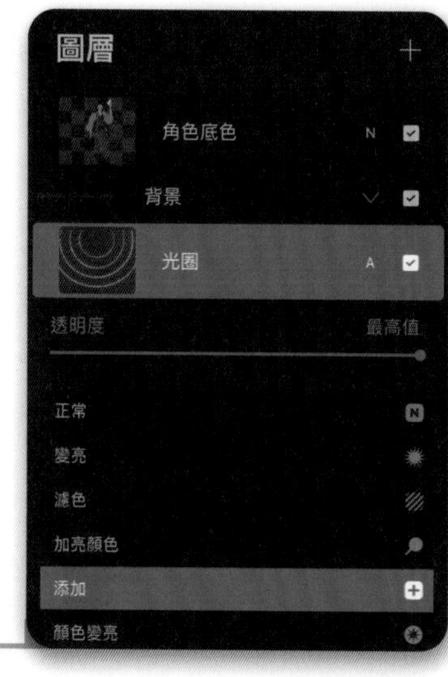

合併兩個圖層，將此圖層設定為「添加」，然後重新繪製月亮，讓月亮顏色與光線搭配

## 21

現在該讓天空看起來不要那麼單調了。選擇背景底色圖層並稍微調亮色相。接下來，使用「取色滴管」工具選擇天空顏色，並將它調整成非常淺的藍色。使用「噴槍 > 噴濺」和這個淺色，在背景底色圖層背後的新圖層上添加天空中的星星。調整筆刷尺寸，直到你滿意結果。接下來，使用柔軟的筆刷和淺色，在角色後面畫一些輕柔的筆觸，營造更多的光線，並使她的輪廓在夜空下凸顯出來。

將背景顏色稍微調亮

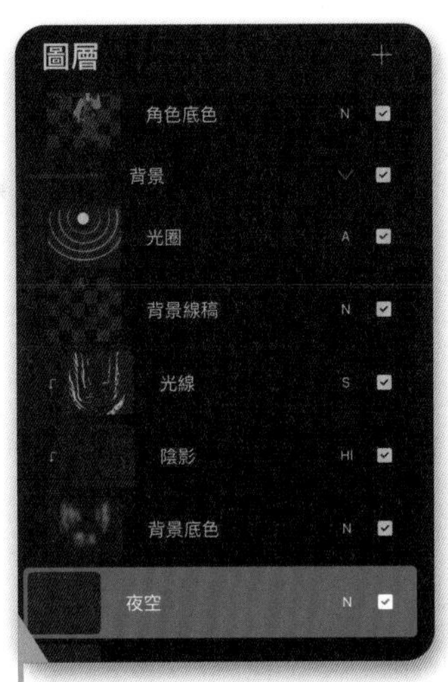


在背景底色下方新增一個圖層，
然後使用「噴漆 > 滴濺」筆刷畫上星空

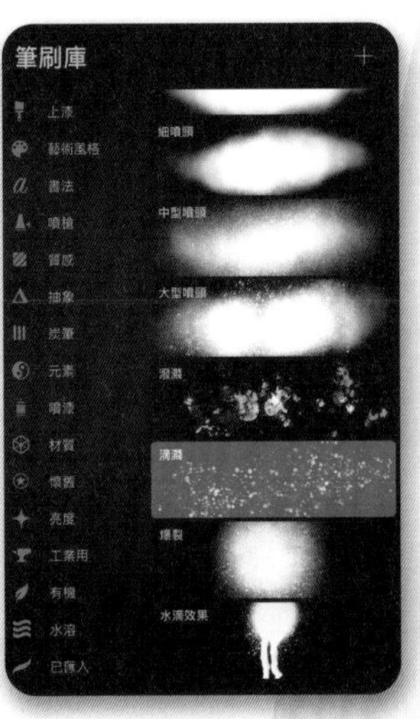


使用一支軟筆刷，在角色背後加上一些光線，讓她從背景中跳脫出來。

### 藝術家秘訣

雖然角色設計到了這個階段看起來不錯，但它還沒有完成！不要跳過接下來的步驟，包括繪製高光、進行一些細微的顏色調整，以及添加一些細節以提升畫作完成度。記住每一步都要在個別圖層上進行，這樣可以更容易回頭進行更改。

## 22

加上白色高光可以讓角色脫穎而出。在所有內容之上製作一個新圖層，然後選擇「著墨 > 乾式墨粉」和白色，沿著角色的輪廓繪製高光。目標是使高光與光源保持一致，但不要害怕凸顯其他細節和相關特色。為魔法火焰添加更多細節，繪製小筆觸來增加紋理。盡情去玩並多多實驗！

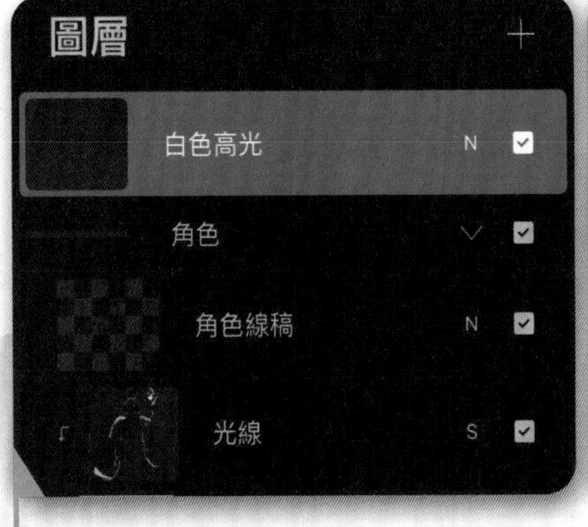

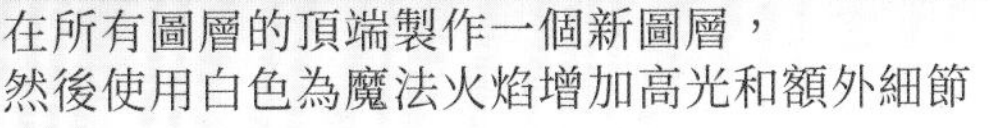

在所有圖層的頂端製作一個新圖層，
然後使用白色為魔法火焰增加高光和額外細節

## 23

下一步需要分別調整角色和背景，另外也需要合併一些圖層。圖層要保持完整，所以首先隱藏所有的角色圖層（包括白色高光和月光），直到剩下背景。接下來，選擇「操作 > 拷貝畫布」，然後「貼上」。將此新圖層放在背景之上，月光之下。從現在開始，對背景的修飾都要在這個圖層上進行。對角色做同樣的步驟，這兩個新的圖層製作好了之後，記得取消隱藏高光和月光圖層。

隱藏所有角色圖層，
包括高光和月光，
直到只剩背景可見

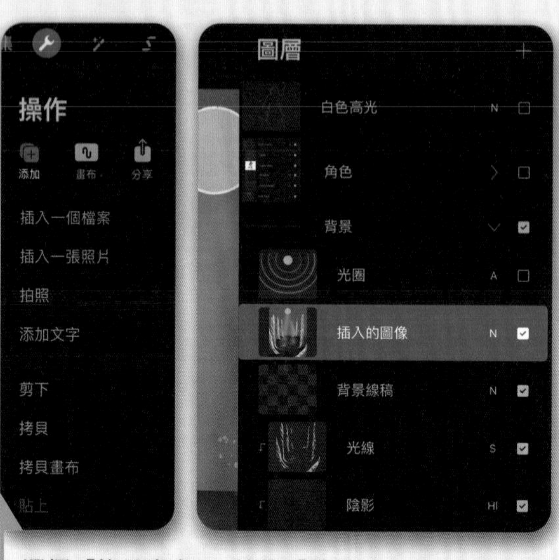


選擇「拷貝畫布」，然後「貼上」，
將整個背景放在一個圖層上，
同時保留各別圖層作為備份

對角色重複相同的步驟，
將整個角色複製並貼上到
單一圖層上

## 24

下一步是稍微模糊背景以製作景深的幻覺。選擇新的背景圖層之後，選擇「調整 > 高斯模糊 > 鉛筆」，然後塗刷最遠的岩石，將它們稍微模糊化。只有你塗刷的區域才會變模糊。接下來，在月光圖層上使用「調整 > 光華」來提升光線效果。

現在該使用「調整 > 曲線」來調整顏色了。提升人物身上的紅色調和背景上的綠黃色調，使人物更加凸顯。為了使角色的上半部分明顯，同時將下半部分與背景統一起來，在角色的上方添加一個新圖層。選擇「剪切遮罩」將它剪貼到角色上，然後用軟筆刷在她的小腿和腳上塗上一些綠色。將此圖層的混合模式更改為「變暗」並降低不透明度。

使用「調整 > 高斯模糊 > 鉛筆」
來模糊化最遠的岩石，以創造景深錯覺

使用「調整 > 光華」
為光線添加額外的光暈

使用「調整 > 曲線」來增強背景中的藍色和綠色以及角色中的紅色調

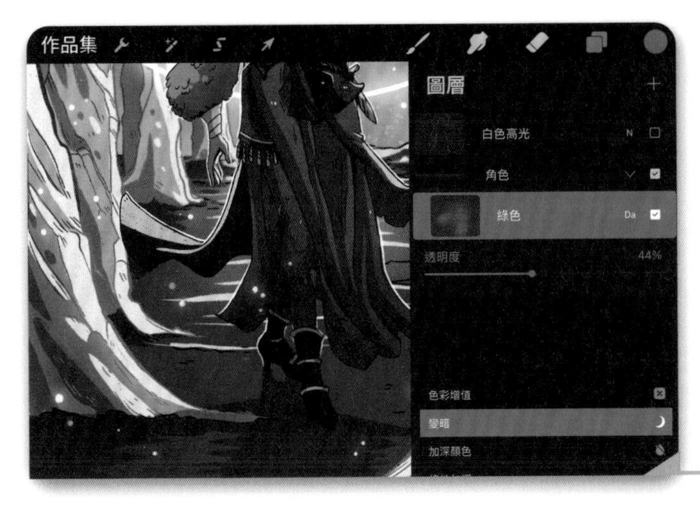


在角色的小腿和腳周圍塗上一些綠色，然後將圖層的混合模式設定為「變暗」並降低不透明度

## 25

最後的這個步驟將為角色圖稿添加一些奇幻感。在所有圖層的頂端製作一個新圖層，然後使用「著墨 > 乾式墨粉」，以白色或非常淡的綠黃色來繪製小的圓形筆觸，就像雪花一樣。將圖層的混合模式設定為「加亮顏色」，然後套用「調整 > 光華」來創魔幻效果。選擇「操作 > 拷貝畫布」然後「貼上」來複製整張畫布。在這個新圖層上，選擇「調整 > 雜訊」並設定為 4%-7%。賦予畫作一個整體感。

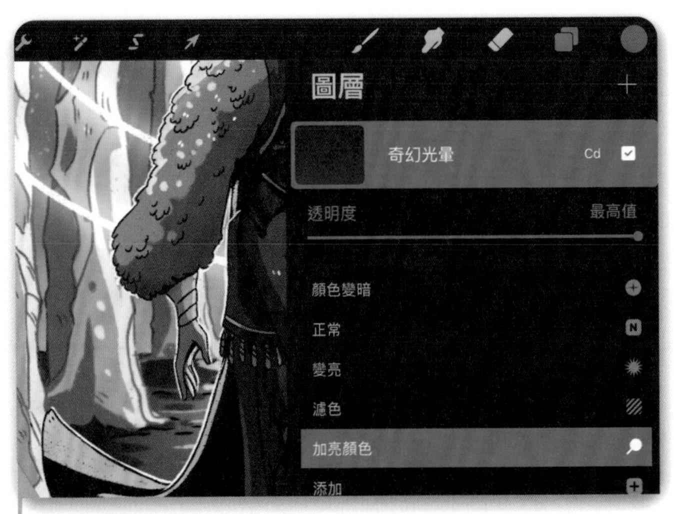


將一個新圖層設為「加亮顏色」來創造魔幻效果

畫上小圓形筆觸，
就像漂浮的神奇粒子

在漂浮粒子上套用「調整 > 光華」
以提升神奇的氛圍

拷貝並貼上整張畫布，
然後套用微量的「調整 > 雜訊」

## 藝術家秘訣

這種非破壞性的創作流程，目的是讓你能隨時來回修改。你可以輕鬆修改你的線稿或基礎底色，而無需重做之後的每一步。這對初學者和專業人士都非常實用。一旦你熟悉了此流程，就能依據需求進行自訂，例如盡量減少使用的圖層數，或在過程中合併圖層。調整流程來配合你喜歡的工作方式。

## 結語

完成的畫作展示了一位神奇的女巫，正在練習她的神秘魔法。光線效果有助於加強角色圖稿的魔幻氛圍。嘗試不同的圖層混合模式和調整，以提升你的設計並快速傳達特定的情緒。因為所有的圖層都還保留著，因此你可以回到明暗的步驟，實驗不同的光線效果，例如陽光明媚的日子。這將完全改變插圖的氣氛。

# 蒙古騎士

JORDI LAFEBRE

一個好的角色設計，透過單一圖像就能夠完整傳達角色的內涵予觀眾。本教學將帶你了解如何創作蒙古騎士角色，從第一張縮圖到最後的角色完稿，包括各種提升作品氛圍的藝術調整和特效。本教學的前半部分將介紹如何創作和定義角色，包括使用底色和細線來添加細節。第二部份將引導你透過繪畫和藝術技巧來激發觀眾的想像力，探索如何運用 Procreate 紋理筆刷和有創意的調整來打造場景。這個過程將協助你了解構成最終角色設計之不同層級的資訊和細節。

## 學習目標

**了解如何：**

- 透過一個能夠協助定義角色並呈現出其經歷的場景來創造角色。
- 使用精確的線條，盡可能傳達大量關於角色的細節。
- 使用繪圖和調整來營造氛圍和簡單的風景，以提升角色畫作。

PAGE 208

### 藝術家秘訣

首先思考你要製作的角色類型。問問自己他們是誰，以及你想講述什麼樣的故事。對於蒙古騎士，你需要尋找參考資料。研究魔法、服裝、文化和環境，探索如何將你的發現融入引人注目的設計中。當你準備好開始素描時，請先製作一張新的畫布。

## 01

在 Procreate 中創作新角色設計時，最好是先在畫布上概略畫下一些線條和形狀，尤其是當你剛開始接觸這個 App 時。畫作縮放的功能可能會讓任何一位藝術家迷失方向，因此為你的角色草繪一個粗略的形狀，可以為你想要達到的目標提供一張方位地圖。思考一下構圖並專注於整張畫布。

嘗試使用諸如「素描 > 工程鉛筆」這樣的平滑筆刷來勾勒初始草圖

## 02

在概略形狀的上方製作一個新圖層，在上面繪製更詳細的角色草圖。線條盡量保持鬆散，並維持整張畫布在視野中，以協助建構一個良好的構圖，留意後續要在何處添加更多細節。使用「選取」和「變形」工具來更改和調整需要修正的圖像區域，而不是擦掉和重頭畫起。

使用「選取」和「變形」工具來編輯你的設計和構圖

## 03

對草圖感到滿意後，降低這個圖層和概略形狀草圖的不透明度，直到它們變成淺灰色。在兩者上方製作一個新圖層，在上面繪製更精緻的人物圖。保留這些圖層可確保你不會遺失任何資訊，並且可以隨時修改。如果你的角色圖稿會由不同的元素組成，例如騎士和馬或背景，請在新圖層上繪製每個元素。這將可讓你個別修改和調整每個元素的比例。

降低概略形狀和草圖圖層的不透明度，用它們當作參考線來繪製更詳細的草圖

## 04

重複此過程，直到你繪製出更詳細的角色草圖。Procreate 筆刷可以根據你繪製的壓力和傾斜度，以及你如何改變筆刷的大小和不透明度來產生充滿變化的筆觸。實驗各種「素描」筆刷集中的筆刷（例如「素描 > 工程鉛筆」），學習運用它們。此時請避免迷失在過多細節中 —— 這些可以留待稍後的過程中再進行。

嘗試素描筆刷集中的筆刷，探索壓力、傾斜度、大小和不透明度如何影響筆觸

## 05

雖然你可以在細修角色時放大並專注在角色的某些部分上，但請時時回頭檢視整張畫布以查看整個設計。確認設計稿中的每一個部分的細節是否恰當適中。有些藝術家喜歡在開始繪製線稿之前，重新繪製高度精確的草圖，有些人則更喜歡保持線條鬆散和簡略。無論你採用哪種方法，最終草圖都是過程中的第一個里程碑，也應該足夠具體，讓你可以在腦海中喚起它。完成最終草圖之後，你可以製作一個副本儲存在你的相簿中作為備份。

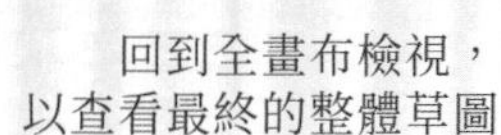

回到全畫布檢視，以查看最終的整體草圖

## 06

下一步是將更精確的線條上墨。你要在透明圖層上製作詳細、精確的線條，以便在後續步驟中更改線稿的顏色。在最終草圖的頂端製作一個新圖層，用白色填滿，並降低其不透明度。接下來，製作一個新圖層作為線稿圖層。

降低白色圖層的不透明度，直到呈現乾淨的灰色，這會使上墨更容易

## 07

從「著墨」筆刷集中選擇一支筆刷。找一支不透明且深色、能夠畫出生動、清晰線條的筆刷。請記住，你可以根據需要更改筆刷的大小和不透明度。不斷嘗試，直到找到一支可以產生你想要的筆觸類型的筆刷。在為角色圖稿添加更多精確細節時，你可能需要放大畫布的不同區域，但要先避免加上小細節或過粗的線條。思考紋理和體積，使用下方的草圖作為參考。

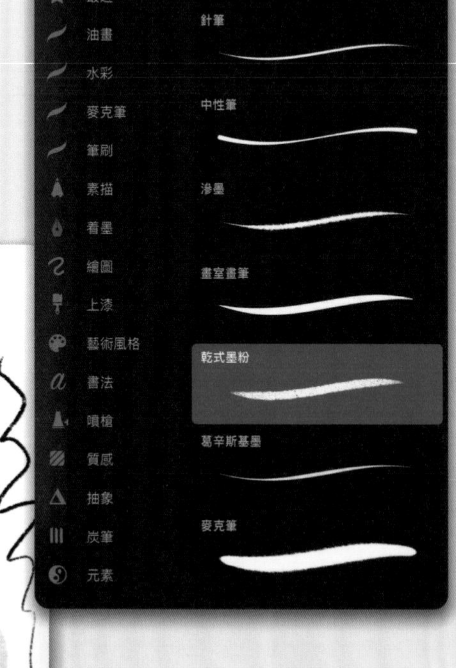

本例的線稿是使用未改變大小的「著墨 > 乾式墨粉」上墨

## 08

完成上墨後，將圖層隱藏在下方以獨立查看線稿。它應該明確且具體以利之後的上色。人物的個性，以及服裝、材質的質感，甚至一些細微的陰影都應該清楚地傳達出來。線稿和草圖一樣，是角色設計過程的另一個里程碑，因此你可能需要多花一些時間來確認你想要使用的筆刷和紋理。同樣的，線稿完成之後，最好能夠複製圖像並儲存在你的相簿中。儲存好備份之後，當你進到下一階段時，就可以將檔案中的草圖圖層刪除了。

縮小畫面以檢視整體的線稿

## 09

下一步是底色。在線稿圖層下方製作一個新圖層，並使用新的底色填滿整個角色，確認沒有留下白點。你在這裡使用的顏色將會融合到角色設計也會影響色調，因此請謹慎選擇。每位藝術家都有自己選擇顏色的偏好方式，Procreate 提供了五種顏色模式，你可以選擇最適合你工作方式的模式。你甚至可以在「調色板」模式下，為角色製作一個調色板。這裡則是使用了低飽和度的灰棕色來填滿馬和騎士。

用單一顏色填滿角色，
並考慮為你的角色製作調色板

## 10

在底色圖層上方製作一個新圖層，並用顏色填滿圖形的每個部分。思考哪些顏色可以搭配得很好，為他的衣服上的圖案等小細節加入新的顏色。當顏色是單色時，你可以輕鬆地用「選取」工具來選擇和更改每個顏色。僅挑選幾種搭在一起很漂亮的顏色，會比使用很多種顏色來得好。對於所選的顏色數量加以限制，可以幫助你想像最後的設計。這裡的配色大多採用柔和的灰色調，適合寒冷的環境和年長人物的狀態。

選擇可以搭配得很好的顏色，
使用參考資料作為靈感

## 11

在底色圖層下方製作一個新圖層，在上面繪製白雪覆蓋的山脈背景。接下來，選擇帶有紋理筆觸的筆刷，它的紋理應該產生模糊、散焦的背景，為這個蒙古騎士創造有可信度的場景。嘗試 Procreate 的各種筆刷，找到一支能產生所需效果的筆刷。你也可以運用橡皮擦工具，使用相同的筆刷模擬出繪畫般的優雅效果。專業藝術家通常會限制同一張角色設計中所使用的筆刷數量，巧妙地使用這些選好的筆刷來創造不同的筆觸。三到四種顏色應該就足夠了 —— 避免使環境過於複雜，以確保焦點仍在角色身上。

為你的角色製作一個
散焦的場景，以確保
焦點仍在角色身上

## 藝術家秘訣

在這個過程中，角色的個性和故事應該開始顯現了。你可以選擇複製檔案並將它儲存在作品集中作為備份，後續就可以依照需求隨時回頭進行不同的嘗試。

## 12

下個階段是添加陰影。在線稿圖層下方製作新圖層，並將它的混合模式從「正常」改成「色彩增值」。決定好光源的位置，然後選擇一個淡紫色，並使用與上墨時相同的筆刷，開始繪製一些陰影。你會注意到「色彩增值」混合模式會將紫羅蘭色變成更暗的透明色調，顯露出下方的底色，為影像創造體積和色調。你可以在小細節或更大的角色區域上使用相同的顏色。

使用你的著墨筆刷來加上陰影——這將為筆觸創造一致的外觀

## 13

下一步是在角色周圍加上一些飛舞的風和雪花，創造一個狂野和危險的山區場景。在角色的頂端和下方製作一個新的圖層。選擇淺灰藍色，然後從「噴槍」筆刷集中選擇一支筆刷，調整其大小和不透明度來找到你想製作的效果。在角色上方和後方的兩個新圖層上畫上雪花。不要畫得過多，只要足夠表現山上的雪景即可。注意不要掩蓋角色的臉部或設計上的其他重要特徵。

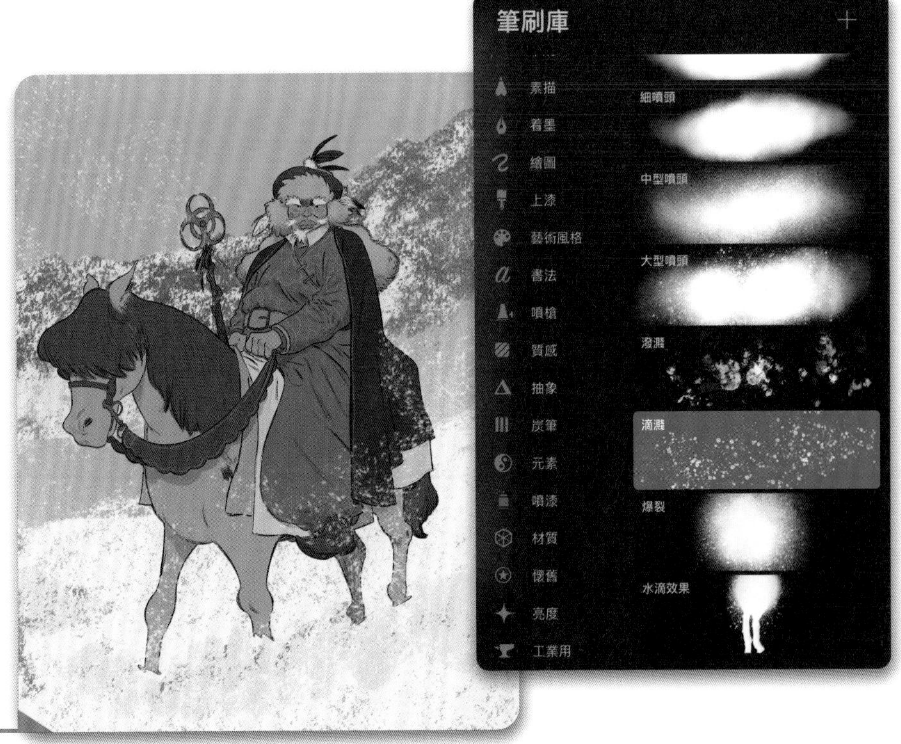


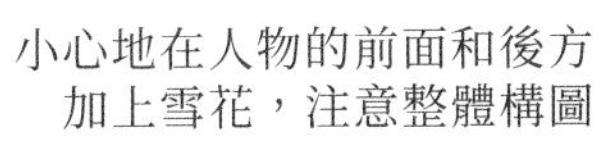

小心地在人物的前面和後方加上雪花，注意整體構圖

## 14

探索「調整」選單中可用的各種選項。專業藝術家會聰明地使用它們，小心挑選並且避免同時使用很多種。使用「調整 > 動態模糊」來模糊雪花，記得從選單中選擇「圖層」模式。嘗試用它來製作一個類似暴風雪的動態，在角色周圍旋轉。

使用動態模糊為雪花賦予動感

## 15

下一步是處理畫作的整體色調。試著用單一顏色來表現出他的心情。應該用什麼顏色呢？蒼白的、羊皮紙般的灰褐色很適合這張特殊畫作的歷史主題。在所有圖層之上製作一個新圖層，並使用你選擇的底色填滿它，然後開啟圖層混合模式選單並選擇「色相」。這樣一來，此顏色就會影響它下面的所有圖層，進一步調整其不透明度來改變色調。

在檢視整張畫布的狀況下完成這個步驟是很重要的，如此才能看到整張畫作的結果

## 16

在所有圖層之上製作一個新圖層，並用紫羅蘭色填滿它。將圖層混合模式設定為「色彩增值」。這種紫羅蘭色會影響下面的圖層，營造出更暗的氛圍。或者，嘗試不同的圖層混合模式並找到你喜歡的。如果此時看起來太暗，請不要擔心，下一步我們會加入光線。調整不透明度，將效果淡化為更微弱的整體紫色調。接下來，在最頂端製作一個新圖層，以便在圖像的前景中繪製一些暴風雪的效果。

到這步驟可能看起來太暗了，
但是別擔心，下個步驟就會加入光線

## 17

該是選擇主光源顏色的時候了。製作一個新圖層，然後從圖層混合模式選單中選擇「實光」。接下來，用暖黃色填滿圖層，讓它像是一道照亮主角的光線。此時黃色將出現在整幅作品中，影響了圖像中的所有內容，但這還不是最後的結果。試著想像它只落在角色身上。調整其不透明度、色相和色調，直到你對顏色滿意為止。

忽略整體的顏色，試著想像這種光線
從光源照射到人物身上時的樣子

## 18

點按黃色光線圖層層，並從「圖層選項」選單中，選擇「遮罩」。使用灰階的明暗開始在遮罩上塗繪，以顯示或隱藏下方圖層的內容。創造從騎士的魔法杖中散發出來的光暈，然後向外散開，呈現光線落在角色的小細節和大整體上。光線會以不同的方式落在不同的材質上，可以靈活地運用筆刷在他的皮膚、頭髮和衣服上創造出真實的效果。

### 藝術家秘訣

製作遮罩是一種具創意的方法，可影響下方圖層上面所顯示之內容的透明度。用白色塗繪將顯示圖層上的內容，用黑色塗繪將隱藏它。依據灰色的深淺程度，用各種不同的灰色進行塗繪，將可顯露出圖層上不同區域的內容。

光有助於突顯角色——用光線來展示角色設計的份量和細節

## 19

下個階段是處理細節。在角色上方製作新圖層，並使用與之前相同的噴槍筆刷在他的前方添加更多雪花。同樣的，使用「**調整 > 動態模糊**」來製作一個狂風大作的暴風雪場景，或者使用「塗抹」工具，用手指塗抹雪花。你可以多嘗試創作出各種暴風雪效果，但要小心不要過度，畢竟角色仍應是焦點所在。

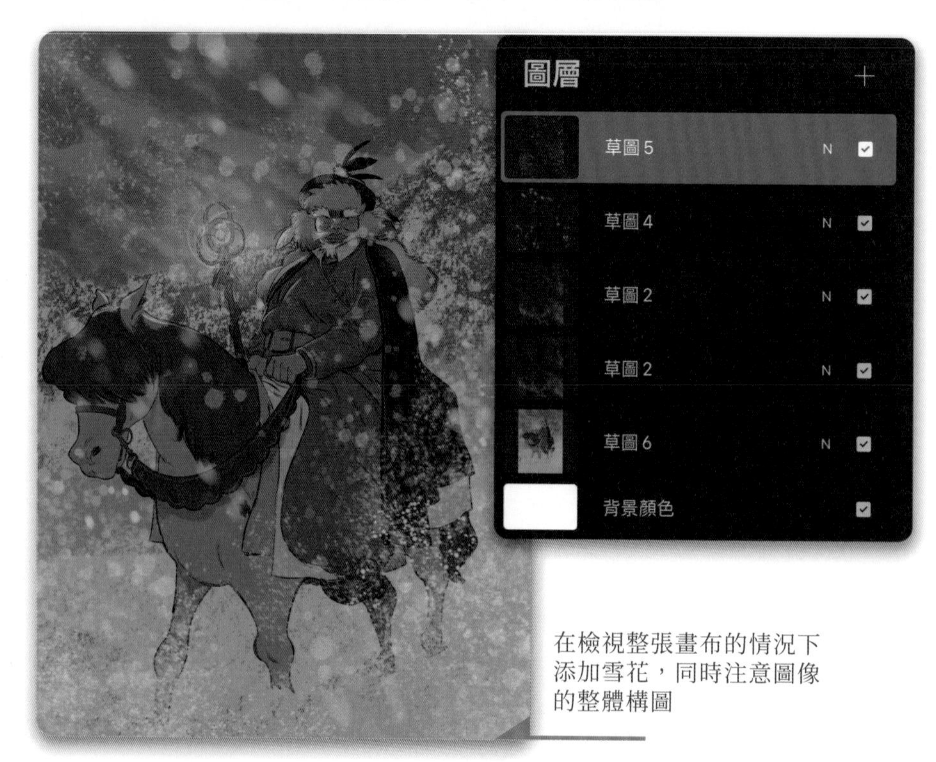


在檢視整張畫布的情況下添加雪花，同時注意圖像的整體構圖

## 20

下一步是提升魔法杖所放射出的魔光效果。要做到這點，圖像需要位在一個獨立圖層上。複製檔案並在你的作品集中儲存備份，以便有需要時可以回頭。在你目前的檔案中，將所有圖層合併成一個。接下來，複製這個圖層 —— 相同的圖像至少需要出現在其他圖層兩次以上。選擇最頂層並選擇「**調整 > 梯度映射**」，然後選擇「圖層」選項。使用它將帶有粉紅色的陰影和金黃色高光的日落色調套到場景中。

此效果將僅用在魔法杖周圍的光線部分，試著想像光線如何落在角色身上

### 藝術家秘訣

到了這裡，有些人會認為這件作品看起來已經完成了。然而，專業的完稿動作往往是那些可以將圖像提升到另一個層次的小細節和特殊效果。這些技巧很容易透過 Procreate 這樣的數位工具來完成。

## 21

在此圖層上製作一個遮罩。和先前一樣，在遮罩上塗白色會顯示下面的圖層。從「噴槍」筆刷集裡選擇一支筆刷，降低其不透明度，並使用它在魔法杖上和角色的上半部小心地塗上白色，讓下方的魔幻溫暖漸層能夠穿透。

在遮罩上塗上白色來顯露下方的魔幻光線層，在角色上投下溫暖的光暈

## 22

要在圖像前面重新製作更多雪花，請製作一個新圖層並選擇一種蒼白到接近白色的顏色。這種白會從畫面上突顯出來，產生一個新的層次感。在新圖層上塗幾片雪花，使用「塗抹」工具輕輕地模糊它們。確保雪花不會分散觀眾對騎士的注意力 —— 角色應該永遠都是圖像的主要焦點。

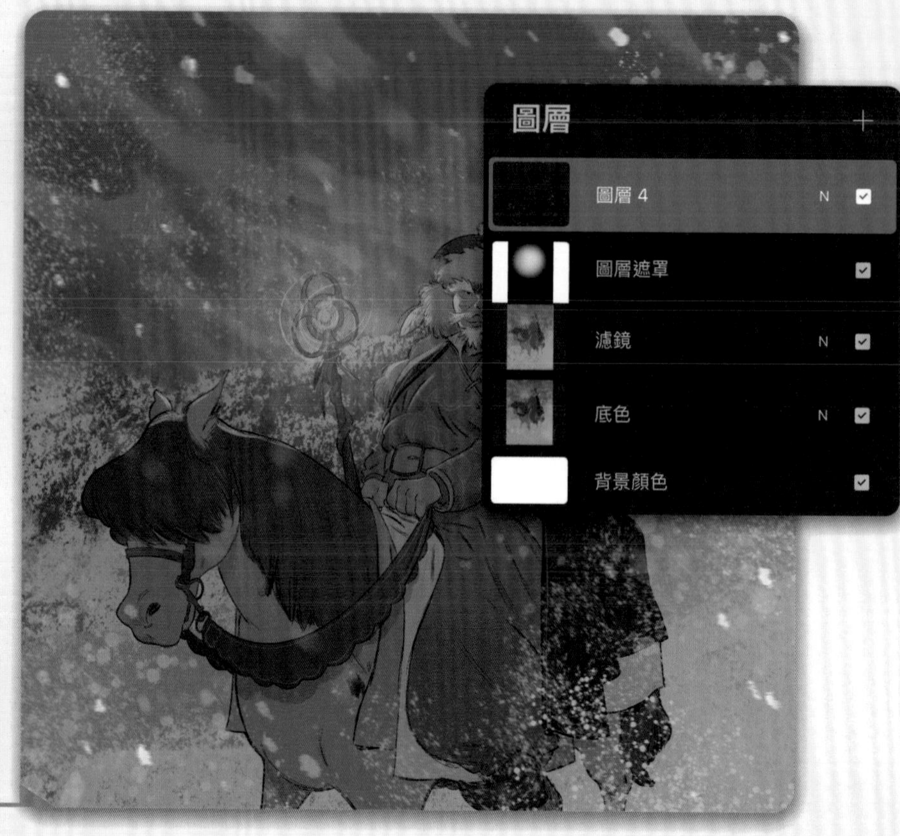


最後添加幾片蒼白的、幾乎是白色的雪花，以創造一個新的層次感

## 23

縮小畫面來查看整個圖像，確認你對角色及其環境都感到滿意。如果有需要，請離開一會兒再帶著全新的眼光回來看。做最後的微調，然後儲存圖像。恭喜，你的蒙古騎士完成了！

### 結語

角色的故事應該透過構成畫作的大小細節和設計選擇，讓觀眾一目了然。每一個筆觸、顏色和特殊效果都應該朝這個目標思考。遵循本教學的步驟能幫助你製作出一個引人入勝的蒙古騎士角色，激發觀眾對他的想像力。你還可以創造哪些歷史人物呢？進行研究調查，讓他們活過來！

Final image © Jordi Lafebre

# 奇幻藥師

FATEMEH HAGHNEJAD
“BLUEBIRDY”

所有角色藝術家都想要為角色創作注入個性和生命。本教學將教你如何實現這些關鍵要素，指導你一步步走過藝術家的實地操作，詳細介紹本畫作用到的工具和筆刷以及實用的Procreate 技巧來加快這個流程。

你將學到如何將腦海中的想法轉化為概略的草圖，接著畫出乾淨清晰的線稿，最後製作出渲染上色的角色完稿。在這個範例中，角色是帶著一隻寵物噴火龍的奇幻藥師，背景很簡單。本教學將探討如何使用參考圖片幫助你選擇光線和顏色，並介紹常見錯誤，第一次就能把事情做對是非常重要的事。

## 學習目標

**了解如何：**

- 透過初步草圖探索對角色的想法。
- 使用透視繪圖參考線來製作地平線。
- 從草圖到線稿再到顏色，使用圖層來建構角色設計。
- 添加細節、調整、光線和陰影來提升設計。
- 模糊背景，使人物成為畫作的焦點。

PAGE 208

## 01

首先寫下你希望在最終作品中看到的所有內容。把那些在你腦子裡流轉的想法記下來。以這件作品來說，這些詞是：神秘、煉金術士、優雅、肩上的龍、黃金、火、馬車、市集和商人。這個角色將是一個溫柔、優雅的女性角色，她正在做她熱愛的事 —— 和肩膀上的寵物噴火龍合力製作藥水。他們倆一起工作，經常與商人一起前往遙遠的國度。她的衣服應該是舒適而有層次：棉質襯衫、皮革背心和絲質長褲，作品的情緒應該是興奮的。透過這種方式寫下激發靈感的文字和角色規劃；對角色越是了解，越有助於成功傳達角色的個性。

一張非常快速的草圖，用於描繪角色的願景

## 02

現在，將你的想法變成角色的快速全身正面圖。此時你可以嘗試一些服裝細節，因為服裝會是此角色設計的關鍵元素。此草圖將成為最後圖像的參考。在這個情況下，「對稱」工具會很有用。點選「操作 > 繪圖參考線 > 對稱」，在參考線上方的正常圖層上繪製圖形。探索各種有助於講述角色故事的服裝創意。

使用「對稱」快速畫出角色草圖，搭配不同的服裝創意

## 03

使用「繪圖參考線」加入一條水平參考線並維持到草圖繪製結束，應該會很有幫助。這將協助你思考所有角度和物體的透視角度。選擇「操作 > 繪圖參考線 > 透視」，然後依據自己的喜好來調整水平線。

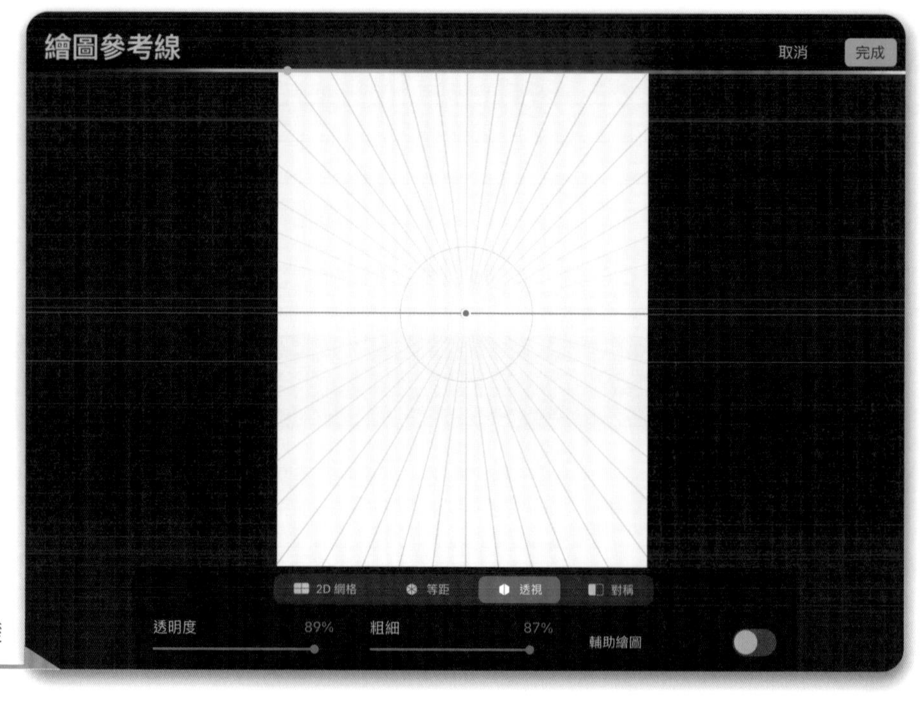


透視工具很容易使用和調整，為角度的正確繪製奠定基礎

## 04

製作一系列小草圖，捕捉角色的日常生活和工作。一種方法是繪製一條地平線，以及一個圓柱體，將圓柱體分為七八個等分，以反映她這個年齡的奇幻女孩角色的原型比例。彎曲這個圓柱體來配合你選擇的透視參考線，並使用它來嘗試不同的角度，為角色的動作找到最佳、最清晰的姿勢。圖像的焦點應該放在她的臉部和她正在做的動作，所以最好將大部分的細節和銳利的邊緣放在她臉的周圍以及雙手的動作上 —— 這會將觀眾的注意力吸引到這些區域。離焦點區域越遠，圖像就越鬆散，細節越少。

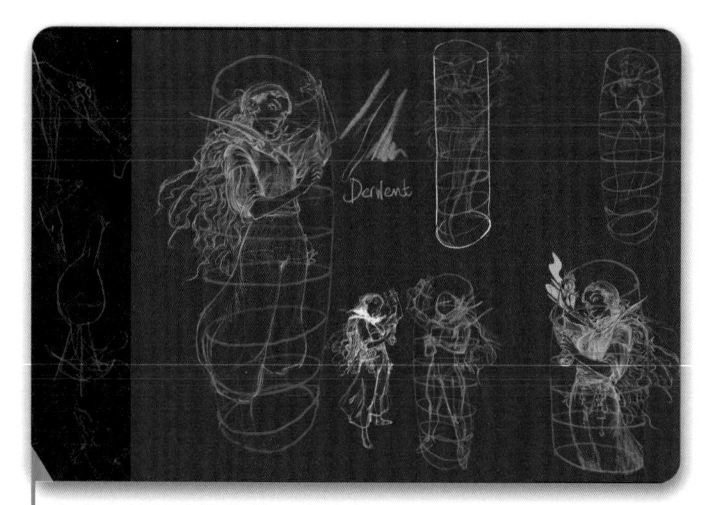


角色和她的寵物龍的一些速寫

### 藝術家秘訣

經常水平翻轉圖像來檢查圖稿中的平衡度。這是個好方法，可以從新角度查看角色和你的想法，並修正你可能忽略掉的問題。

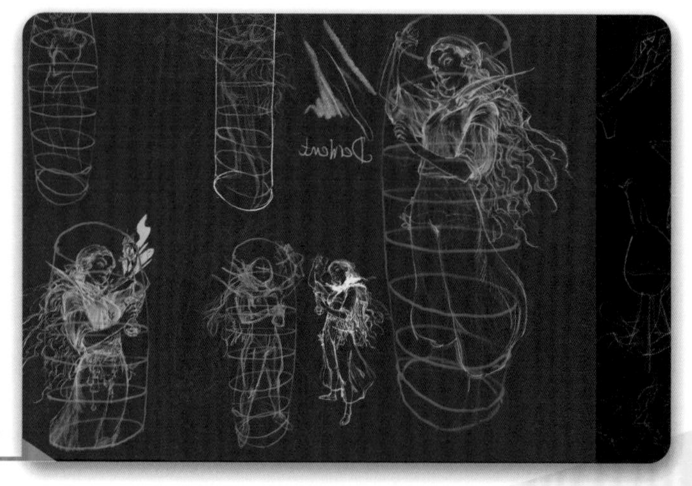

翻轉你的草圖來重新檢視

## 05

接著選擇一個角度和造型來進行下一步，在新圖層上製作角色的基礎草圖。選擇一種明亮的顏色，清楚畫下動作和物件。很重要的一點是將構圖上的平衡畫出來。在背景中加上一些書籍、瓶子、藥水盒和帳篷，有助於講述角色的故事並傳達她正在與其他商人一起旅行。將此基礎草圖圖層的不透明度降低到 50%，以便在頂端的新圖層上繪製更明確的草圖。

角色的基本草圖、她的龍，還有簡單的背景

## 06

在基礎草圖的頂端製作一個新圖層，並開始繪製更明確的草圖，從大形狀開始，然後添加細節。現在可以開始將背景中的物件畫得清晰一些。同樣在這個圖層上，試試針對角色的表情做一些創意性的發想。要捕捉她對自己手藝的欣賞，再加上她清楚自己在做什麼的神情。要做到這樣的表達可能需要花一些時間，但在這個階段，你可以慢慢來。將微白的黃色調加入背景底色圖層會很有幫助，使畫布在視覺上更柔和。

一個更明確的草圖，為接下來的乾淨線稿層做準

## 07

在開始繪製清晰的線稿之前，製作一個設定為「色彩增值」的新圖層，並將角色的輪廓著色，檢查你對整體形狀是否滿意。做法是使用「**選取 > 徒手畫**」來選取角色，然後選擇一種顏色並將它拖曳到選取的範圍中。你可以對不同圖層上的背景物件執行相同操作。

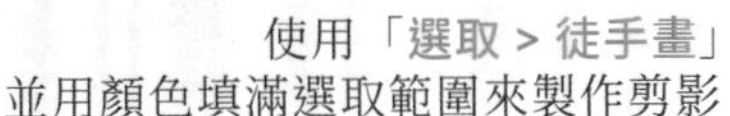

使用「**選取 > 徒手畫**」並用顏色填滿選取範圍來製作剪影

## 08

到了這一步，畫作中的每一個小錯誤都變得顯而易見。例如帳篷的透視角度不對，而且有一些結構上的問題。製作新圖層並使用對比色進行這些更正。你可能需要花一些時間來弄清楚透視角度，並且讓一切看起來有趣，但在朝錯誤路線走得太遠之前，在此刻就進行修正是值得的。待角色的服飾、表情和簡單的背景更加清晰後，就該進入下一個圖層了。

花一些時間修正錯誤

使用對比色在新圖層上標記修正之處

## 09

在處理像小噴火龍這樣的元素之前，最好先進行一些研究，確保你了解諸如翅膀之類的功能。研究你不熟悉的部分，並透過每幅習作來累積知識是很棒的，是個很棒的做法。這也會節省許多時間，並且給你繼續前進的信心，讓你不必在畫畫中途停下來做更多的研究。在 Procreate 進行數位化工作非常適合這樣做，因為你可以在新圖層上練習，稍後可以將它隱藏起來。

蝙蝠翅膀習作，
為小噴火龍的繪製做準備

## 10

若對目前的草圖覺得滿意了，就要開始製作一個新圖層，準備繪製明確的線稿。為了給自己一個更好的背景來繪製，並突顯出主角和周圍的物體圖層，將白色拖曳到它們下方的新圖層中，並將圖層不透明度降到 50%。在這個白色圖層上製作一個新圖層開始繪製。使用「**素描 >6B 鉛筆**」來模擬傳統鉛筆的質感。花些時間仔細畫上每一條線，而不是像前幾個階段那樣鬆散的手法。

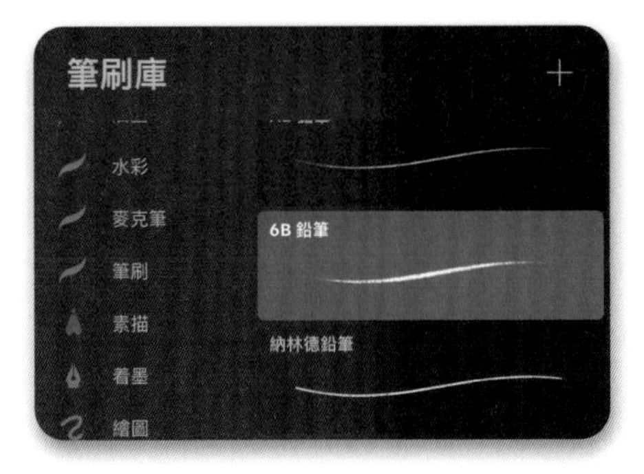

用 6B 鉛筆筆刷繪製乾淨的線稿

## 11

為了產生均勻、一致的線稿，在添加細節時盡量不要放大或縮小畫面，也不要改變筆刷大小。這樣，你就可以簡化較小的物件，更能掌控整張圖稿。在觸控筆碰到螢幕之前，多思考幾秒鐘，避免任何不必要的額外線條。

在最上方的新圖層上，繼續繪製乾淨的完稿線條

## 12

這件作品的背景非常簡單，類似水彩的淡彩。使用照片（如圖所示）當作光線和色彩的靈感是個好主意。但是要確認它是否符合你想要呈現的氛圍，再進一步調整。雖然畫作的目標是創作出更奇幻、不符合現實的場景，但參考照片是一個很好的起始點。製作一個新的圖層，開始加入簡化顏色的淡彩。

使用顏色和光線參考照片來定下背景的基本底色

## 13

現在你可以將線稿圖層的顏色更改為不那麼鮮明的顏色，例如深紫色。做法是：使用阿爾法鎖定線稿圖層，並使用你想要的顏色進行繪製。或者，你可以選擇圖層並使用「調整 > 色彩平衡」更改線稿的整體顏色。最後，將線稿的圖層混合模式更改為「色彩增值」，讓它與後續的顏色和諧搭配，而非消失不見。

更改線稿顏色，讓它融入最終圖像

## 14

下一步是製作一個新圖層並為角色加上底色。為作品上色的方法有很多。其中一種是將你喜歡的顏色圖片和繪畫儲存下來並研究它們，探索你喜歡的色彩關係，然後運用在你自己的作品中。在這個階段中，你可以多多使用「重新上色」工具（請參見第 207 頁），這是嘗試新顏色的好用工具。你也可以選擇需要更改的區域，然後將想要的顏色從右上角的色票拖曳到所選取範圍域中。在拖曳顏色時，你可以向右滑動將顏色加到更多區域中，或向左滑動以影響更少區域。

使用「重新上色」工具為角色加上底色

嘗試不同的顏色——背心從棕色變成了紫色

## 15

在主角站立的帳棚內部添加一些陽光，讓人感覺溫暖而想親近。做法是製作一個新圖層，將它設定為「濾色」混合模式，然後選擇一個暖橙色的軟筆刷畫上陽光。「濾色」圖層會限制飽和度。

加一些陽光在帳棚內和人物的身上

### 藝術家秘訣

永遠記住光源的位置，這樣你就能夠想像光線如何落在角色和場景中的不同物體上。如果你使用參考照片，你可以參考它來定位太陽在影像的位置。將光線加在能夠為圖像加分的地方，利用它來將觀眾的視線引導到你想要的位置。在這個範例中，在主要角色的手臂和褲子上添加一些光線。

### 藝術家秘訣

不同的圖層模式可以幫助模擬不同類型的光線。「添加」、「濾色」和「加亮顏色」對於製作明亮的高光都很有幫助，可以多多嘗試，看看你可以製作出什麼樣的的光線效果。

## 16

現在該使用「噴槍 > 軟筆刷」或「噴槍 > 中等筆刷」等軟筆刷，在新圖層上添加環境陰影了。

### 藝術家秘訣

考量環境光和陰影的方法，是將你正在上色的表面角度與你的視線做比較。如果它與你的視線平行，那麼這個表面幾乎沒有機會反射光線，會越來越暗；但如果它與視線相交，就會反射更多的光線並且更亮。簡單地想像將這個形體籠罩在陰影中，當物體的角度離開觀者時，就不會將光線反射到觀者的眼睛中。

使用軟筆刷在新圖層上添加四周陰影

## 17

使用剪切遮罩來提升主要的視覺焦點——在此範例中，就是角色正在製作的魔法藥水。目標是讓帳篷內部籠罩在陰影中，這樣魔藥發出的光芒就會更強烈。帳篷外面需要有一個較暗的背景，將注意力集中在魔法發生的地方。背景中的樹葉是一個好用的暗色背景。

將焦點放在影像正在發生的事情上

## 18

製作一個新圖層，將混合模式更改為「濾色」，然後將藥水產生的光線加到角色和她的噴火龍助手上。請記住，離藥水光芒最近的表面會反射更多的光，而較遠的表面會反射較少的光。使用「選取 > 徒手畫」來添加光線，或從陰影區域將它擦除。接著添加一些藍色光線，使背景中的帳篷變得更蒼白，不那麼顯眼，增加環境的景深。

使用「選取 > 徒手畫」來增加光暈

## 19

為了幫助將角色融入背景，使她在視覺上更有份量，製作一個新圖層並將其模式改為「濾色」，然後使用「選取 > 徒手畫」來選取你想要處理的區域。如果你想選取整個角色，只需點按剪影圖層，選取輪廓，然後回到「濾色」圖層。選擇一種藍灰色，並使用柔和的筆刷，例如「噴槍 > 軟筆刷」或「噴槍 > 中等筆刷」，在角色周圍上色。如果要進行任何調整，請選擇「調整 > 曲線」來平衡顏色。

使用軟筆刷來添加環境光或包圍光

## 20

接著要運用色差為作品添加更多有趣的顏色。這個工具會偏移 RGB 影像中的紅色版和藍色版，以模仿傳統攝影中品質較差的相機鏡頭所引起的錯位效果。這個效果並不是非常明顯，看起來就像是輕微的藍色或紅色光暈，但會帶給圖像一種俐落的電影質感。要進行這個操作前，所有的圖層都需要先扁平化。首先複製所有圖層，以保留個別的圖層未來仍可使用。接下來，選擇「調整 > 色差」來套用效果。接著你可以將任何想要保持清晰銳利的區域之色差效果擦除，例如，角色的臉部。

使用色差來加上進一步的顏色特效

## 21

下一步是將背景向後推一點，使它更不重要。首先，再次複製並扁平化圖層，然後選擇「調整 > 模糊 > 透視模糊」，加上一個低強度的效果（向左滑動以降低強度）。將模糊圖層從想要保持清晰的位置擦除。

套用透視模糊，使背景不那麼鮮明

## 22

現在這幅畫差不多快完成了，該添加細節和紋理來整合一切了。要調整角色頭髮的動態，請選擇「變形 > 翹曲」。這裡會出現一個包含翹曲網格的方框，像網子一樣覆蓋住畫作內容。你可以透過調整角、邊或內部網格，來變形內容的任何部分。接下來，製作一個新的「濾色」圖層，並使用水彩筆繪製穿過樹枝照進帳篷內部的光線。

使用「翹曲」工具
調整角色頭髮的動態

## 23

從現在開始，將這幅畫視為單一圖層。將所有個別的圖層保留在下方以便隨時調整是很重要的，舉例來說，如果你想選取角色，可以到剪影圖層執行此操作。在圖層面板中，將線稿圖層移到顏色圖層上方，以它當作參考線，使用「噴槍 > 軟筆刷」，在角色衣服縐摺的周圍加上高光和陰影。接下來，使用「藝術風格 > 普林索」筆刷加上一點質感。繼續為角色上色，直到畫作出現整體感。你可以使用「徒手畫」選取工具來選取範圍，它可以讓你控制邊緣，筆觸要多大、要有什麼質感都可以隨心所欲。

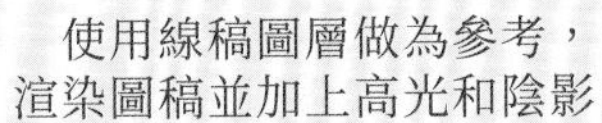
使用線稿圖層做為參考，
渲染圖稿並加上高光和陰影

## 24

現在一切都在正確的位置上了，用「上漆 > 濕丙烯顏料」和「素描 >6B 鉛筆」筆刷來加上完稿的紋理。在新的「正常」圖層上執行此操作，並憑直覺來做。在一個「加亮顏色」圖層中，使用「選取 > 徒手畫」工具來整理邊緣。用深棕色的「上漆 > 濕筆刷」，添加陰影將觀眾的視線引導到角色身上，並平衡整體明暗。若要檢視明暗效果，可在所有圖層上方添加一個圖層，將它的混合模式更改為「顏色」，並將圖層設為白色。這可以讓你以灰階查看圖稿、檢查明暗，並在需要時調整它們。

在一個設為「顏色加亮」的圖層上，使用「選取」工具清理邊緣

製作一個「顏色」圖層並改為白色來檢查圖稿的灰階

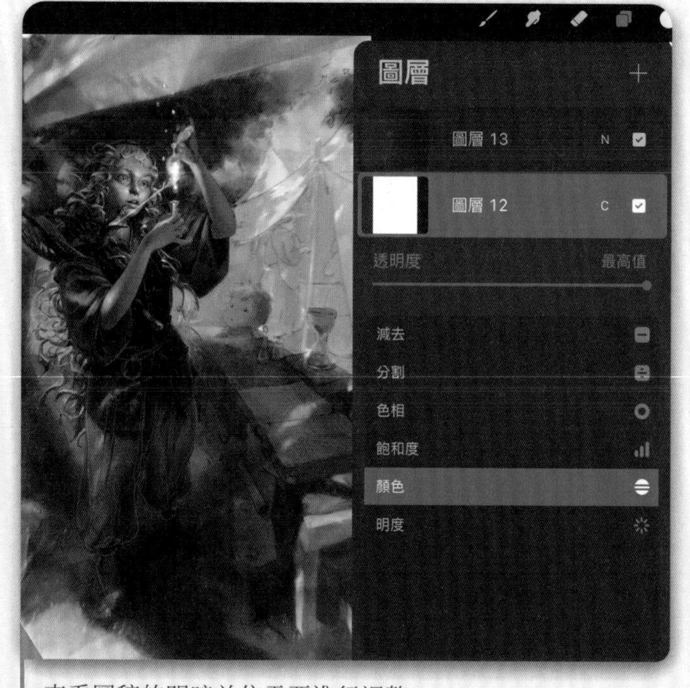


查看圖稿的明暗並依需要進行調整

### 結語

你的藥師角色完成了！針對你製作的每個角色畫作，請記下你可以做些什麼來改進下一次的流程。在進入主圖之前，養成進行小型習作和顏色測試的習慣。這些可以讓創作過程更容易也更清晰。記下你的想法，開始畫草圖，找出你不太會畫的東西，然後研究它們 —— 學習專業繪者工作的方式。

Final image © Fatemeh Haghnejad “BLUEBIRDY”

# 神槍手巫師

KORY LYNN HUBBELL

本教學將教你如何在 Procreate 製作一個持弩施法的巫師角色。這個角色具有古老的西方元素與不羈的形象，生活在危險的奇幻世界中，那裡充斥著魔法師和殺手，虎視眈眈地從疲憊的旅人身上搶奪他們的工具。

首先你將學習如何將縮圖變成粗略的草圖，細修你的設計和線條，畫出明暗和細節，然後再將繪畫淬煉成完稿圖像。你會學到如何以一種易於維護和建構角色輪廓的方式來規劃圖層，以及如何製作發光的魔法火焰效果。本教學還將介紹如何製作一個簡單的背景，讓角色處在奇幻世界中。

## 學習目標

**了解如何：**

- 使用圖層建構角色，從縮圖到最終設計。
- 透過光影提升角色設計。
- 使用筆刷和「塗抹」工具以及線稿，對圖像進行渲染和控制。
- 使用結合線條和繪畫的方法來創造角色。

## 01

首先製作一張新畫布並選擇「繪圖 > 朦朧」筆刷。另一支你可以在此步驟中使用的出色全能筆刷是「藝術風格 > 袋鼬」。練習畫一些筆觸，使用側邊欄的滑桿來調整大小和不透明度，直到它產生你想要的樣子。開啟「顏色」選單並選擇一個較深的顏色來繪製我們的第一個草圖。

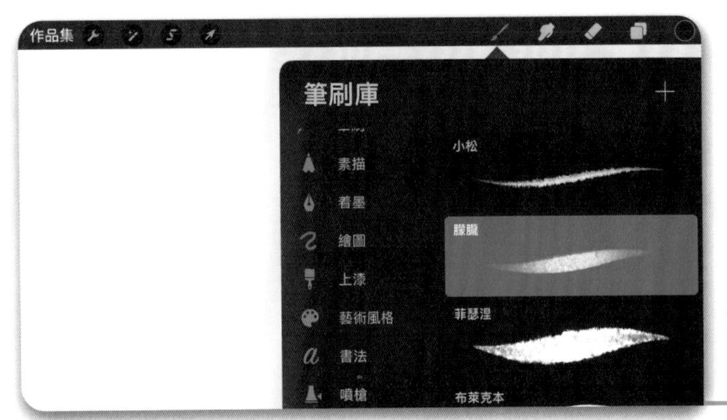


選擇你的筆刷和顏色，試試各種大小和不透明度

## 02

繪製一些粗略的縮圖，以製作角色的基本草稿。暫時不要太注意細節。保持草圖小巧快速，專注於輪廓和形狀。使用參考影像來畫他的姿勢，探索角色如何呈現自己。給角色一些有趣的特徵，例如長袍、弩、盾牌或魔杖。嘗試不同形狀和尺寸的衣服和身體，思考這些是否能有助於描述角色故事。畫下快速鬆散的筆觸，雖然看起來有點雜亂但也不用擔心。把它想像成雕刻，用筆刷刻畫線條和陰影，然後將亮光的部分擦除。要擦除亮部，請選擇「噴槍 > 硬質筆刷」的橡皮擦工具，並依照需要調整大小。

畫下快速縮圖草圖，將注意力放在大形狀而非小細節上

## 03

下一步是選擇最適合的縮圖並將它放大到全尺寸。點按「選取」工具，在你選擇的縮圖周圍畫一個圓圈，然後點按灰色圓圈來封閉範圍。用三指向下滑動並選擇「拷貝」，再次向下滑動選擇「貼上」，這會將縮圖貼上到新圖層上。關閉縮圖層的可見度，將它隱藏起來。接下來選擇新圖層，點選「變形 > 均勻」。向上拖曳方框的角，直到角色填滿畫布，但請記得為角色的頭和腳留一點喘息空間，並留意整體構圖。

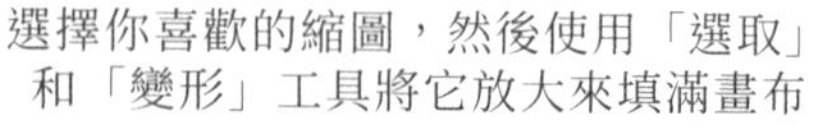
選擇你喜歡的縮圖，然後使用「選取」和「變形」工具將它放大來填滿畫布

## 04

在進入細節的繪製之前，請思考一下人體結構和姿勢。花一些時間來修正角色的姿勢，並確保身體結構上是合理的，即使是隱藏在他們的裝束下。將草圖圖層的不透明度降低到 15% 左右。這將作為在上方的新圖層上繪製更精緻草圖的參考線。不要羞於使用參考圖來協助你繪製角色的姿勢。如果需要，使用「添加 > 插入一張照片」將你的參考圖像加到畫布上。接著你便可以在螢幕上移動影像，並像其他圖層一樣更改其大小或不透明度。你也可以點按圖層，並選擇「參照」將它標示為參考照片，這樣在檢視「圖層」面板時就很清楚明瞭。

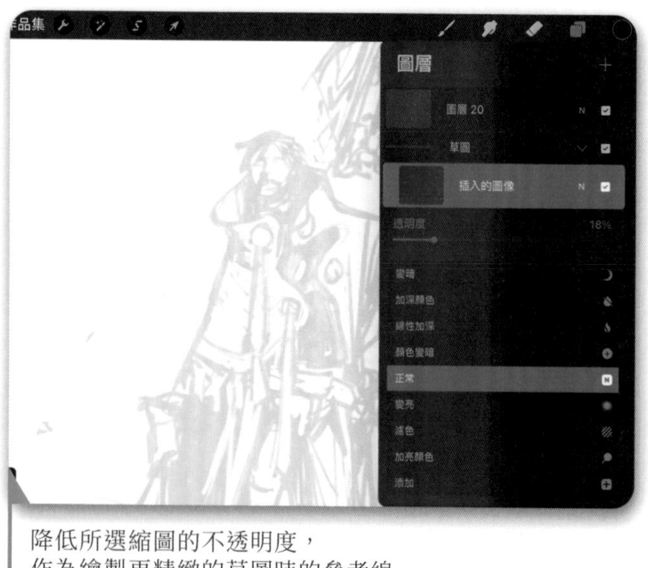


降低所選縮圖的不透明度，
作為繪製更精緻的草圖時的參考線

使用參考圖來協助你捕捉角色的姿勢，
在繪製草圖時將它們暫時加到畫布上

## 05

製作一個新圖層並選擇不同的顏色，例如橘色，用它在縮圖上方繪製身體結構圖。試著讓角色看起來像是在抵抗重力。運用旋動姿態（contrapposto）來進行，這是一種使肩部和臀部角度交替的繪畫技法，重量主要是由一隻腳承擔，這會創造一種具有律動感、自然流動的姿態。接下來，降低姿勢圖層的不透明度，以便同時看到兩個草圖。複製放大的縮圖草圖來作為備份，然後隱藏副本。使用「選取」工具選取縮圖中任何與姿勢圖層不同的區域，然後使用「變形」工具進行調整。嘗試使用「**變形 > 翹曲**」和「**變形 > 扭曲**」將草圖微調成形。接下來，隱藏姿勢圖層並繼續修飾你的縮圖，直到你確認主要的設計元素，為後續的流程打下良好的基礎。

細修姿勢以確認它在解剖學上是正確的，然後調整縮圖來配合

## 06

將縮圖圖層保持在低不透明度，製作一個新圖層來繪製精細的草圖。放大新圖層並開始繪製詳細的線稿。使用一支細筆刷，例如「**繪圖 > 朦朧**」，仔細繪製設計草圖。畫上陰影區域，並使用自信的筆觸避免線條看起來粗糙鬆散。繪製細節，如皮帶扣、流蘇、魔法棒、弩弓設計、服裝元素，以及它們懸掛在身體上的方式。使用參考圖片將幫助你準確捕捉這些小細節。留意如何以每個筆劃暗示輪廓來描述形狀的變化。確認你的繪圖有留白空間，以及集中的細節區域，以確保可讀性與平衡感。過多細節會使觀眾感到困惑，並且很難看清發生了什麼事。填滿輪廓線的任何間隙，並小心掌控外邊緣。如果重點區域的輪廓很明確，那麼內部的細節就不需過度著墨。

在新圖層上製作更精緻的繪圖，使用自信的線條來充實細節

嘗試捕捉構成角色圖稿的不同輪廓、形狀和形式

## 07

對線稿感到滿意後，點按「選取 > 自動」。按住繪圖外的空白空間，慢慢向左或向右移動你的觸控筆，直到藍色部分盡可能接近你的輪廓。點按「反轉」，這會將選取範圍轉為角色而非他周圍的空間。製作一個新圖層移動到繪圖的下方。選擇一種深色、飽和的橙棕色，使用「色彩快填」填滿角色的輪廓選取範圍。接下來，選擇橡皮擦並細修輪廓的邊緣來符合草圖，或者選取區域來擦除或填滿，以得到乾淨、清晰的邊緣。

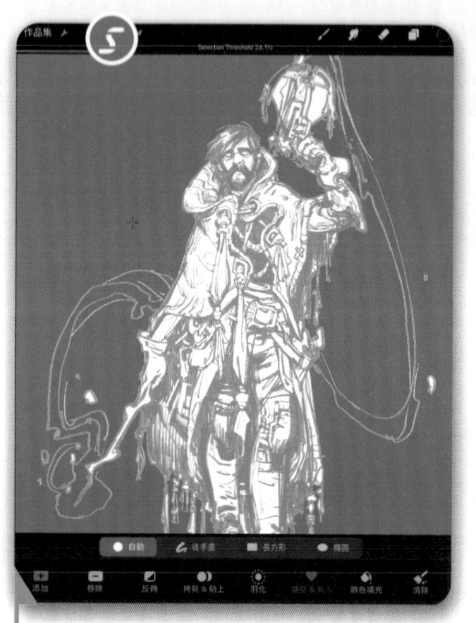

選擇角色周圍的空間，然後
反轉選取範圍，讓角色被選取起來

將陰影顏色拖曳到角色上

使用「選取」工具和橡皮擦清理輪廓

## 08

選擇目前圖層下方的一個新圖層，在角色旁邊製作調色板。製作色彩配置的方法有很多種；一種方法是選擇原色、二次色和三次色。在選擇顏色時，可先在頁面上繪製筆觸，感受一下你想使用的筆刷效果。「藝術風格 > 袋鼬」就很適合，因為它有相當粗糙的邊緣，可以創造很棒的動態效果。如果傾斜觸控筆或增加筆刷大小，你可以在低、寬、柔和的筆觸中創造出豐富的紋理和變化。你也可以柔化筆觸並將它與畫布上的現有顏色混合，就像水彩一樣。也可以花一些時間嘗試「塗抹」工具。選擇「塗抹 > 上漆 > 尼科滾動」，它具有堅硬的外邊緣和紋理。以各種顏色來實驗你選擇的筆刷和塗抹筆刷，探索它們如何根據你套用筆觸的方式來產生硬邊緣和軟邊緣。

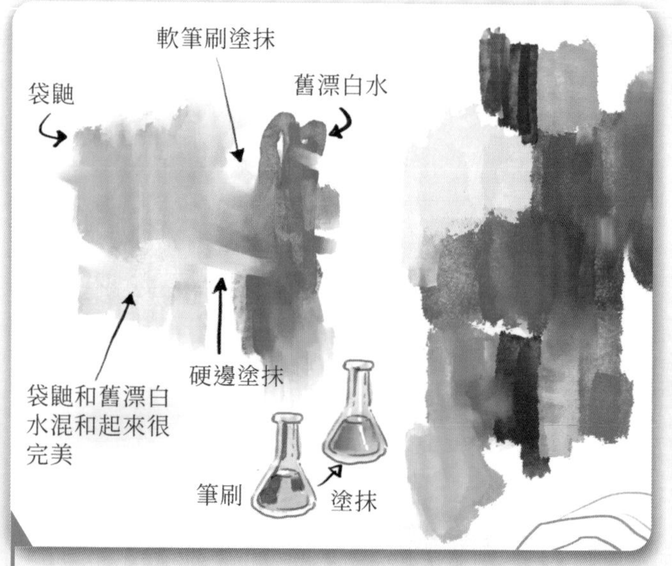


在其他圖層下方的單獨圖層上製作調色板，
一邊繪製角色一邊增加顏色

## 09

選擇線稿圖層，並將它設為剪切遮罩，這會變成由下面圖層來決定哪些像素在被遮罩的圖層上是可見的，這代表無論你在上面新增多少圖層，都不必擔心畫出輪廓外而破壞邊緣的完整性。你可以根據需要剪切任意數量的圖層，它們都會遵循下方圖層。

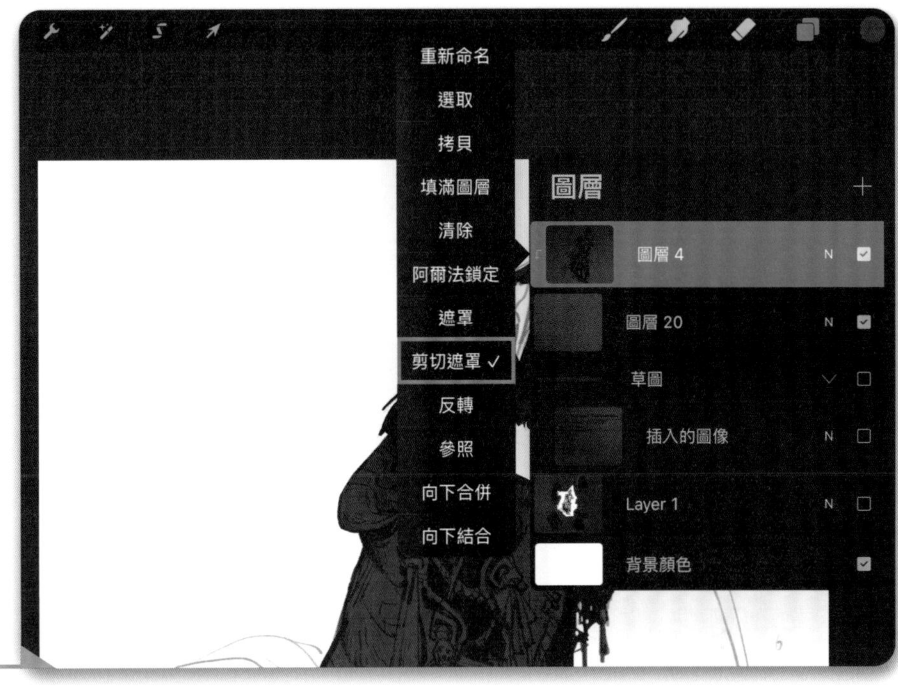


將線稿圖層設為剪切遮罩，這樣你就可以在人物上自由繪畫而不會破壞輪廓

## 10

在你的線稿和輪廓圖層之間新增一個圖層。調整線稿圖層的不透明度，讓它僅在輪廓圖層上看得見，並用它當作繪圖時的參考線。從你的調色板中為不同的服裝元素選擇顏色，就像在畫著色本一樣，輕輕地繪製顏色筆觸。不要擔心畫到線條之外，因為它已經剪切到下面的圖層。使用「藝術風格 > 袋鼬」筆刷並選擇一個大尺寸，繪製長而緩慢的輕筆觸來建構顏色。在陰影區域保留一些棕色基礎底色，只添加一點點其他顏色。在光線照射到角色的地方繪製更多顏色。留意一下，如果你更改了下方的圖層，也會連帶影響上方被剪切之圖層的可見像素。此外，在白色背景上色會使顏色顯得較暗，因此請使用此步驟將「背景」顏色圖層改為中間灰色。

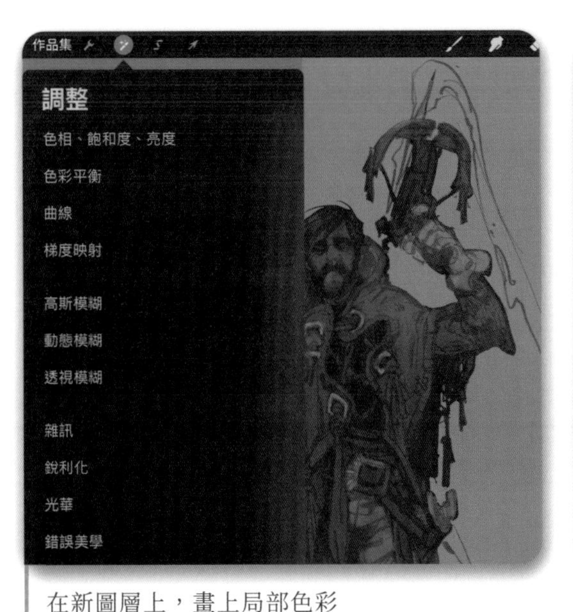


在新圖層上，畫上局部色彩

沒有畫上任何線條——可看到線條和色塊搭配得很好

將背景從白色改為中間灰色會有幫助

## 藝術家秘訣

到目前為止，你已經製作了一張草圖，並為簡單的局部顏色奠定了基礎。根據需要盡可能多使用線稿，並且只加上你想讓觀眾聚焦的細節。這將能節省很多時間，並產生一張更具可讀性的圖像。請記住，沒有錯誤一只有實驗！

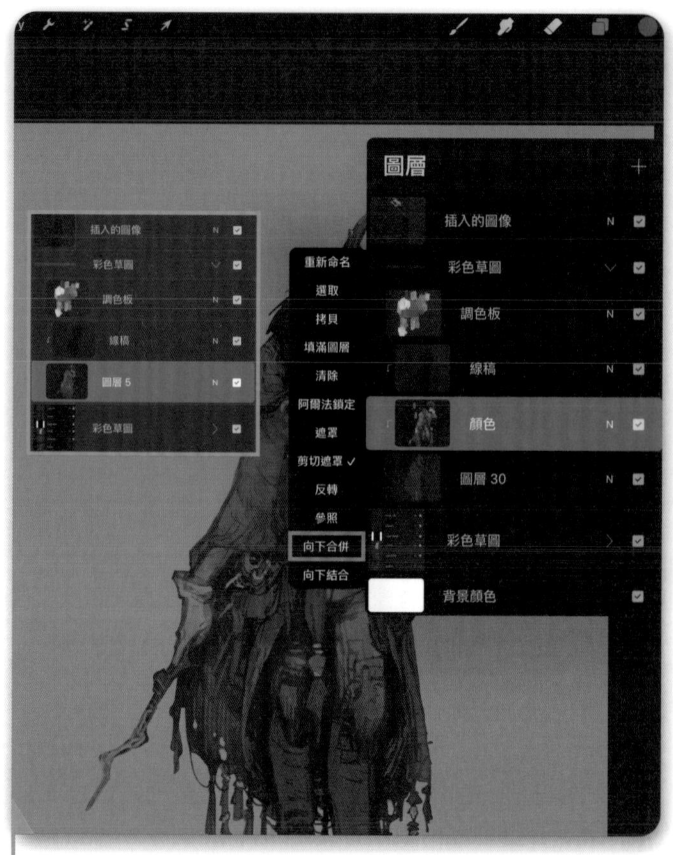


將彩色底色圖層與輪廓圖層合併

## 11

在「圖層」面板中點按目前圖層，然後從選單中選擇「向下合併」，以將底色圖層合併到下方的輪廓圖層中。現在，複製此圖層，讓它自動剪切至底色圖層，上方為線稿圖層。選擇上面的底色圖層，選擇「調整 > 色相、飽和度、亮度」。調整滑桿，使圖層看起來像是角色全身都籠罩在光線下。這需要將將亮度加到最大，適度增加飽和度，並稍微調整色調，以產生一些彩虹色和顏色變化。與之前相比，現在的角色看起來應該是鮮豔飽和，不過最後完稿不會是這樣。

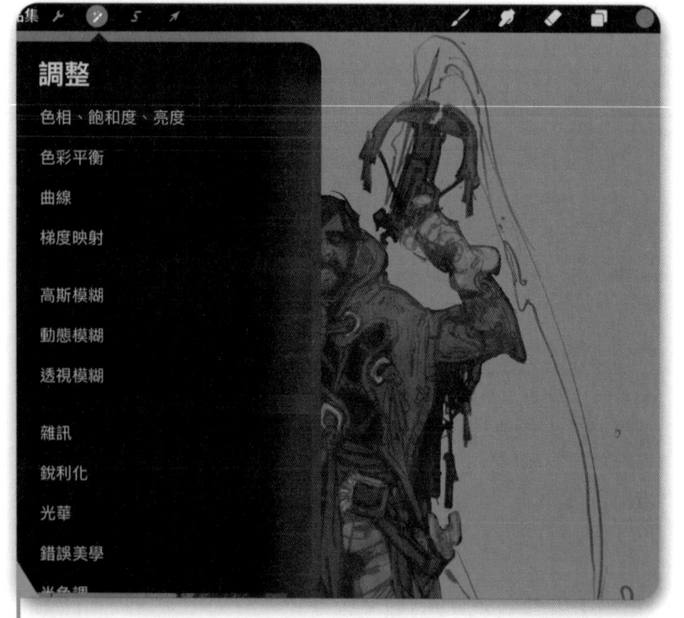


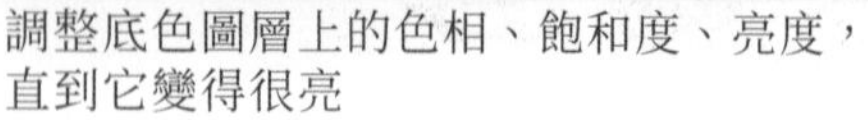
調整底色圖層上的色相、飽和度、亮度，直到它變得很亮

## 12

在「圖層」面板中點按變亮、飽和的顏色圖層，然後選擇「遮罩」。在遮罩中塗上白色會使底色圖層中的像素可見，而塗上黑色則會隱藏。點按新的遮罩圖層並選擇反轉，這會使遮罩全黑，使圖層隱藏不見，並使你的角色進入陰影。接下來，使用「**藝術風格 > 袋鼬**」將光線塗在角色上。思考光源方向並想像光線會照射到角色的哪裡，然後在遮罩上塗上白色來照亮這些區域。如果你需要擦除一個區域，只需塗上黑色即可。加上光線後，使用「塗抹」工具在遮罩上推移塗抹，以創造柔和的轉折效果。很快你就會發現角色多了許多層次。

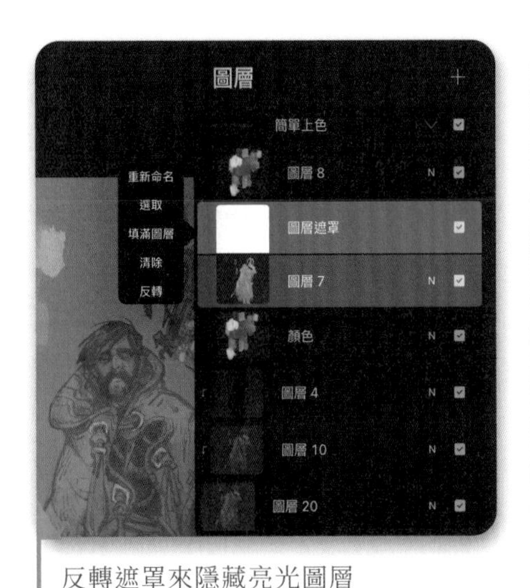


反轉遮罩來隱藏亮光圖層

思考光線會如何落在角色上，然後將光線塗在圖稿的這些部分

## 13

在整串剪切遮罩中的亮光圖層上方製作一個新圖層。將新圖層的不透明度降低 50% 左右，然後將它的混合模式改為「色彩增值」。這個圖層將進一步加深暗色並加上投射陰影。首先觀察角色的衣服和道具會投射陰影在哪裡，然後使用「**藝術風格 > 袋鼬**」以緩慢、輕柔的筆觸加上陰影。這款筆刷會在投射陰影上形成明確而不透明的邊緣，但中心則較透明有紋理，可以表現微弱的反彈光線滲出。仔細地在衣服和道具的下方塗上小片陰影，並塗抹邊緣，讓它們在遠離光線的地方變得柔和。在角色最暗的地方加上環境光遮蔽（參見第 206 頁），並在所有角色的形狀上添加陰影。

在設為「色彩增值」的新圖層上繪製陰影，但不要過度

根據需要將區域加暗並繪製更多細節

## 14

添加陰影後，製作一個新圖層，在上面修飾臉部和其他焦點區域。現在可以來決定他的臉部五官特徵了，添加一些陰影，並將頭髮上色。在手臂、手和胸部上仔細刻畫細節。你仍然可以運用線條描繪不同的元素；保留一些線條或是蓋掉一些線條。接下來，我們要將這些圖層扁平化，並製作新的底色剪切。方法是：複製圖層群組並將它扁平化，讓輪廓、線條、顏色、光線和陰影全部都在一個圖層上。隱藏舊的圖層群組然後複製扁平版本，再次將它剪切到底色上。

花點時間在焦點區域加上細節

放大畫面來繪製臉部特徵並細修表情

## 15

選擇「塗抹 > 上漆 > 尼科滾動」，並開始微調顏色來細修形狀，運用你已經上好的顏色來渲染畫作。畫作應該已經開始不像線稿，更像是一幅畫了。推移顏色來描繪形狀，依據草圖在設計稿中繪畫。使用快而短的筆觸仔細地繪畫，密切注意硬的邊緣和軟的過渡。使用「尼科滾動」筆刷做橫向筆觸會產生硬邊緣，但你可以透過朝相反方向塗抹來柔化邊緣。依據需要，使用「藝術風格 > 袋鼬」加上更多顏色，繪製細節、高光、陰影和點綴色，然後使用「塗抹」工具將它們混合。

開始抹掉線條，修飾形體，
並畫上小區域的顏色

## 16

使用相同的上色 - 塗抹技法來修飾臉部、手、道具和觀眾眼睛將聚焦的其他區域。使用參考相片來幫助你準確地捕捉人臉。在一個設為「柔光」的新圖層上，在臉上添加一些色帶，使角色看起來充滿活力。例如，在臉頰和鼻子上塗上紅色和粉色，在額頭上塗上黃色，在眼球上塗上高光，在眼睛周圍塗上誇張的紫色，讓眼睛看起來有些疲倦，以表達巫師被繁重的負擔和強大的魔力弄得筋疲力盡。嘗試掌握如何在筆刷和「塗抹」工具之間來回切換。不要擦掉畫錯的部分，而是用顏料蓋過或塗抹掉，在上面塗上更多的顏料。你會開始了解在製作數位繪畫上，它們可以如何互相搭配，成為威力強大的工具。

為臉部添加顏色，
使用參考照片來捕捉不同的色調

在角色的眼睛圍添加紫色
以表達他的疲倦感

使用上色 -
塗抹技法來細修焦點

## 17

繼續修飾細節和光線照到的形體，同時讓陰影區域有點模糊。留下一些粗糙的、可見的筆觸會為畫作增添活力和質感。有目的地使用筆觸來完成目標，比如為物件添加形體、紋理或陰影。不要盲目亂塗！接下來，製作一個新圖層並將混合模式設為為「覆蓋」。使用寬的「藝術風格 > 袋鼬」筆刷輕輕塗上白色和黑色以增加立體感，將注意力放在整體角色上。讓角色的下半部分稍微暗一點，上半部分稍微亮一點，將焦點引導到他的臉上。在你認為會增加焦點或立體感的地方添加光線，但只要淡淡的就好，並在必要時降低圖層不透明度。

在設定為「覆蓋」、不透明度 10-15% 的新圖層上，
使用黑色或白色的大筆刷增加整個角色的立體感

## 18

縮小袋鼬筆刷的尺寸，在金屬物品、道具邊緣、眼睛、鼻子和頭髮以及其他可能會發光的表面上繪製更清晰的高光。使用深棕色，尋找可以用陰影點綴的區域，以增加細節層次並提升角色的真實感。這些陰影不要太暗，嘗試降低它們的不透明度以便讓細節透出來。

在設定為「覆蓋」的新圖層上，使用更細的筆刷將精細的細節加入圖像中

這是「覆蓋」圖層獨立出來的樣子

將淡淡的風格化線條添加到臉部和焦點上，以增加藝術氣息並節省渲染時間

## 19

再次複製所有圖層，然後將它們扁平化。到了這一步，角色應該看起來更接近完工了，不過請再進行一次上色 - 塗抹以完善並修整任何最後的細節。注意臉部、手部、胸部、魔杖以及你想要吸引焦點的任何其他區域。讓其他區域保持鬆散 —— 這將提升圖像的可讀性和風格。隨意在扁平化的圖層上進行繪畫，但請保留備份圖層，以防你想重頭來過。

使用上色 - 塗抹技法繼續修飾畫作

## 20

現在你需要從魔杖中創造出神奇的火光。在最後扁平化的圖層下方新增一個圖層，為魔法之火的形狀繪製一個選取範圍。使用「色彩快填」將它填滿明亮、飽和的顏色 —— 在範例中是亮粉紅色。在此之上製作一個新圖層，並將它剪切到下面的火光圖層。在這個新剪切的圖層上，加上另一種神奇的顏色當作火的核心 —— 這裡用了橘色。使核心顏色稍微亮一些，飽和度與粉紅色不同。接下來，新增另一個剪切圖層，中間加上更亮的核心 —— 這裡是暖白色。將這些魔法火焰的圖層扁平化，然後使用上色 - 塗抹技法來推移和旋轉顏色，創造能量和動態感。

在角色身後加上一個
巨大的盤旋魔法火焰，
上底色及核心顏色

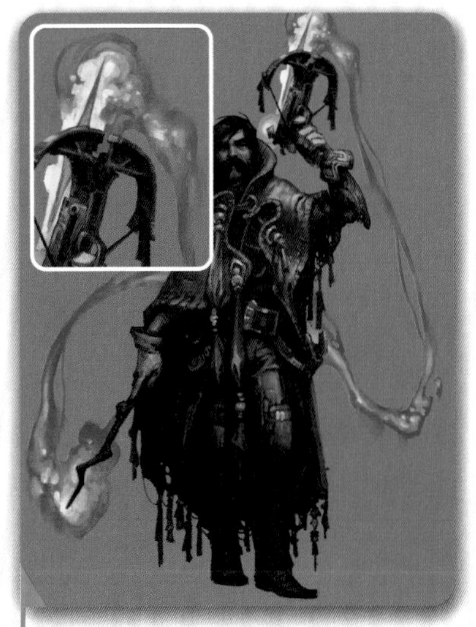

塗抹顏色來進行混合，
創造出動作和魔法的效果

## 21

現在為魔法火焰增添光暈。複製火光圖層，然後選擇「**調整 > 高斯模糊 > 圖層**」。將觸控筆向右拖曳直到圖層模糊成一個發光的形狀，再將混合模式改成「濾色」。如果需要，你可以增加更多光暈圖層並實驗各種不透明度、色調、飽和度和亮度來製作所需的發光效果。接下來，在角色上方製作新圖層，在上面繪製來自魔法火焰的光線。使用「取色滴管」工具從魔法火焰中挑選顏色，然後在角色身上會被照亮的區域畫上光線。添加顏色提示將有助於營造角色的立體感和神奇效果，但不要太過度。

### 藝術家秘訣

Procreate 限制了可用的圖層數，因此你可能必須複製圖像並根據需要來刪除個別圖層，同時保留前一個版本檔案中的舊圖層，並保存縮時影片。在扁平化之前請務必將圖層分群組並進行儲存，以防你需要回到上一步。在圖層上輕掃就可以選擇多個圖層，然後點按「群組」。或者，你可以將一個圖層拖曳到另一個圖層上，就可以將它們群組起來。接下來，在圖層群組上向左滑動並點按「複製」。將原始原始圖層群組隱藏起來，並將它保留為備份。

使用高斯模糊讓火焰呈現魔幻光暈，
然後在角色身上畫一些反射光

## 22

背景可以使角色栩栩如生，讓觀眾深入了解他們的故事和世界。在目前的圖層下方製作一個新圖層，並將不透明度降為 50%。使用「藝術風格 > 袋鼬」並設定一支大型筆刷，在背景草圖下繪製鬆散的顏色，注意它與角色輪廓清晰度的光線和反差，不要干擾到角色在背景前方的可讀性。如有疑問，請保持輕盈並避免添加過多可能分散角色注意力的細節。

在鬆散的背景中素描，
並留意整體構圖

塗上一些鬆散的顏色，
使用參考照片作為靈感

## 23

在角色下方添加陰影，讓它看起來像是場景的一部分，而不是貼上去的。在背景草圖上製作一個新圖層，使用相同的塗抹技法渲染出一個能夠提升角色故事的背景。思考光源的位置，並確認背景光線與人物能相搭配。嘗試思考各個層次，前景要比背景更聚焦。從亮到暗，使各層次相互襯托，使用更寬鬆的形狀來描繪背景中的物體。隨意使用「塗抹」工具，並使用大量簡短、快速、垂直的筆觸來畫上陰影、樹木和樹葉。在天空中為雲朵繪製淺色區域，使用「塗抹」工具以圓周運動將它們混合成雲的形狀。不需添加太多細節 —— 最終的背景可以是鬆散而朦朧的，因為角色是焦點。這裡的目的是讓角色更凸顯，並且融入故事場景中。

在背景草圖上方製作一個新圖層，並在背景上添加
顏色、光線和陰影

## 24

使用上色 - 塗抹技法來修飾畫作，確保角色和背景具有相同的光線。確認角色的臉部和細節能夠吸引觀眾的注意力，並且能夠傳達出正確的情緒。添加最後的細節來清理可以改進或調淡和模糊的區域。在此階段，你也可以添加以前沒有想到的新設計元素或調整。覺得滿意了就可以儲存最後的角色圖稿。

### 結語

你可從本例中了解如何使用角色的故事來影響你的設計決定，建構層次來製作一個在危險而神秘的幻想世界中航行的、令人懼怕的持弩巫師。將陰影和光線分層並將它推入角色的形體中，讓你明白如何給角色一種深度感，外加繪製線稿和繪畫，然後將它融合在構成角色之不同元素的畫作表現中。本例的主角在毒氣山谷的迷霧中游盪，射出一束純能量的弩箭來驅散敵人。

Final image © Kory Lynn Hubbell

# 分解圖

## 一藍，一棕

PATRYCJA WÓJCIK

# 行進中的美人魚

OLGA "ASUROCKS" ANDRIYENKO

Artwork © Olga "AsuROCKS" Andriyenko

# 美人魚湖

LISANNE KOETEEUW

# 冒險伙伴

AMAGOIA AGIRRE

# 騎　士

JORDI LAFEBRE

線稿

Artwork © Jordi Lafebre

# 幽靈女孩

FATEMEH HAGHNEJAD "BLUEBIRDY"

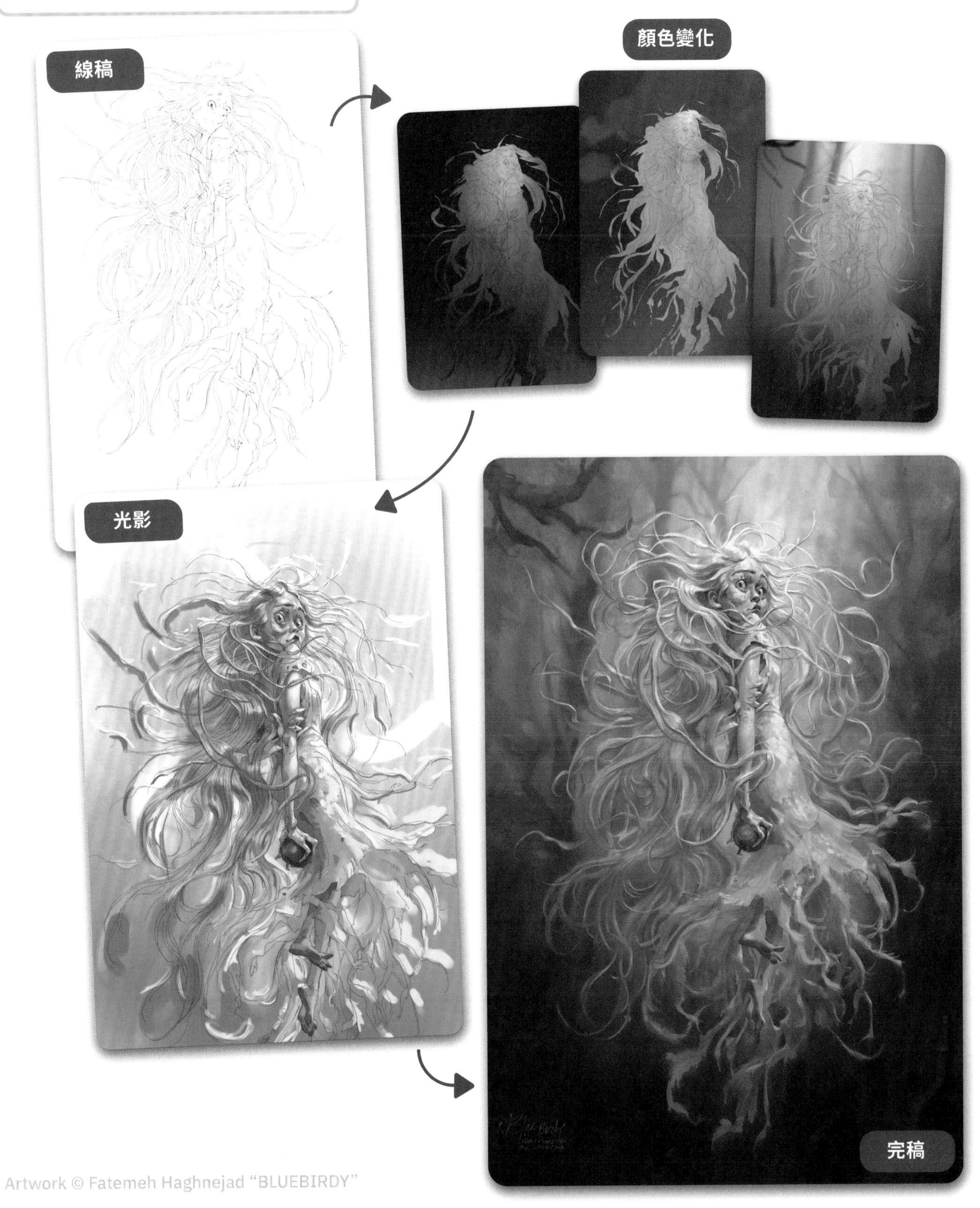

# 戰士

KORY LYNN HUBBELL

Artwork © Kory Lynn Hubbell

# 士兵

ANTONIO STAPPAERTS

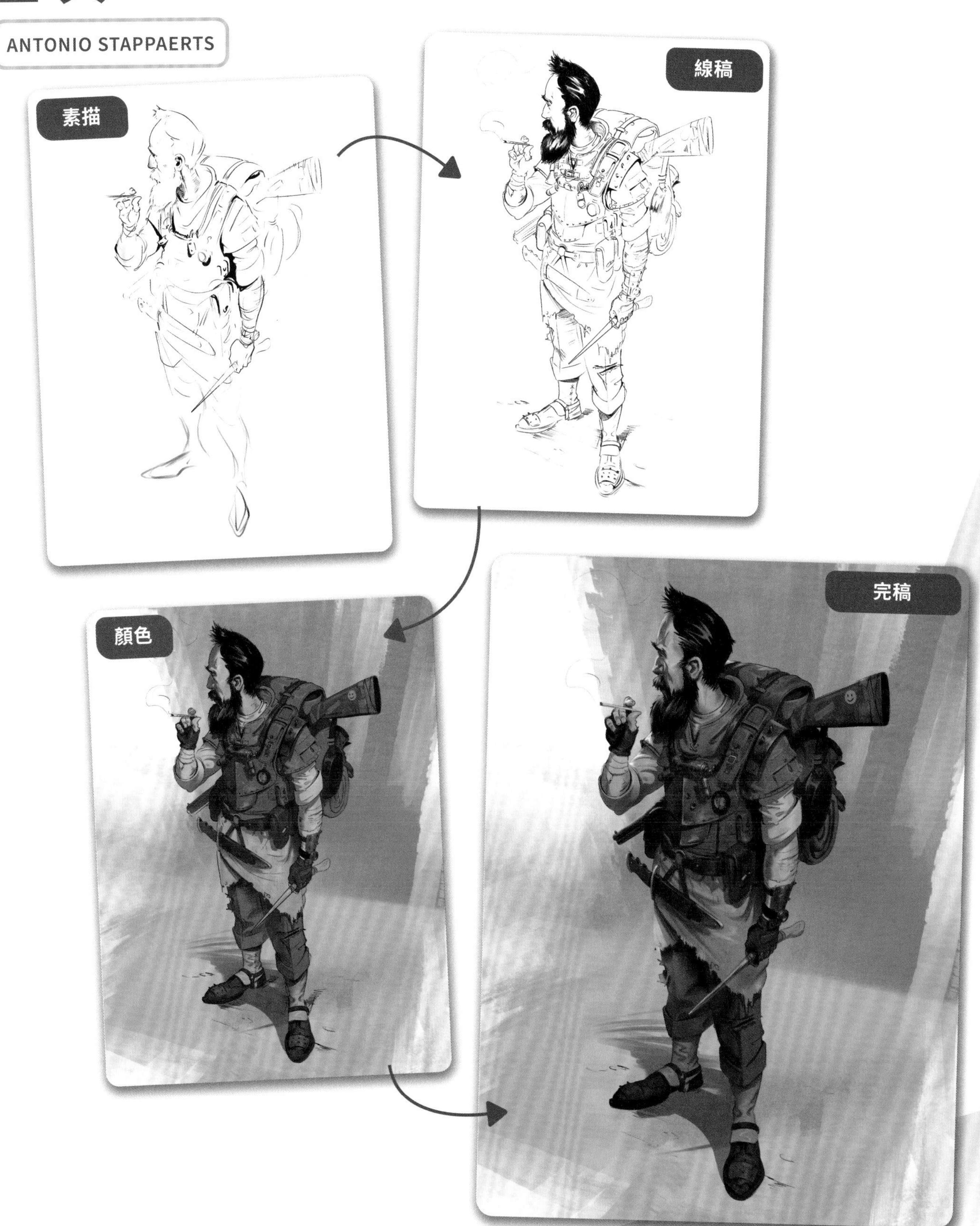


Artwork © Antonio Stappaerts

# 詞彙表

### 環境光遮蔽
它指的是環境、無方向性的光線所產生的陰影，就像物體在陰天看起來的樣子。它產生的陰影主要位在環境光無法到達的縫隙裡。

### Apple Pencil
這是Apple為iPad開發的觸控筆，也是Procreate使用者的推薦工具，具有傾斜識別、壓力感應和側邊按鈕等功能。

### 背景顏色圖層
這是專屬Procreate的圖層，不可刪除，每個新檔案都會自動產生。

### 筆刷庫
Procreate筆刷的總集合，其中包括了預設筆刷，以及你自己製作或下載的任何自訂筆刷。

### 筆刷集
筆刷庫中的筆刷子類別。

### 畫布
在傳統和數位畫作上皆會用到的作畫表面。

### 匯出
將你的作品儲存到Procreate之外，以便在設備上或其他程式中使用。

### 作品集
Procreate的主螢幕，會顯示出所有的檔案。你可以在此製作新畫布，以及預覽、刪除或重新歸類現有畫布。

### 手勢
在Procreate中，手勢指的是手指在iPad螢幕上操作所觸發的指令。

### 漸層
指的是明暗和色調的柔和轉折。

### 圖片格式
要將圖像的數位資料轉變為實際圖片，檔案必須以設備可以解讀的既定格式來儲存。最常見的格式是無透明度的JPEG、具有透明度的PNG圖像、動畫GIF圖像，或者由圖層組成的PSD和Procreate檔案。

### 匯入
將檔案加到Procreate中，包括來自其他軟體的筆刷、參考檔案或影像檔案。

### 圖層
在數位繪畫軟體中，圖層模擬了一整疊可以讓你個別編輯和操作的透明紙。圖層是數位繪畫中最重要的工具之一。

### 線稿
用線條繪製的畫作。它可以是繪畫的目標，也可以當作繪畫的基礎。

### 不透明度
物件的不透明或透明程度。在數位繪畫領域中，它指的是筆觸或圖層的透明度。

### 透視
在繪畫中，透視指的是三維深度在平面螢幕或頁面上的呈現方式。

### 偏好設定
是「操作」下的一個選單，包含了Procreate的一般設定。

### 預設值
預定義的設定值。

### 壓力敏感度
軟體或硬體解讀筆觸壓力並以數位方式重現它們的能力。

### RGB
這是一種顏色模式，可透過紅色、綠色和藍色的數量來控制顏色。

### 來源庫
特定於Procreate，包含了大量可用來製作或更改筆刷的預設圖像。

### 堆疊
特定於Procreate，堆疊是作品集中的一整組檔案。

### 觸控筆
一種筆形工具，可讓你瀏覽iPad等壓感設備。

### 標籤
選單的一部分。每個選單中可能有多個標籤，每個標籤會列出不同類別的選項。

### 縮圖
你的作品的小型草稿，或在軟體中的作品預覽。

### 傾斜靈敏度
軟體在螢幕上解讀觸控筆尖端的傾斜度、並以數位方式重現它的能力。

### 縮時影片
在Procreate中，這是你繪畫過程的加速影片紀錄。

### 工作流程
你從頭到尾著手完成案子的流程。隨著時間的推移，每位經驗豐富的藝術家都會開發出自己獨特的工作流程。

### 明暗（值）
在繪畫中，「值」是指顏色的明暗。

# 工具目錄

### 阿爾法鎖定
此設定可鎖定圖層上的透明像素，僅讓你在現有像素上繪畫。

### 光華
製作眩光或大氣光暈效果的調整功能。

### 模糊
一種調整功能，可讓你漫射圖層上的像素，相反的效果是銳利化。

### 筆刷
數位繪畫中使用的主要工具，透過選項模擬不同媒材和效果。

### 剪切遮罩
將一個圖層設為父圖層，其他圖層設為子圖層。子圖層無法繪製超出父圖層的像素之外。

### 克隆
複製功能，可製作所選取範圍的副本。

### 色彩平衡
透過圖像中的紅色、綠色和藍色量來控制顏色的設定。

### 顏色快填
將色票拖曳到畫布上，以單色填滿封閉區域的工具。

### 顏色選單
此選單位於介面的右上角，可讓你透過不同模式選擇和調整顏色。

### 色票
介面右上角的圓圈，顯示目前活躍的顏色。色票也是「顏色」模式中調色板的小方塊顏色。

### 裁剪
可讓你剪下和操縱畫布大小的工具。

### 曲線
可透過色階分布圖來操縱影像顏色的設定，主要用於控制明暗度。

### 自訂筆刷
供Procreate使用者從頭開始製作，或用預設筆刷進行調整。

### 繪圖輔助
此工具會將線條對齊到上次使用的繪圖參考線可以針對個別圖層開啟或關閉。

### 繪圖參考線
可讓你製作並編輯格線，以當作畫布上的參考線。

### 橡皮擦
可刪除畫布上的像素。

### 取色吸管
從畫布中挑選顏色的工具。

### 錯誤美學
以破壞性方式替換像素以獲得藝術效果的調整功能。

### 半色調
可在影像上添加網點效果的調整功能。

### 色相、飽和度、明度（HSB）
可讓你控制顏色的色相、飽和度和明暗度。也是一種影像的調整功能。

### 圖層混合模式
決定兩個或多個圖層之間之交互作用的設定，例如變亮或變暗。

### 液化
可讓你操縱、扭曲和重塑畫布像素的工具。

### 鎖定
保護圖層不被編輯的設定。

### 磁性
特定於Procreate，此設定可讓你以固定的間距沿水平、垂直或對角軸移動物件。

### 遮罩
一種非破壞性工具，可讓你隱藏內容而不刪除它。

### 雜訊
一種添加紋理、顆粒效果的設定，類似類比照片或膠捲的效果。

### 調色板
顏色選單中可供使用的固定色票集合。

### 壓力曲線
可讓你調整軟體如何解讀觸控筆壓力的設定。

### 快捷選單
透過手勢叫出的六個可自訂選項的選單。

### 快速形狀
透過自動平滑你的手繪線條，輕鬆繪製完美線條和幾何圖形的功能。

### 重新上色
一種調整功能，可讓你選擇顏色區域並更改為預選的顏色。

### 選取
大多數數位繪畫軟體都有的工具，可讓你選取特定區域以進行編輯和操作。

### 塗抹
可讓你移動和塗抹顏料，而不是畫上或擦除。

### 轉換
可以修改圖稿中元素的位置、比例和尺寸。

### 撤銷／重做
撤銷可以回到上一步，重做則會往下一步。

# 可下載資源

以下資源可從 http://books.gotop.com.tw/download/ACU083800 下載。在閱讀「**開始**」和「**角色圖稿重點**」的章節時，請使用這些檔案跟著一起操作，幫助你完成每個教學。建議你在開始教學範例之前先完成下載。

DOWNLOADABLE RESOURCES

## 角色圖稿重點：
## Patrycja Wójcik

- 帶有圖層的角色圖稿
- 帶有圖層的臉部畫作

## 太陽龐克女孩：
## Olga "AsuROCKS" Andriyenko

- 角色線稿
- 縮時影片

## 幽靈樂手：
## Lisanne Koeteeuw

- 角色素描
- 角色線稿
- 筆刷
  - Sketchy Soft Pencil
  - Sketchy Soft Pencil Ink
  - 紋理筆刷
- 縮圖縮時影片
- 上墨過程縮時影片
- 完稿畫作縮時影片

**神秘女巫：**
**Amagoia Agirre**

- 角色素描
- 角色線稿
- 背景線稿
- 縮時影片

**蒙古騎士：**
**Jordi Lafebre**

- 角色線稿
- 縮時影片

**奇幻藥師：**
**Fatemeh Haghnejad “BLUEBIRDY”**

- 角色線稿
- 縮時影片

**神弩巫師：**
**Kory Lynn Hubbell**

- 角色線稿
- 縮時影片

# 創作者

## Amagoia Agirre

Amagoia是一位西班牙的自由插畫家和漫畫家，目前正進行各種插圖書籍和漫畫，以及個人專案。

LACONT.ARTSTATION.COM
自由插畫師

## Olga “AsuROCKS” Andriyenko

Olga是一位充滿熱情的獨立藝術家，在動畫、漫畫和電玩的世界中游刃有餘。她設計角色、製作動畫、講故事，並分享她從藝術之旅中學到的個人知識。

ASUROCKS.DE
自由角色和故事藝術家

## Fatemeh Haghnejad “BlueBirdy”

Fatemeh是一位伊朗裔的概念藝術家和插畫家，居住在挪威奧斯陸。她擅長角色圖稿、奇幻幻想和童話故事，從小就熱愛藝術和文學。

BLUEBIRDY.NET
插畫家

## Kory Lynn Hubbell

KoryLynn目前在Firewalk工作室擔任資深概念藝術家，也是桌遊Brutality的藝術總監。從事概念藝術已超過13年。

KORYLYNNHUBBELL.COM
資深概念藝術家

## Lisanne Koeteeuw

Lisanne是一位插畫家和角色藝術家。她喜歡素描、講故事，並且把頭髮和舞會禮服畫得誇張無比。

ARTSTATION.COM/LIZZIE-SKETCHES
插畫家及角色藝術家

## Jordi Lafebre

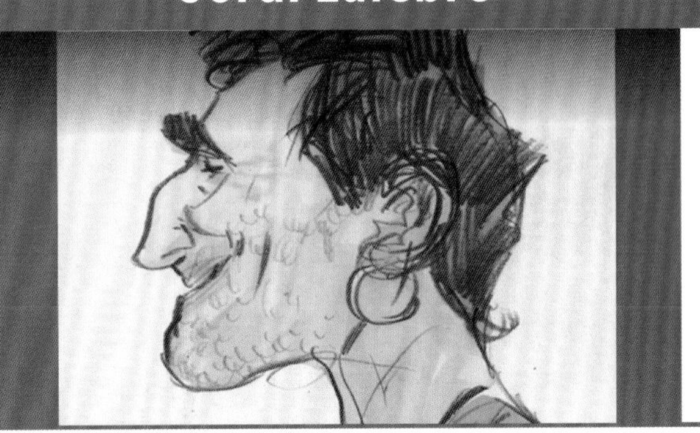

Jordi生於巴塞羅那，曾擔任書籍和動畫的插畫師和藝術家，並出版過幾本自己的圖畫小說。他相信每一張照片都有一個故事。

JORDILAFEBRE.FORMAT.COM
圖畫小說作者及圖文設計師

## Antonio Stappaerts

Antonio是比利時藝術家和娛樂行業的資深概念設計師，客戶包括PlayStation、Ubisoft、亞馬遜和Volta。他經營Art-Wod線上學校來培育概念藝術家和插畫家。

CUTTINGSKETCHDESIGNS.COM
資深概念設計師

## Patrycja Wójcik

Patrycja是住在波蘭的藝術家，她為自由接案的客戶創作數位繪畫、插圖和角色圖稿。

ARTSTATION.COM/WOJCIK2D
數位2D藝術家

# 索引

## A



## B



## C



## D



## E

## R



## S



## T



## V



## W



## Z

Artwork © Antonio Stappaerts